高等职业教育计算机类课程改革创新教材

数据结构

（Java 语言实现）

刘　毅　赵宇枫　严海颖　主编

科学出版社

北　京

内 容 简 介

本书共 8 个单元，主要介绍了线性表、栈和队列、树和二叉树、图等常用数据结构的基本概念、逻辑结构、存储结构、具体实现和案例应用等；还介绍了递归、排序、查找等常用算法的设计、实现和性能分析。每个单元以任务为主线贯穿组织，由任务（包括知识准备、任务实施）、知识拓展、阅读材料、单元小结、习题等部分组成。全书使用 Java 语言描述数据结构和算法，围绕典型任务，引导读者思考问题，对问题进行建模及与对应的数据结构相联系，设计并实现数据结构，并将其作为一种自己打造的“工具”应用于具体问题的解决。本书提供教学课件、微课视频、动画演示视频、习题答案、参考程序代码、教学大纲、实验指导等丰富的教学资源，并配套在线开放课程学习平台，方便教师教学和学生学习。

本书可作为高等职业教育计算机类相关专业“数据结构”课程的教材，也可供计算机软件开发人员或编程爱好者参考使用。

图书在版编目(CIP)数据

数据结构：Java 语言实现/刘毅，赵宇枫，严海颖主编. —北京：科学出版社，2024.2

ISBN 978-7-03-076322-8

Ⅰ.①数… Ⅱ.①刘… ②赵… ③严… Ⅲ. ①数据结构 ②JAVA 语言-程序设计 Ⅳ. ①TP311.12 ②TP312.8

中国国家版本馆 CIP 数据核字（2023）第 173198 号

责任编辑：孙露露 王会明 / 责任校对：王万红
责任印制：吕春珉 / 封面设计：东方人华平面设计部

科学出版社 出版
北京东黄城根北街 16 号
邮政编码：100717
http://www.sciencep.com
三河市骏杰印刷有限公司 印刷
科学出版社发行 各地新华书店经销
*
2024 年 2 月第 一 版 开本：787×1092 1/16
2024 年 2 月第一次印刷 印张：14 1/2
字数：343 000

定价：53.00 元

（如有印装质量问题，我社负责调换〈骏杰〉）
销售部电话 010-62136230 编辑部电话 010-62135763-2010

前　言

“数据结构”是一门重要的计算机专业基础课程。该课程既是对程序设计语言的巩固，更是对学生严谨计算思维方式的训练。学习数据结构课程，可以开拓思路，锻炼逻辑思维和分析能力，提升综合编程水平。数据结构不仅是各大IT企业入职考试、研究生入学考试的必考内容，也是各类计算机编程竞赛的热点。这门课程在整个计算机学科体系中有着不可替代的重要地位。

与本科相比，在高等职业院校计算机相关专业开设“数据结构”课程，一直以来都存在以下一些困难。

（1）学生数学基础较薄，对该课程中的某些概念不易理解。

（2）由于学制短，学生通常只有一个学期的编程经历，对语言运用尚不够熟练，编程思维还在建立过程中，对该课程中规模较大、较为复杂的算法，存在理解和实现上的困难。

（3）与编程语言课程中的程序相比，该课程实验程序的逻辑复杂度较高，规模也较大，学生在调试过程容易出现各种问题，且很难独立解决。

本书编者结合多年教学实践经验，以Java语言为基础，将面向对象的思想融入数据结构设计中，通过精选理论内容、降低概念抽象性、加强实践过程的指导等措施来解决数据结构教学中的难题。

本书共8个单元，具体内容如下。单元1介绍数据结构和算法的基本概念和术语、算法的描述及分析方法等。单元2介绍线性表的定义和特点，线性表的逻辑结构，两种存储结构的实现，以及线性表的应用。单元3介绍栈和队列的定义、特点、逻辑结构、存储结构实现及编程应用。单元4介绍递归程序的执行原理、递归模型的建立，以及递归程序设计的方法和技巧，为后续的非线性数据结构（树结构、图结构）的学习打下基础。单元5介绍树和二叉树的基本概念、性质、逻辑结构、存储结构，以及二叉树的遍历和编程应用。单元6介绍图的定义、存储结构、深度优先遍历和广度优先遍历、最小生成树算法、最短路径算法和图的编程应用。单元7介绍排序的基本概念，3种基本排序法（冒泡排序、简单选择排序和直接插入排序）和3种高级排序法（快速排序、堆排序和希尔排序）的基本思想和编程实现，各种排序的性能比较，以及排序的编程应用。单元8介绍查找的基本概念、线性表的顺序查找和二分法查找算法、哈希表的查找算法，以及查找的编程应用。

本书在编写时力求体现以下特色。

1. 立德树人、思政引领

本书以党的二十大精神为指导，坚持“为党育人、为国育才”的原则，落实立德树人根本任务，精选人物故事、产业发展历史、典型事例、科学思维等方面的思政案例，将家国情怀、责任担当、科学思维、职业素养、工匠精神等的培养融入教材，将思政元素与教学内容有机结合，达到潜移默化的育人效果。

2. 定位准确、取舍合理

根据读者定位，对传统“数据结构”课程内容做了精选和取舍，突出“数据结构”课程中最基本、最重要的知识内容和技能技巧，力求做到但凡课堂上详细讲解的内容，学生能够完全理解和掌握；而把一些难度偏高、对整体结构影响不大的内容放在每单元的“知识拓展”中。

3. 任务驱动、循序渐进

本书采用任务驱动的编写方式，在每单元中安排多个具体任务，通过“任务描述—知识准备—任务实施”环节，引导学生循序渐进地学习、巩固和内化所学的知识与技能。

4. 动手实践、手脑并用

针对高等职业院校学生的学习特点，在设计本书内容时，注意理论知识和实验的合理穿插，即使是最具理论性的知识点，也结合各种演示实验或验证性实验进行讲解。在实验任务环节，提供详细的实验步骤和指导来帮助学生完成实验，以培养学生良好的编程习惯。

5. 素材丰富、资源立体

本书提供教学课件、微课视频、动画演示视频、习题答案、源代码、教学大纲、实验指导等丰富的教学资源，可扫描书中的二维码观看，方便教师教学和学生学习。

6. 线上线下、翻转教学

党的二十大报告在“实施科教兴国战略，强化现代化建设人才支撑”中提出，要“推进教育数字化”。在教材建设的过程中，也要同时构建网络化、数字化、个性化、终身化的教育资源。为此，编者团队针对“数据结构”课程开发了在线开放课程学习平台，实现线上、线下学习相结合。借助此平台，教师可以根据实际需要自行选择教学内容，在教学中实现翻转课堂，让学生逐渐成为学习的主角，提升其学习效果。

本书由刘毅、赵宇枫、严海颖主编。本书在编写过程中，得到了许多老师的大力支持和帮助，在此表示衷心的感谢！感谢企业专家代勇飞、潘峰在本书编写过程中提出的建议和修改意见，感谢科学出版社在本书出版过程中给予的支持。

由于编者水平有限，书中不妥之处在所难免，敬请广大读者批评指正。

目　录

认识数据结构与算法

知识目标

- 了解计算机问题求解的基本过程，了解数据结构和算法对于程序的重要性。
- 理解数据、数据项、数据元素、数据对象、数据结构等基本概念和术语。
- 掌握算法的概念及其特性，了解算法分析的一般方法。

能力目标

- 能够用两种方法表示数据的逻辑结构。
- 能够通过 ADT 定义数据的逻辑结构和基本操作，并用 Java 接口描述。
- 能够对算法进行时间复杂度分析。

素质目标

- 激发对专业课程的求知欲。
- 培养计划与规划能力。
- 培养良好的学习习惯和时间管理能力。

任务 1.1 认识数据结构

任务描述

了解数据结构和算法的重要性，理解数据结构相关的概念和术语，理解数据结构的基本概念。对于简单的问题，能对数据的逻辑结构进行描述，并能编程实现两种最基本的存储结构。

1.1.1 知识准备

课程简介　　初识数据结构与算法

1. 问题求解与程序设计

计算机科学致力于研究如何用计算机求解人类生产生活中的各种实际问题，只有最终在计算机上能够运行良好的程序才能解决特定的实际问题，可以说利用计算机求解问题的过程就是程序设计的过程。计算机求解问题的一般步骤如图 1.1 所示。

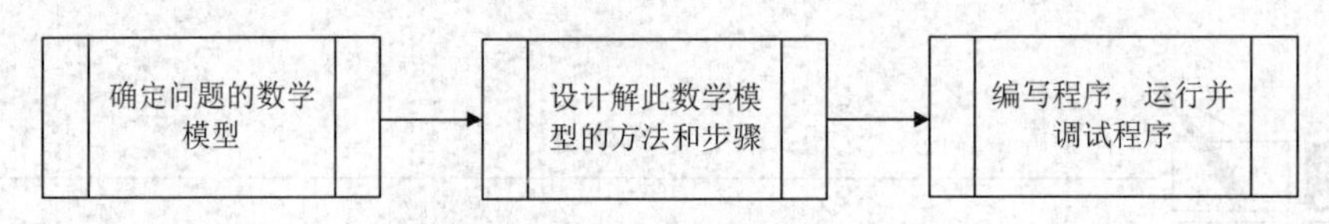

图 1.1　计算机求解问题的一般步骤

第 1 步，数据组织——确定问题的数学模型，考虑如何组织和存储数据。确定数学模型的实质是分析问题，从中提取操作对象（数据），并找出这些操作对象（数据）之间的关系，然后用数学语言加以描述；某些问题的数学模型可以用数学方程式来表示，但更多实际问题是无法用数学方程式表示的，这就需要从数据入手来建立模型并得到解决问题的方法，这一步要做到合理地组织和存储数据。

第 2 步，数据处理——设计解此数学模型的方法和步骤。基于数学模型所形成的问题求解思路，对数据处理步骤进行描述，从计算机的角度设想它是如何一步一步完成这个求解任务的。

第 3 步，编程实现——编写程序，运行并调试程序直到得到正确结果。程序的编写，需要将数据处理的步骤转换为某种程序设计语言对应的语句，转换所依据的规则就是程序设计语言的语法。

依照以上步骤，解决下面的问题。

【例 1.1】 找出 3 个整数的最大值。

分析：这个问题的求解思路是整数之间的连续比较，可以考虑以下两种方案。

【方案 1】

数据组织：把 3 个整数存入 3 个整型变量 *a*、*b*、*c* 中，除了都是整数，没有其他任何关系。

数据处理：先比较 *a* 和 *b* 的大小，然后将其中的较大者与 *c* 比较，从而得到 3 个整数中的最大值。

程序清单 1.1　MaxNum1.java。

```
package 求最大整数;
public class MaxNum1 {
    public static void main(String[] args) {
        int a=9,b=13,c=7,max;      //1.定义 4 个整型变量 a、b、c、max，并初始化
        if (a>b){                  //2.若 a>b,则 a 较大
            if (a>c) max=a;        //比较 a 和 c，若 a>c,则 a 为最大值
            else max=c;            //否则 c 为最大值
        } else {                   //否则（b 较大）
            if (b>c) max=b;        //比较 b 和 c，若 b>c，则 b 为最大值
            else max=c;            //否则 c 为最大值
        }
        System.out.println("最大值为："+max);  //3. 输出最大值
    }
}
```

思考：如果待处理的数据规模增大（如求 5 个整数的最大值），按照同样的思路组织数据和设计算法，应如何设计程序呢？

【方案2】

数据组织：把3个整数存入整型数组num[]中，3个变量都是整数，而且有顺序关系。

数据处理：先把数组中的第一个元素num[0]看作临时最大值max，然后依据其数组元素下标所体现的顺序关系，从下一个元素num[1]开始依次获取数组元素，对于其后的每个元素num[i]（令其下标为i），若该元素大于临时最大值max，则将临时最大值max修改为当前元素num[i]。当数组元素遍历完毕后，临时最大值max中的值就是所有数组元素的最大值。

程序清单1.2 MaxNum2.java。

```
package 求最大整数;
public class MaxNum2 {
    public static void main(String[] args) {
        int[] num={5,22,8};   //1.定义一个长度为3的整型数组num[]，初始化
        int max=num[0]; //2.定义变量max，初始化为数组第一个元素，存储当前的最大值
        //3.从第二个元素到最后一个元素，循环依次比较
        for (int i=1; i<num.length; i++){
            if (num[i]>max)     //若当前元素大于max，
                max=num[i];     //则修改max为当前元素
        }
        //4.循环结束，max为全体元素的最大值，输出
        System.out.println("最大值为："+max);
    }
}
```

思考：这3个数除了都是整数，同时还有逻辑上的顺序关系，可以通过数组下标来引用数据，这就为数据处理提供了方便；如果待处理的数据规模增大（如求1000个整数的最大值），按照方案2的思路，应该修改哪些地方呢？

通过例1.1可以看到，在计算机解题过程中，需先将实际问题抽象为合适的数学模型，并将数学模型转换为计算机内的存储表示——即将数据按照某种方式进行组织和存储，选择合适的数据结构是首先要解决的问题。

算法是数据处理的策略和步骤，它需要在特定的数据结构基础之上去实现。对于许多实际的问题，写出一个正确的算法还不够，如果这个算法在大规模的输入数据集上运行，那么算法的适应性、算法的空间需求、时间效率等就成为重要的问题。在选择和设计算法时，要强调效率的观念，这一点比提高计算机本身的速度更为重要。

Pascal语言之父、结构化程序设计先驱、著名瑞士计算机科学家尼古拉斯·沃思（Nicklaus Wirth）教授曾出版过一本著名的书籍——《算法+数据结构=程序》，他指出程序设计的本质在于解决两个核心问题：一是根据实际问题抽象出数学模型，考虑如何组织数据，也就是选择一种好的数据结构；二是拟定数据处理策略，也就是设计一个好的算法。

在很多时候，算法的优劣和数据结构的选择紧密相关。学习数据结构的意义就在于编写高质量、高效率的程序。

2. 本书讨论的基本内容

本书讨论的基本内容就是程序设计中各种常用的数据结构及与之相关的算法。

在计算机发展的初期，人们使用计算机的目的主要是处理数值计算问题。在科学研究和工程实践中有很多这样的例子。例如，求解火炮弹道的数学模型是非常复杂的数学方程组，该方程组可以使用数值算法来求解。由于当时所涉及的运算对象是简单的整型、实型或布尔类型数据，所以程序设计者的主要精力集中在程序设计的技巧上，并不重视数据结构。随着计算机应用领域的扩大和软硬件的发展，非数值计算问题变得越来越重要。据统计，当今处理非数值计算问题占用了 90%以上的机器时间。这类问题涉及的数据结构更为复杂，数据元素之间的相互关系一般无法用数学方程式加以描述。因此，解决这类问题的关键不再是数学分析和计算方法，而是要设计出合适的数据结构，才能有效地解决问题。

数据结构是计算机科学中一门综合性的专业基础核心课程。所有的计算机系统软件和应用软件都要用到各种类型的数据结构。因此，要想更好地运用计算机来解决实际问题，充分发挥计算机的性能，必须学习和掌握好数据结构的有关知识。

3. 基本概念和术语

基本概念和术语

在系统地学习数据结构之前，先对一些基本概念和术语赋予确切的含义，这些概念和术语将贯穿整个的学习过程。

1）数据

数据（data）是信息的载体，是对客观事物的符号表示，它能够被计算机程序识别、存储、加工和处理。因此，数据是所有能够有效地输入计算机并且能够被计算机处理的符号的总称，是计算机程序处理对象的集合，是计算机程序加工的“原料”。例如，一个求解代数方程程序的处理对象是整数和实数等数值数据；一个文字处理程序的处理对象是字符串；一个媒体播放器程序的处理对象是图像、声音等非数值数据。

2）数据元素

数据元素（data element）是数据中的一个“个体”，是数据的基本组织单位，在计算机程序中通常将它作为一个整体进行考虑和处理。在不同条件下，数据元素也可称为结点、顶点和记录（在本书中这几个词视为同义词）。例如，学生成绩表中的一行学生成绩记录（图 1.2）、组织机构树中的一个部门信息、通信网络中的一个城市结点信息等，都被称为一个数据元素（结点）。

3）数据项

数据元素可以由若干个数据项（data item）组成，数据项是数据元素的组成部分，是具有独立含义的标识单位，也是数据元素的组织单位。例如，在学生成绩表中的每一个数据元素是一行学生成绩记录，它包括的学号、姓名，以及语文、数学、英语的成绩等列信息，称为数据项。

4）数据对象

数据对象（data object）是性质相同的数据元素的集合，是数据的一个子集。在某个具体问题中，数据元素都具有相同的性质（元素值不一定相等），属于同一数据对象，数据元素是数据对象的一个实例。例如，自然数的数据对象是集合 $N=\{1,2,3,\cdots\}$；在对学生成绩表进行查询时，计算机所处理的数据对象是图 1.2 中的所有数据，这张表就可以看成是一个数据对象。

数据项

学号	姓名	语文	数学	英语
1	张三	87	76	92
2	李四	90	82	90
3	王五	91	83	91
4	赵六	80	65	74
5	陈七	93	78	93

数据元素（结点）

数据对象

图 1.2　数据结构示意图（以学生成绩表为例）

4. 数据结构的定义

一般来说，数据对象中的数据元素不是孤立的，而是彼此相关的，这种彼此之间的关联关系称为“结构”。数据结构是指相互之间存在一种或多种特定关系的数据元素的集合。

数据结构包含数据的逻辑结构、数据的存储结构以及数据的操作 3 个方面的内容。

1）数据的逻辑结构

数据的逻辑结构

数据的逻辑结构是指各个数据元素之间的逻辑关系（逻辑相邻性），是呈现在用户面前的能感知到的数据元素的组织形式。数据元素是讨论数据逻辑结构时涉及的最小数据单位。在图形化表示中，将每个数据元素抽象成一个小圆圈。

（1）逻辑结构的分类及图形化表示。

按照数据元素之间逻辑关系的特性来划分，可将数据的逻辑结构分为以下 4 类。

集合结构：集合结构中数据元素之间除了“同属于一个集合”的特性以外，数据元素之间无其他关系，它们之间的关系是松散性的，如图 1.3（a）所示。

线性结构：线性结构中数据元素之间存在“一对一”的关系，即若结构非空，则它有且仅有一个开始结点（第一个元素）和一个终端结点（最后一个元素）；开始结点没有前驱结点（前面一个与之相邻的结点），但有一个后继结点（后面一个与之相邻的结点）；终端结点没有后继结点，但有一个前驱结点；其余结点有且仅有一个前驱结点和一个后继结点，如图 1.3（b）所示。

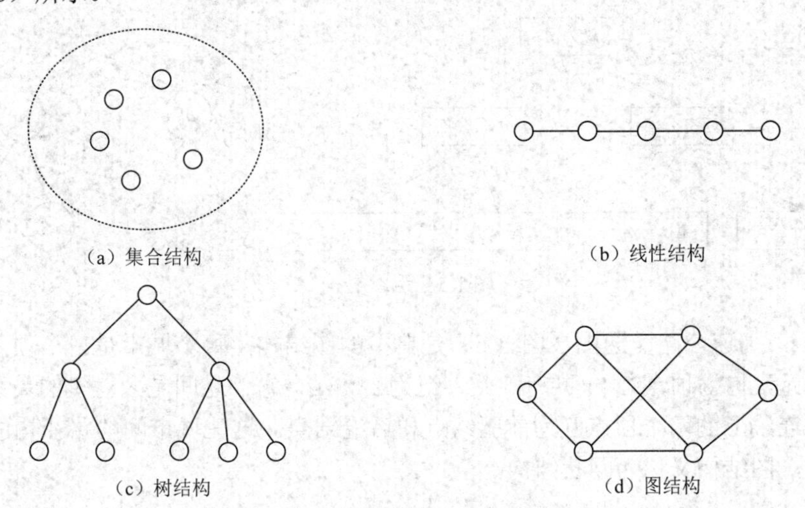

（a）集合结构　（b）线性结构　（c）树结构　（d）图结构

图 1.3　4 类数据逻辑结构示意图

树结构：树结构中数据元素之间存在“一对多”的关系，整个图形看上去像一棵树。即若结构非空，则它有一个称为根的结点，此结点无前驱结点；其余结点有且仅有一个前驱结点，所有结点都可以有多个后继结点，如图 1.3（c）所示。

图结构：图结构中数据元素之间存在“多对多”的关系，即若结构非空，则在这种数据结构中任何结点都可能有多个前驱结点和后继结点，如图 1.3（d）所示。

有时也将逻辑结构分为两大类，一类为线性结构，另一类为非线性结构。其中，树结构、图结构和集合结构都属于非线性结构。

将数据的逻辑结构用图形化表示时，通常用包含字母数字的小圆圈表示数据元素，用箭头线段表示元素之间的逻辑关系，箭头发出者为前驱，指向者为后继。

【例 1.2】 学生成绩表（图 1.4）是一个线性的数据结构，表中的每一行是一个数据元素，一共有 5 个，记为 $a_0 \sim a_4$。表中数据元素之间的关系是一对一的关系，第一行张三的信息是第一个数据元素，它无前驱结点，有后继结点（李四的信息）；最后一行陈七的信息是最后一个数据元素，它有前驱结点（赵六的信息），但无后继结点；其他学生结点都有且只有一个前驱结点和一个后继结点。

学号	姓名	语文	数学	英语
1	张三	87	76	92
2	李四	90	82	90
3	王五	91	83	91
4	赵六	80	65	74
5	陈七	93	78	93

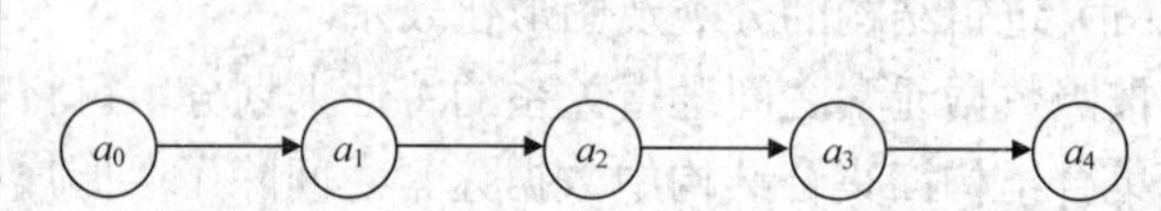

图 1.4 学生成绩表

【例 1.3】 组织机构（图 1.5）是典型的树结构，每个公司是一个结点（在树结构中，数据元素称为结点），一共有 7 个，记为 $a_0 \sim a_6$，它们之间是一对多的关系。每个结点最多有一个前驱结点，允许有多个后继结点。树结构具有严格的层次关系，不能把这种关系倒过来，如上下级部门关系是不可颠倒的。

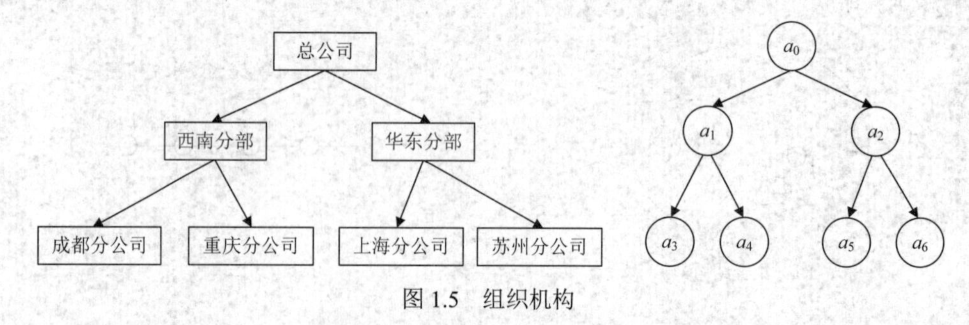

图 1.5 组织机构

【例 1.4】 高速公路交通图（图 1.6）是典型的图结构，每个城市是一个顶点（在图结构中，数据元素称为顶点），一共有 5 个，记为 $a_0 \sim a_4$，它们之间是多对多的关系，而且在本例中每条连线上的两个顶点互为前驱结点和后继结点。这些城市间的路径构成了一个交通网，因此，图结构又称为网状结构。

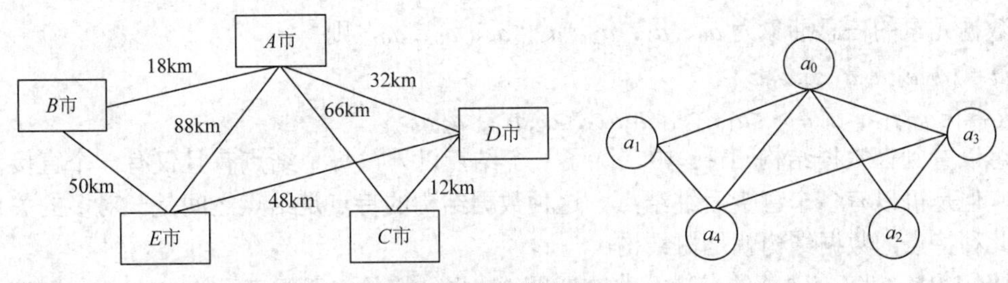

图 1.6 高速公路交通图

【例 1.5】 调色板上有赤、橙、黄、绿、青、蓝、紫共 7 种颜色，可以把每种颜色看作一个数据元素，记为 a_0～a_6，抽象成集合结构，如图 1.7 所示。数据元素之间除了同属于颜色这个集合以外，没有其他关系。

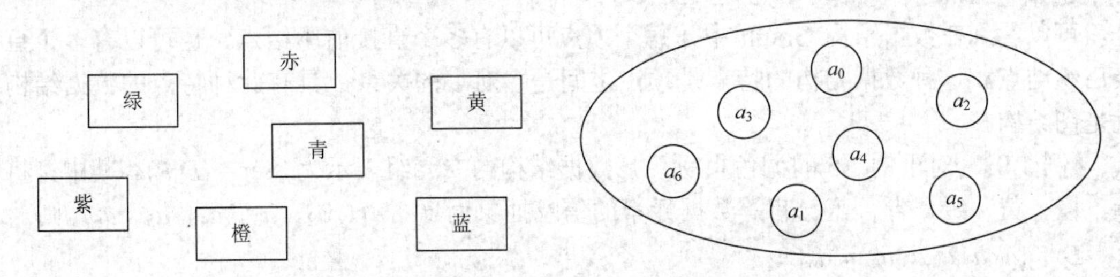

图 1.7 颜色的集合结构

（2）逻辑结构的二元组表示。

数据的逻辑结构除了图形化的表示法之外，由于其表述涉及数据元素和数据元素之间的关系两个方面的内容，因此从形式上又可以采用二元组来定义，定义形式为

$$\text{Data\_Structure} = (D,R)$$

其中，D 为数据元素的有限集；R 为 D 上关系的有限集。R 中的关系描述了 D 中数据元素之间的逻辑关系，也即数据元素之间的关联方式（或逻辑相邻关系）。

对于 R 中的每个关系，可以用“序对描述法”：设 $R_1 \in R$，则 R_1 是一个 $D \times D$ 的关系子集，若 $a_1,a_2 \in D$，$<a_1,a_2> \in R_1$，则称$<a_1,a_2>$是一个序对，a_1 是 a_2 的直接前驱结点，a_2 是 a_1 的直接后继结点，对关系 R_1 而言，a_1 和 a_2 是相邻的结点。没有前驱结点的数据元素就是开始结点（或根结点），没有后继结点的数据元素就是终端结点（或叶子结点）。

【例 1.6】 对于例 1.2 的学生成绩表，二元组表示为 Linear = (D,R)。其中，将张三、李四、王五、赵六、陈七等数据元素的信息抽象为 a_0、a_1、a_2、a_3、a_4，则

$D = \{a_0,a_1,a_2,a_3,a_4\}$

$R = \{<a_0,a_1>, <a_1,a_2>, <a_2,a_3>, <a_3,a_4>\}$

可以看到在数据结构 Linear 中，数据元素之间是有序的。在这些数据元素中，有一个可以被称为“第一个”（a_0）的数据元素，还有一个可以被称为“最后一个”（a_4）的数据元素；除第一个数据元素以外，每个数据元素有且仅有一个直接前驱结点，除最后一个数据元素以外，每个数据元素有且仅有一个直接后继结点。这种数据结构的特点是数据元素之间是一对一的关系，即线性关系，具有此种特点的数据结构就是线性结构。

【例 1.7】 对于例 1.3 的组织机构树结构，数据结构的二元组表示为 Tree = (D,R)。其中，将总公司、西南分部、华东分部、成都分公司、重庆分公司、上海分公司、苏州分公

司等数据元素的信息抽象为 a_0、a_1、a_2、a_3、a_4、a_5、a_6，则

$D = \{a_0,a_1,a_2,a_3,a_4,a_5,a_6\}$

$R = \{<a_0,a_1>,<a_0,a_2>,<a_1,a_3>,<a_1,a_4>,<a_2,a_5>,<a_2,a_6>\}$

可以看到在数据结构 Tree 中，除了一个结点以外，每个结点有且仅有一个直接前驱结点，但是可以有多个直接后继结点。这种数据结构的特点是结点之间是一对多的关系，具有此种特点的数据结构就是树结构。

【例 1.8】 对于例 1.4 的高速公路交通图，数据结构的二元组表示为 Graph = (D,R)。其中，将 A 市、B 市、C 市、D 市、E 市等顶点的信息抽象为 a_0、a_1、a_2、a_3、a_4，则

$D = \{a_0,a_1,a_2,a_3,a_4\}$

$R = \{<a_0,a_1>,<a_1,a_0>,<a_0,a_2>,<a_2,a_0>,<a_0,a_3>,<a_3,a_0>,<a_0,a_4>,<a_4,a_0>,<a_0,a_5>,<a_5,a_0>, <a_1,a_4>,<a_4,a_1>,<a_2,a_3>,<a_3,a_2>,<a_3,a_4>,<a_4,a_3>\}$

可以看到在数据结构 Graph 中，每个顶点可以有多个直接前驱结点，也可以有多个直接后继结点。这种数据结构的特点是顶点之间是多对多的关系，具有此种特点的数据结构就是图结构。

【例 1.9】 对于例 1.5 的调色板颜色，数据结构的二元组表示为 Set = (D,R)。其中，将赤、橙、黄、绿、青、蓝、紫等数据元素的信息抽象为 a_0、a_1、a_2、a_3、a_4、a_5、a_6，则

$D = \{a_0,a_1,a_2,a_3,a_4,a_5,a_6\}$

$R = \{\}$

可以看到在数据结构 Set 中，只有数据元素的集合非空，而数据元素之间除了同属一个集合 D（调色板颜色的集合）之外，彼此不存在任何关系（关系集合为空）。这表明该结构只考虑数据元素而不考虑它们之间的关系，具有这种特点的数据结构就是集合结构。

2）数据的存储结构

数据的存储结构

数据的逻辑结构是从数据元素之间的逻辑关系来观察数据，它与数据的存储无关，是独立于计算机之外的。数据的存储结构（或称“物理结构”）是数据的逻辑结构在计算机中的表示和存储方式。它包括数据元素值的表示和逻辑关系的表示两部分，是依赖于计算机的。在计算机中最小的数据表示单位是二进制数的一位（bit），因此通常用一个由若干位组合起来的位串来表示一个数据元素，这个位串称为“元素”或“结点”。数据元素值在数据域中是以二进制的存储形式表示的，而数据元素之间逻辑关系的存储则通常有顺序存储结构和链式存储结构两种基本方式，对应存储结构的两种基本类型。

（1）顺序存储结构。将所有的数据元素存放在一片连续的存储空间中，并使逻辑上相邻的数据元素对应的存储位置也相邻，即数据元素的逻辑位置关系与存储位置关系保持一致。这种方式所表示的存储结构称为顺序存储结构。顺序存储结构通常借助程序设计语言中的数组来实现。

图 1.8 所示为包含数据元素 a_0、a_1、a_2，且数据元素的关系为$<a_0,a_1>,<a_1,a_2>$的顺序存储结构示意图。

	…	a_0	a_1	a_2	…
存储地址：		013	014	015	

图 1.8 顺序存储结构示意图

说明：a_0、a_1、a_2 这 3 个元素存储在数组相邻的单元中。

（2）链式存储结构。不要求将逻辑上相邻的数据元素存储在物理上相邻的位置，即数据元素可以存储在任意的物理位置上。每一个数据元素所对应的存储表示由数据域和指针域两部分组成，数据域存放数据元素值本身，指针域存放表示逻辑关系的指针（后继结点的地址），即数据元素之间的逻辑关系是由附加的指针来表示的。这种方式所表示的存储结构称为链式存储结构。

图 1.9 所示为是包含数据元素 a_0、a_1、a_2，且数据元素的关系为$<a_0,a_1>,<a_1,a_2>$的链式存储结构示意图。

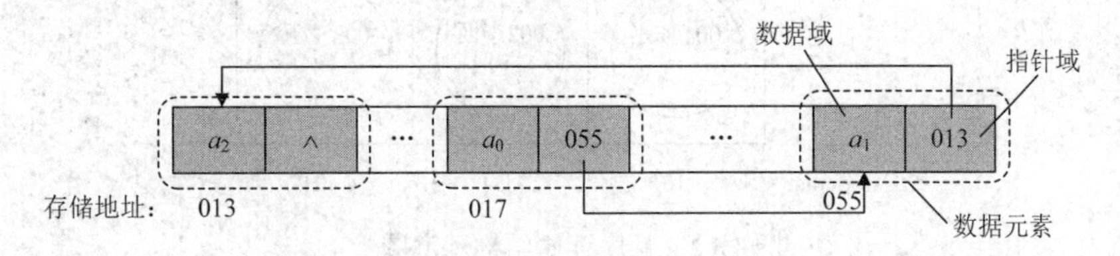

图 1.9 链式存储结构示意图

说明：a_0、a_1、a_2 不一定存储在相邻的存储单元中，每个数据元素包括数据域和指针域两部分。最后一个数据元素因为没有后继结点，其指针域为空值（null），图中用∧表示。

注意： 除了以上两种最基本的存储结构之外，还有索引存储结构和散列存储结构，这里不做详细讨论。

任何一种存储方式都有其优缺点。在实际应用中，选择哪种存储方式表示数据的逻辑结构，要根据存储结构的特点及处理问题时需进行的操作来决定，总体原则就是要操作方便、高效。

由于本书是在 Java 语言的基础上来讨论数据结构的，因此，在讨论存储结构时不会在真正的物理地址基础上去讨论顺序存储和链式存储，而是在 Java 提供的一维数组以及对象的引用（可以看作对象的地址——指针）的基础上去讨论和实现数据的存储结构。

以图 1.10 所示的学生基本信息存储为例，这里的数据元素为每个学生（每行）的信息；数据项是学号、姓名、年龄对应的内容，3 个数据项组成一个数据元素；可以把每个数据元素抽象成一个圈（代表一个结点），把数据元素位置的顺序关系看成数据元素之间的逻辑相邻关系，这样得到的数据逻辑结构示意图如图 1.11 所示。

学号	姓名	年龄
001	张三	20
002	李四	19
003	王五	18

图 1.10 学生基本信息存储

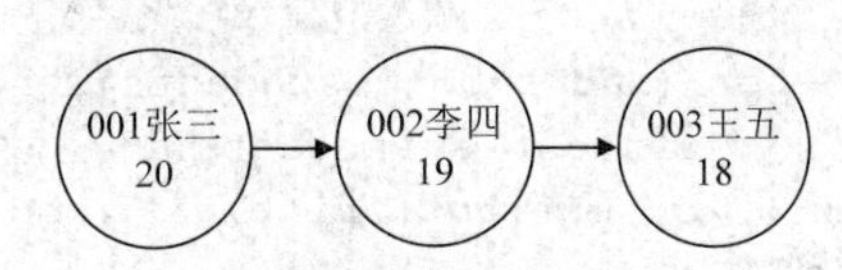

图 1.11 逻辑结构示意图

从图中可以看出，这个逻辑结构是一个线性结构，下面分别采用两种存储结构来编程实现数据元素的存、取操作。

【例 1.10】 学生基本信息的存储与输出——顺序存储结构实现（StuInfo1.java）。

【实现要点】

① 由于每个数据元素有 3 个数据项，可以用两个字符串型（string）变量 name（姓名）和 num（学号）以及一个整型（int）变量 age（年龄）来解决数据项的存储。

② 3 个数据项可以用 Student 类封装到一起，实现 1 个学生数据元素的存储。

③ 采用顺序存储结构，为了体现 3 个数据元素对象之间的逻辑关系，要让逻辑关系相邻的数据元素存放在 Student 类型对象数组 students 的相邻单元中。

在顺序存储结构中，逻辑相邻的数据元素存储位置也相邻，如图 1.12 所示。

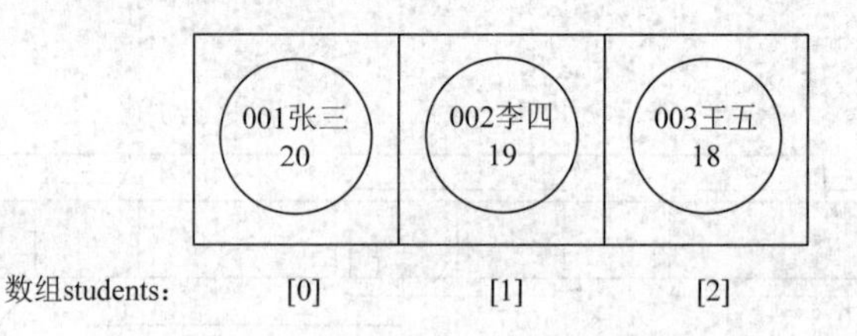

图 1.12　顺序存储结构示意图

程序清单 1.3　StuInfo1.java。

```
package 顺序存储结构;
//Student 类：学生类，用于存储学生的个人信息（学号、姓名、年龄）
class Student {
    String num;           //学号
    String name;          //姓名
    int age;              //年龄
    //构造方法
    public Student(String num,String name,int age){
        this.num=num;
        this.name=name;
        this.age=age;
    }
}
public class StuInfo1 {
    public static void main(String[] args) {
        //创建长度为 3 的 Student 对象数组
        Student[] students=new Student[3];
        //将 3 个学生对象存储在数组中，存储顺序就是数据元素的逻辑顺序（学号）
        students[0]=new Student("001","张三",20);//张三存储在 0 号位置
        students[1]=new Student("002","李四",19);//李四存储在 1 号位置
        students[2]=new Student("003","王五",18);//王五存储在 2 号位置
        //令 i 从 0～2 依次取值（按照存储顺序，也即数据元素的逻辑顺序），循环输出：
        for (int i=0; i<students.length; i++){
            Student s=students[i];        //获得学生数组的第 i 号元素
            System.out.println(s.num+"\t"+s.name+"\t"+s.age);//输出数据项
        }
    }
}
```

运行结果：

```
001   张三   20
002   李四   19
```

```
003   王五   18
```

【例 1.11】 学生基本信息的存储与输出——链式存储结构实现（StuInfo2.java）。

【实现要点】

① 由于每个数据元素有 3 个数据项，可以用两个 String 变量 name（姓名）和 num（学号）以及一个 int 变量 age（年龄）来解决数据项的存储。

② 3 个数据项可以用 Node 类封装到一起，实现 1 个学生数据元素的存储。

③ 为了实现链式存储，每个数据元素还需要一个指针域，存储其直接后继结点的地址。因此，还要在 Node 类的成员变量中增加一个 Node 类的引用型变量（指针）next，用以存储其后继结点的地址。

④ 为体现 3 个数据元素之间的逻辑相邻关系，要让每个排行在前面的数据元素的 next 指针存放其后继结点的地址，可通过对每个数据元素的 next 变量赋值来实现，让逻辑相邻的数据元素之间建立单向的链接关系。

在链式存储结构中，相邻的数据元素存储位置可以不相邻，如图 1.13 所示。

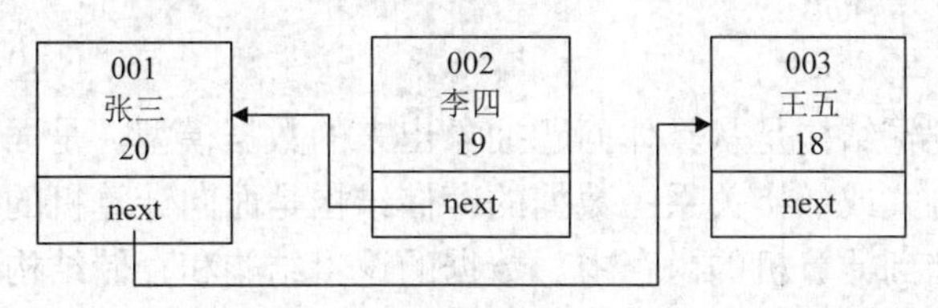

图 1.13 链式存储结构示意图

程序清单 1.4 StuInfo2.java。

```
package 链式存储结构;
//Node 类：结点是链式存储结构的基本构成单位，每个结点包括数据域和指针域两部分
//数据域：存放当前结点的值；指针域：存放后继结点的地址
class Node {
    String num;                  //数据域：学号
    String name;                 //数据域：姓名
    int age;                     //数据域：年龄
    Node next;                   //指针域：下一个数据元素（直接后继结点）的地址
    //构造方法
    public Node(String num,String name,int age,Node next){
        this.num=num;
        this.name=name;
        this.age=age;
        this.next=next;
    }
}
public class StuInfo2 {
    public static void main(String[] args) {
        //1.创建 3 个结点，每个结点包括数据域和指针域
        Node node1=new Node("001","张三",20,null);
        Node node2=new Node("002","李四",19,null);
        Node node3=new Node("003","王五",18,null);
        //2.通过指针域链接，建立结点之间的逻辑关系
```

```
        node1.next=node2;          //张三的后面（直接后继结点）是李四
        node2.next=node3;          //李四的后面（直接后继结点）是王五
        node3.next=null;           //王五是最后一个，没有后继结点，指针域为 null
        //3.按照指针指示的链接顺序（即结点的逻辑关系）从头到尾输出结点的值
        Node p;          //定义指向 Node 类的指针变量 p
        p=node1;         //p 先指向第一个结点（001 号学生 张三）
        System.out.println(p.num+"\t"+p.name+"\t"+p.age);//输出 3 个数据项
        p=p.next;        //从当前结点指针域得到后继结点地址，p 指向第二个结点（李四）
        System.out.println(p.num+"\t"+p.name+"\t"+p.age);//输出结点信息
        p=p.next;        //从当前结点指针域得到后继结点地址，p 指向第三个结点（王五）
        System.out.println(p.num+"\t"+p.name+"\t"+p.age);//输出结点信息
    }
}
```

运行结果：

```
001   张三   20
002   李四   19
003   王五   18
```

综上，数据的逻辑结构是从具体问题抽象出来的数据模型，是面向问题的，反映了数据元素之间的关联方式或邻接关系；数据的存储结构是面向计算机的，其基本目标是将数据及其逻辑关系存储到计算机的内存中。数据的逻辑结构和存储结构是密切相关的两个方面。一般来说，一种数据的逻辑结构可以用多种存储结构来存储，而采用不同的存储结构，其数据处理的效率往往是不同的。

3）数据的操作

数据的操作就是用某种方法对数据进行处理，也称数据的运算。只有当数据对象按一定的逻辑结构组织起来，并选择了适当的存储方式存储到计算机中时，与其相关的运算才有了实现的基础。因此，数据的操作也可被认为是定义在数据逻辑结构上的操作，但操作的实现却要考虑数据的存储结构。以下是最常见的数据操作。

- 创建：建立数据的存储结构。
- 新增：在数据存储结构的适当位置上加入一个指定的新的数据元素。
- 删除：将数据存储结构中某个满足指定条件的数据元素进行删除。
- 修改：修改数据存储结构中某个数据元素的值。
- 查找：在数据存储结构中查找满足指定条件的数据元素。
- 遍历：对数据存储结构中的每一个数据元素按某种路径访问一次且仅访问一次。
- 排序：将数据存储结构中所有的数据元素按照关键字的某种比较规则排序。

数据的逻辑结构、存储结构和操作是数据结构讨论中不可分割的 3 个方面，它们中有一个不同都将导致不同的数据结构。

参考程序

1.1.2 任务实施

1. 学生基本信息的存储和输出（顺序存储结构）

步骤 1：打开 Eclipse，在“数据结构 Unit01”项目中创建包，命名为“顺序存储结构”。

步骤 2：在包中创建一个主类，命名为 StuInfo1.java；在 StuInfo1 类的前面设计一个学生类，命名为 Student，包括 3 个属性（学号、姓名、年龄）和 1 个构造方法。

步骤 3：在 main 方法中以单行中文注释写出程序的算法描述，实现 3 个学生基本信息的顺序存储和显示输出。将算法步骤转化为代码实现，编程并调试。

2. 学生基本信息的存储和输出（链式存储结构）

步骤 1：打开 Eclipse，在“数据结构 Unit01”项目中创建包，命名为“链式存储结构”。

步骤 2：在包中创建一个主类，命名为 StuInfo2.java；在 StuInfo2 类的前面设计一个学生信息结点类，命名为 Node，包括 4 个属性（学号、姓名、年龄、下一个结点的地址指针）和 1 个构造方法。

步骤 3：在 main 方法中以单行中文注释写出程序的算法步骤，实现 3 个学生信息的链式存储和显示输出。

步骤 4：将算法步骤转化为代码实现，编程并调试。

思考：在输出多个结点信息时，如果采用循环结构，实现代码如下：

```
p=node1;                //p先指向第一个结点，准备开始访问
while( p!=null ) {      //只要p指向的结点存在，则访问(执行循环体)
    System.out.println(p.num+"\t"+p.name+"\t"+p.age);//输出当前结点的信息
    p=p.next;           //指针p后移，指向下一个结点
}
```

① 利用指针变量 p，依次指向每个结点输出。

② 循环开始时，p 应指向第一个结点。

③ 输出一个结点的信息之后，通过 p=p.next，p 后移指向下一个结点。

④ 当 p 指向一个结点并输出其信息之后，可以通过 p=p.next 判断此时 p 是否为 null 值，如果为 null 值，则代表刚才访问的是最后一个结点，访问可以结束同时退出循环。

任务 1.2 设计简单的数据结构

任务描述

了解数据类型的概念，掌握抽象数据类型（abstract data type，ADT）的意义、描述及实现，设计一个简单的数据结构 Complex，解决复数计算的编程问题。

1.2.1 知识准备

1. 数据类型

数据结构和数据类型是紧密相关的两个概念：数据结构是计算机处理的数据元素的组织形式和相互关系，数据类型可以看作某种程序设计语言中已经实现的数据结构。

在学生基本信息的存储与输出的例子中，要实现数据的存储结构，需要考虑如何将数据保存到存储器，需要定义变量，指定变量的数据类型（int 等），甚至自定义数据类型（Student 类、Node 类）。在进行数据结构的定义和实现时，数据类型、ADT 的概念是至关重要的。

数据类型是一组值的集合以及定义于这个值集上的一组操作的总称。在用高级语言编写的程序中，每个变量都有一个确定的数据类型，用以规定在程序执行期间，该变量的取值范围以及允许进行的操作。例如，Java 语言中 int 变量的取值范围是 4 个字节能够表示的最小负整数和最大正整数之间的任何一个整数，允许执行的操作有算术运算（+、-、*、/、%）、关系运算（<、<=、>、>=、==、!=）等。

每一种程序设计语言都提供了一些内置的数据类型，也称为基本数据类型。例如，Java 语言中提供了 8 种基本数据类型，分别为整型（byte、short、int、long）、浮点型（float、double）布尔型（boolean）和字符型（char）。基本数据类型的值是不可分解的，只能作为一个整体来进行处理。

当数据元素是由若干个不同类型的数据项组合而成的复杂数据时（如学生信息包括 string 变量姓名、学号以及 int 变量年龄），程序设计语言的基本数据类型就不能满足需求了，它必须提供引入新数据类型的手段，此时学生信息的类型就需要自己定义。在 Java 语言中，引入新数据类型的手段是类的声明，类的对象是新的类型的实例，类的成员变量确定了新数据类型的数据表示方法和存储结构，类的构造方法和成员方法确定了新数据类型的操作。

在前面为了描述学生信息这种数据元素，定义了 Student 类，其中的各个成员数据（属性）就是一个学生的若干数据项，而每个数据项（如学号、姓名、年龄）则是一个某种已有的数据类型的变量。

2. 抽象数据类型

抽象数据类型

1）ADT 的定义

ADT 一般是由用户定义的、表示应用问题的数学模型以及定义在该模型上的一组操作的总称，具体包括数据对象的集合、数据对象上关系的集合以及对数据对象的基本操作的集合 3 部分。

因此，ADT 可以使用一个三元组来表示，即

$$ADT = (D, R, P)$$

其中，D 为数据元素的集合；R 为 D 上的关系的集合；P 为加在 D 上的一组操作的集合。

在定义 ADT 时，可以使用以下格式：

```
ADT  抽象数据类型名{
    数据对象：<数据对象的定义>
    数据关系：<数据关系的定义>
    基本操作：<基本操作的定义>
}
```

其中，基本操作的定义格式如下：基本操作名 (参数表): 操作功能的描述。

例如，当程序中需要进行复数的数学运算时，Java 语言并没定义复数这种类型，用户可以自行定义复数的 ADT。

一个复数 $a+bi$ 由实部 a 和虚部 b 两部分组成，i 是虚部标记。复数 ADT（简化版本）

描述如下。

【例 1.12】 复数 ADT 的定义。

```
ADT Complex  {
    数据对象：D={ a,b |a、b ∈R }
    数据关系：R={<a,b>|a 是复数的实部，b 是复数的虚部}
    基本操作：
        getReal( )      : 获取复数的实部
        setReal(x)      : 设置复数的实部为 x
        getImag( )      : 获取复数的虚部
        setImag(y)      : 设置复数的虚部为 y
        add(C)          : 将复数 C 与当前复数相加
}
```

在复数 ADT 的定义完成之后，程序员需要用 Java 语言描述并实现 ADT Complex 所声明的复数类型。

2）用 Java 的接口描述 ADT

在程序设计领域，抽象的作用都源于这样一个事实：一旦一个抽象的问题得到解决，则很多同类的具体问题便可迎刃而解。抽象还可以实现封装和信息隐藏，抽象的程度越高，对信息及处理细节的隐藏就越深。

Java 语言中的接口就是一种非常有用的抽象，接口中仅包含一系列的抽象方法。对于调用者仅能看到它能“做什么”，而对于实现者仅需知道“做的标准”，从而有效地将“做什么”和“怎么做”分离开来，实现对算法细节和数据内部存储结构的隐藏。

在 Java 语言中，ADT 可采用 Java 接口描述（主要描述的是基本操作）。

【例 1.13】 用 Java 接口描述复数的 ADT。

程序清单 1.5 IComplex.java。

```
package 复数类型;
public interface IComplex {
    public double getReal();                          //获取实部
    public void setReal(double real);                 //设置实部
    public double getImag();                          //获取虚部
    public void setImag(double imag);                 //设置虚部
    public void add(IComplex z);                      //复数 z 与当前复数相加
}
```

3）用 Java 的类实现 ADT

在 Java 接口描述 ADT 的基础上，抽象类型的实现则采用实现该接口的类来表示，在类中定义存储结构，并在其基础上实现 ADT 定义的所有操作。只有实现了 ADT，才能在实际应用中使用这些数据结构。

【例 1.14】 编写实现例 1.13 中复数 ADT 的 Java 类代码。

程序清单 1.6 Complex.java。

```
package 复数类型;
//复数类的定义，它实现了 IComplex 接口
public class Complex implements IComplex {
    private double real;                     //复数的数据成员：实部
    private double imag;                     //复数的数据成员：虚部
    public Complex(){}                       //无参数的构造方法
```

```
    public Complex(double real,double imag){      //带参数的构造方法
        this.real=real;    //以 real 和 imag 为实部和虚部，构造一个新的复数对象
        this.imag=imag;
    }
    //成员方法：对接口中各个抽象方法的实现(重写抽象方法，实现方法体)
    public double getReal() {
        return this.real;              // 返回本复数对象的实部
    }
    public void setReal(double real) {
        this.real=real;                // 设置本复数对象的实部为参数 real
    }
    public double getImag() {
        return this.imag;              // 返回本复数对象的虚部
    }
    public void setImag(double imag) {
        this.imag=imag;                // 设置本复数对象的虚部为参数 imag
    }
    public void add(IComplex z) {
        if (z!=null){                  //如果加数 z 非空
            this.real+=z.getReal();    //实部加到本复数的实部
            this.imag+=z.getImag();    //虚部加到本复数的虚部
        }
    }
}
```

以上程序实现了复数类型，就可以把它用作程序中的一种新的数据类型或数据结构，解决所有和复数相关的同类应用问题。

【例 1.15】 编程实现两个复数的创建、赋值、相加等运算并输出结果。

程序清单 1.7 TestComplex.java。

```
package 复数类型;
public class TestComplex {
    public static void main(String[] args) {
        Complex z1=new Complex(3.0,2.0);        //创建复数对象 z1
        Complex z2=new Complex();               //创建复数对象 z2
        z2.setReal(5.0);                        //设置 z2 实部
        z2.setImag(7.0);                        //设置 z2 虚部
        System.out.println("复数 z1="+z1.getReal()+"+"+z1.getImag()+"i");
        System.out.println("复数 z2="+z2.getReal()+"+"+z2.getImag()+"i");
        z1.add(z2);                             //做复数加法 z1=z1+z2
        System.out.println("相加后 z1="+z1.getReal()+"+"+z1.getImag()+"i");
    }
}
```

运行结果：

```
复数 z1=3.0+2.0i
复数 z2=5.0+7.0i
相加后 z1=8.0+9.0i
```

3. 设计数据结构的基本步骤

通常把基本数据类型看成 Java 语言中已实现的数据结构，而把在基本数据类型基础上

设计新数据类型的过程称为数据结构的设计。

本课程使用ADT定义数据结构（逻辑结构+操作），后续单元将定义线性表、树、图等的ADT，每种ADT描述一种数据结构的逻辑特性和操作集合，与其存储结构及实现无关。只有实现了这些ADT，才能在实际应用中使用这些数据结构。实现ADT则要依赖于数据的存储结构。

遵循自顶向下、由抽象到具体的设计原则，数据结构的设计步骤如下。

① 用ADT定义数据的逻辑结构和基本操作。

② 用Java的接口描述ADT（主要是基本操作）。

③ 设计实现该接口的Java类，将数据存储结构、基本操作的实现代码封装在其中，从而完成数据结构的类定义。

参考程序

④ 用设计好的数据结构（即实现了ADT的Java类）作为工具，即看作一种自定义的新的数据类型，去解决各种应用问题。

1.2.2 任务实施

复数ADT的定义、接口描述和实现步骤如下。

步骤1：打开Eclipse，在“数据结构Unit01”项目中创建包，命名为“复数类型”。

步骤2：在包中创建一个接口，命名为IComplex.java，描述复数ADT的基本操作，包括5个抽象方法。

步骤3：在包中创建一个类，命名为Complex.java，实现简单的数据结构——复数类，定义2个属性（实部和虚部），并实现接口IComplex中的5个操作。

步骤4：在包中创建一个主类，命名为TestComplex.java，在main方法中先以单行中文注释写出程序的算法描述，然后将算法步骤转化为代码实现。对简单的数据结构——复数类进行测试，分别创建两个复数对象并初始化，然后测试基本的5个操作。

思考：完善复数ADT的设计，在IComplex接口中增加复数减法和复数乘法两个抽象方法：

```
    public void minus(IComplex z);        //复数z与当前复数相减
    public void multiply(IComplex z);     //复数z与当前复数相乘
```

然后在Complex类中实现这两个方法，再在TestComplex类中测试这两个方法。

任务1.3 认识算法

任务描述

了解算法的基本概念和算法时间复杂度分析的方法，能对简单算法进行时间复杂度分析和运行时间统计。

1.3.1 知识准备

算法与数据结构的关系紧密，在算法设计时先要确定相应的数据结构，而在讨论某一种数据结构时也必然会涉及相应的算法。

算法的基本概念

1. 算法及其特性

1）什么是算法

算法是计算机对特定问题求解步骤的一种描述。它是指令的有限序列，其中每条指令表示一个或多个操作。

2）算法的特性

算法具有以下 5 种特性。

- 有穷性：一个算法总是（对任何合法输入值）在执行有限步骤之后结束，而且每一个步骤都在有穷的时间内完成。
- 确定性：可以从两个方面来理解算法的确定性，一方面是指算法中每一条指令的确定性，即每一条指令都有确切的含义，不会产生二义性；另一方面是指算法输出结果的确定性，即在任何条件下，只要是相同的一组输入就能得出相同的输出结果。
- 可行性：算法的可行性是指算法中每一条指令的有效性，即算法中每一条指令的描述都符合语法规则、满足语义要求，都能够被人或机器确切执行，并能通过已经实现的基本运算执行有限次来完成。
- 输入：一个算法具有零个或多个输入，这些输入是算法得以实现的初始条件，它取自于某个特定对象的集合。
- 输出：一个算法必须有一个或多个输出，这些输出是与输入有着某些特定关系的量。

算法与数据结构是相辅相成的。解决某一特定类型问题的算法可以选定不同的数据结构，而且选择恰当与否直接影响算法的效率。反之，一种数据结构的优劣通常由各种算法的执行来体现。计算机程序是完成某一特定任务的一组计算机指令序列，是对一个算法使用某种程序设计语言的具体实现。算法可以用不同的编程语言来实现，它们遵循的逻辑步骤是相同的。

算法不等于程序。算法必须可终止，这意味着不是所有的计算机程序都是算法。例如，操作系统是一个在无限循环中执行的程序而不是一个算法，然而可以把操作系统的各种任务看成是一个单独的问题，每个问题由操作系统中的一个子程序通过特定的算法来实现。

3）算法的设计目标

本书学习的目的就是要在某种数据结构的基础上学习算法设计方法，不但要设计正确的算法，而且要设计“好”的算法。通常设计一个“好”算法有以下 4 个设计目标。

- 正确性：算法的执行结果应满足具体问题的功能和性能要求。它是算法中最重要的一个目标，不能正确实现其任务的算法是无用的算法。
- 可读性：在算法正确性得到保证的前提下，算法的描述还要做到便于阅读，以利于后续对算法的理解和修改。可以采用在算法中增加注释的方法，或尽量使算法描述结构清晰、层次分明，以增强可读性。
- 健壮性：算法应具有检查错误和对某些错误进行适当处理的功能。也就是说，算法要具有良好的容错性，要允许用户犯错误，在错误出现时要具有正确的判断能力和及时纠错的能力。例如，当用户输入了非法数据时，算法要能检查出错误并能将错误信息反映给用户，同时要为用户提供改正错误的机会。

- 高效性：高效包括时间和空间两个方面。时间高效是指算法设计合理，执行速度快，时间效率高，可用时间复杂度来衡量；空间高效是指算法占用存储容量合理，可用空间复杂度来衡量。时间复杂度和空间复杂度是衡量算法效率的两个指标。

2. 算法的描述

设计一个算法之后，必须清楚准确地将所设计的求解步骤表达出来，即描述算法。描述算法主要有 3 种形式：自然语言、程序设计语言和流程图。用自然语言如中文或英文来描述算法，优点是容易理解，缺点是不能直接被计算机执行，不便于验证算法的正确性。用某种具体的程序设计语言来描述算法，优点是算法不用修改就可直接在计算机上执行，缺点是不够直观，往往要加入大量注释才能使用户明白。用流程图来描述算法，优点是直观易懂，缺点是严密性不如程序设计语言，灵活性不如自然语言。在计算机应用早期，使用流程图描述算法占有重要地位，但实践证明，除了一些非常简单的算法以外，这种描述方法使用起来非常不方便。

为方便读者上机验证算法，本书全部采用 Java 程序设计语言来描述算法，同时配合自然语言描述算法核心思想以及对算法步骤的注释，在保证严密性的同时，使算法既易于理解，也便于验证。

3. 算法效率的分析

要解决一个实际问题，常常有多种算法可供选择，不同的算法各有其自身的优缺点，如何在这些算法中进行取舍呢？这就需要采用算法分析技术来评价算法的效率。

算法的分析基础

算法分析的任务就是利用某种方法，对每一个算法讨论其各种复杂度，以此来评判某个算法适用于哪一类问题，或者哪一类问题宜采用哪个算法。

算法的复杂度是度量算法优劣的重要依据。对于一个算法，复杂度的高低体现在运行该算法所需的计算机资源的多少上：所需资源越多，反映算法的复杂度越高；反之，所需资源越少，则反映算法的复杂度越低。

计算机资源主要包括时间资源和空间资源。因此，算法的复杂度通常体现在时间复杂度和空间复杂度这两个指标上。

1）算法的时间复杂度分析

通常有两种衡量算法时间复杂度的方法，即事后统计法和事前估算法。事后统计法就是编写算法对应的程序，统计其执行时间。一个算法用计算机语言实现后，在计算机上执行所消耗的时间与很多因素有关，如计算机的运行速度、编写程序采用的计算机语言、编译产生的机器语言代码质量和问题的规模等。这种方法存在的缺点有两个：一是必须将算法转换成程序后再执行；二是存在很多外部因素，可能会掩盖算法的本质。事前估算法是指撇开这些与计算机软硬件有关的因素，仅考虑算法本身的效率高低。可以认为一个特定算法的运行时间只依赖于问题的规模（通常指输入数据量的大小，用整数 n 表示。例如，一个排序算法的问题规模，指的是参与排序的数据个数），或者说算法的执行时间是问题规模的函数。因此，本书主要采用事前估算法来分析算法的时间复杂度。

分析算法时间复杂度的步骤如下。

（1）统计算法的语句频度之和 $T(n)$。

一个特定算法的执行时间只依赖于问题的规模（即输入数据量 n），或者说，它是问题规模的函数。如何估计算法执行时间呢？

算法是由若干条指令构成的集合，算法的执行时间大体等于其所有语句执行时间的总和；而语句的执行时间则为该条语句重复执行的次数和执行一次所需时间的乘积，即

$$\text{算法的执行时间}=\sum \text{每条指令的执行次数}\times\text{每条指令的执行时间}$$

可假设每条语句执行时间为单位时间，则一个算法的执行时间可用该算法中所有语句执行次数之和来度量，即算法的执行时间与指令的执行次数之和成正比。可用指令执行次数（一条语句重复执行的次数称为“语句频度”）之和 $T(n)$来衡量算法执行时间，即算法的执行时间与 $T(n)$成正比。

由于每条语句执行一次的具体时间与机器的软硬件环境密切相关，因此，所谓的算法时间复杂度分析并非精确统计算法实际执行所需时间，而是针对算法中语句执行次数做出估计，从中得到算法执行时间的信息。下面看几个例子。

【例 1.16】 单层循环。　　　　　　　　　　　　　　　　　　　语句频度

```
1:  for (int i=0; i<n; i++) {                          n+1
2:    System.out.print('*');                           n
3:  }
```

语句频度分析：语句 1 中循环控制变量 i 从 0 增加到 n，当测试到 i 等于 n 时才会终止，故其执行次数为 n+1；语句 2 是循环体，被执行了 n 次，则 $T(n)=(n+1)+n=2n+1$。

【例 1.17】 二重循环。　　　　　　　　　　　　　　　　　　　语句频度

```
1:  for (int i=0; i<n; i++) {                          n+1
2:      for (int j=0; j<n; j++) {                      n(n+1)
3:            System.out.print('*');                   n²
4:      }
5:  }
```

语句频度分析：语句 1 中循环控制变量 i 从 0 增加到 n，当测试到 i 等于 n 时才会终止，故其执行次数为 n+1；语句 2 作为语句 1 循环体内的语句被重复执行 n 次，而语句 2 本身也要执行 n+1 次（判断循环条件），所以语句 2 的执行次数为 $n(n+1)$；同理，语句 3 被执行了 n^2 次。则 $T(n)=(n+1)+n(n+1)+n^2=2n^2+2n+1$。

【例 1.18】 多个循环语句组合。　　　　　　　　　　　　　　　语句频度

```
x=0;y=0;s=0;                                           1
for(k=1;k<=n;++k){          //一层循环                  n+1
    s+=++x;}                                           n
for(i=1;i<=n;++i)           //一层循环                  n+1
    for(j=1;j<=n;++j){      //二层循环                  n(n+1)
        s+=++y; }                                      n²
```

分析方法同上，$T(n)=1+(n+1)+n+(n+1)+n(n+1)+n^2=2n^2+4n+3$。

【例 1.19】 两个矩阵相乘（三层 for 循环）。　　　　　　　　　语句频度

```
public static void squareMult (int[][] a, int[][] b, int[][] c, int n){
    for (int i=0;i<n;i++)                              n+1
```

```
        for (int j=0;j<n;j++) {                    n(n+1)
            c[i][j]=0;                             n^2
            for (int k=0;k<n;k++)                  n^2(n+1)
                c[i][j]+=a[i][k]*b[k][j];          n^3
        }
    }
```

分析方法同上，$T(n)=(n+1)+n(n+1)+n^2+n^2(n+1)+n^3=2n^3+3n^2+2n+1$。

【例 1.20】 for 循环（循环次数隐含） 语句频度

```
1: for (int i=1; i<=n; i=10*i)                     log10n+1
2:     System.out.println(i);                      log10n
```

这个算法循环执行次数不明显，可假设循环体语句 2 的频度为 x，由于 i 的初值为 1，且每执行 1 次循环体，i 就乘以 10，因此执行了 x 次循环体后，有 $10^x \leqslant n$。不等式两边取 10 的对数，得到 $x \leqslant \log_{10}n$。根据语句 1 的执行次数比循环体的执行次数多 1 次，知语句 1 的执行次数为 $x+1$ 次，于是 $T(n)=(\log_{10}n+1)+\log_{10}n=2\log_{10}n+1$。

（2）求算法的渐进时间复杂度——$T(n)$的大 O 表示式。

由于算法分析不是绝对时间的比较，在求出语句频度之和 $T(n)$后，通常进一步采用渐进时间复杂度来表示。算法执行时间是随着问题规模增长而增长的，只需要考虑当问题规模 n 充分大时，算法中语句的执行次数在渐进意义下的阶。

算法渐进时间复杂度用 $T(n)$的数量级来表示。例如，例 1.19 的矩阵乘法，当 n 趋于无限大时，$\lim T(n)/n^3=\lim(2n^3+3n^2+2n+1)/n^3=2$，即当 n 充分大时，$T(n)$和 n^3 的比是一个不等于 0 的常数，$T(n)$和 n^3 是同阶的，或者说两者数量级相同，在此用 O 来表示数量级，记作 $T(n)=O(f(n))=O(n^3)$，由此给出算法渐进时间复杂度的定义。

设算法中基本语句执行次数是问题规模 n 的某个函数 $T(n)$，算法的时间量度记作 $T(n)=O(f(n))$，它表示随问题规模 n 的增大，算法执行时间的增长率与 $f(n)$的增长率相同，称作算法的渐进时间复杂度，简称时间复杂度。在上述表达式中，“O”读作“大 O”（O 是 Order 的简写，意指数量级）。

一般情况下，如果 $T(n)=a_m n^m+a_{m-1}n^{m-1}+\cdots+a_1 n^1+a_0$，且 $a_i \geqslant 0$（$i=0,1,2,\cdots,m$），则 $T(n)=O(f(n))=O(n^m)$，即对于一个关于问题规模 n 的多项式，用大 O 表示法时，只需保留其最高次幂的项并去掉其系数即可。也就是说，计算这样的函数时通常只考虑大的数据项，而那些不显著改变函数级的部分都可以忽略掉，其结果是原函数的一个近似值，这个近似值在 n 充分大时会足够接近原函数值，这种分析方法是渐近分析法中的一种。使用大 O 记号表示的算法时间复杂度，也称为算法的渐近时间复杂度。

对于上面的例子，可以根据这种办法得到每个算法的渐进时间复杂度。

一般情况下，在一个没有循环（或者有循环，但循环次数与问题规模 n 无关）的算法中，原操作执行次数与问题规模 n 无关，记作 $O(1)$，也称为常数阶。算法中的每个简单语句，如定义变量语句、赋值语句和输入/输出语句，其执行时间都可以看成是 $O(1)$。

在一个只有一重循环的算法中，原操作执行次数与问题规模 n 的增长呈线性增大关系，记作 $O(n)$，也称线性阶，其余常用的还有平方阶 $O(n^2)$、立方阶 $O(n^3)$、对数阶 $O(\log n)$、指数阶 $O(2^n)$等。

2）简化的时间复杂度分析

上面的分析法基于语句频度之和 $T(n)$，但有时算法很复杂，要得到 $T(n)$的精确表达式并不容易。此时，可以采用另外一种简化的算法时间复杂度分析方法，即仅考虑算法中的基本操作。所谓基本操作，是指算法中最主要的操作，即算法中重复执行次数和算法执行时间成正比的操作，它对算法运行时间的贡献最大。

基本操作通常在算法中最深层的循环内，当 n 足够大时，这部分操作的执行时间占算法运行时间的比例最大，算法执行时间大致正比于“基本操作所需的时间×执行次数”。因此，在算法分析中，计算 $T(n)$时可以仅考虑基本操作的执行次数。

用这种方法对算法的时间复杂度进行分析时，只需适当选择一个算法中的基本操作，并通过计算基本操作的语句频度来估算算法的执行时间。

于是，一个算法的执行时间代价主要体现在基本操作上。例如，对于例 1.17，采用简化的算法时间复杂度分析方法，其中的基本操作是二重循环中最深层的语句 3，分析它的频度，即 $T(n) = n^3 = O(n^3)$。

由于两种方法得出的算法时间复杂度均为 $O(n^3)$，而后者的计算过程要简单得多，因此本书后面主要采用简化的算法时间复杂度分析方法。

3）最好、最坏和平均时间复杂度

有些算法在规模相同的情况之下，其语句频度也会因为输入的数据值或输入的数据顺序不同而不同，因此其时间复杂度也会不同，有最好时间复杂度、最坏时间复杂度和平均时间复杂度之分。

【例 1.21】 下面算法实现的功能是在数组 $a[0:n-1]$中查找值为 x 的数据元素，若找到，则返回 x 在 a 中的位置；否则，返回-1。

```
public static int search(int[] a,int x){
    int n=a.length;
    for(int i=0; i<n && x!=a[i];i++);
    if (i==n) return -1;
    else      return i;
}
```

此算法采用的查找策略是从第 1 个元素开始，依次将每一个数组元素与 x 进行比较，故该算法的基本操作是算法中的第 3 行语句的比较操作。

在查找成功的情况下，若待查找的数据元素恰好是数组中的第 1 个数据元素，则只需比较一次即可找到，这是算法的最好情况，$T(n)=O(1)$，称最好情况下的时间复杂度为最好时间复杂度。

若待查找的数据元素是最后一个元素，或者根本不在数组中，则需比较 n 次才能找到（或判断找不到），此时是算法的最坏情况，$T(n)=O(n)$，称最坏情况下的时间复杂度为最坏时间复杂度。

若需要多次在数组中查找数据元素，并且以某种概率查找每个数据元素，为讨论问题方便，一般假设是以相等概率（$1/n$）查找各个数据元素。在这种情况下，成功查找时的平均比较次数为$(1/n)\sum i=(n+1)/2$，其 $T(n)=O(n)$，这就是算法时间复杂度的平均情况，称这种情况下的时间复杂度为等概率下的平均时间复杂度。

这 3 种时间复杂度从不同的角度反映算法的效率，各有用途，也各有局限性。在一般情况下，取最坏时间复杂度或等概率下的平均时间复杂度作为算法的时间复杂度。

4）算法按时间复杂度分类

算法可按其执行时间分成两类：凡时间复杂度有多项式时间限界的算法称为多项式时间算法；凡时间复杂度有指数函数限界的算法称为指数时间算法。

多项式时间算法的时间复杂度有多种形式，其中最常见的有常量阶 $O(1)$、线性阶 $O(n)$、平方阶 $O(n^2)$、立方阶 $O(n^3)$、对数阶 $O(\log n)$、线性对数阶 $O(n\log n)$。它们之间随 n 增长的关系为

$$O(1)<O(\log n)<O(n)<O(n\log n)<O(n^2)<O(n^3)$$

指数时间算法的时间复杂度形式为 $O(a^n)$，常见的有 $O(2^n)$、$O(n!)$、$O(n^n)$。它们之间随 n 增长的关系为

$$O(2^n)<O(n!)<O(n^n)$$

常见函数的时间复杂度增长率如图 1.14 所示。从图中可以看出，随着 n 的增大，指数时间算法和多项式时间算法在所需时间上相差非常多，要尽量选择多项式时间算法。

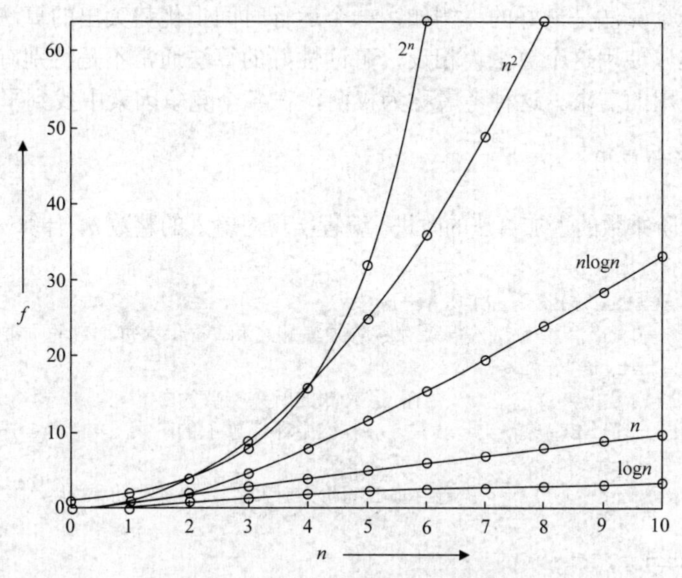

图 1.14 常见函数的时间复杂度增长率

5）算法的空间复杂度分析

除了考虑算法的执行时间之外，算法执行时的空间需求量也是程序设计者经常需要考虑的。近年来，虽然计算机在不断提高处理速度的同时也大大增强了其存储能力，但是可利用的磁盘或内存空间仍是对算法设计的重要限制。

类似于算法的时间复杂度，本书以空间复杂度作为算法所需存储空间的量度，记作 $S(n)=O(f(n))$。其中，n 为问题的规模，即算法的空间复杂度也以数量级的形式给出，如 $O(1)$、$O(n)$、$O(\log_2 n)$等。

用来分析空间复杂度的技巧与分析时间复杂度的技巧类似。不同的是，时间复杂度是相对于处理某个数据结构的算法而言的，而空间复杂度是相对于这个数据结构本身而言的。

一个上机执行的程序除了需要存储空间来寄存本身所用的指令、常数、变量和输入数据外，也需要一些对数据进行操作的工作单元和存储一些为实现计算所需信息的辅助空间。程序的一次运行是针对所求解的问题的某一特定实例而言的。例如，求解排序问题的排序

算法的每次执行是对一组特定个数的元素进行排序。对该组元素的排序是排序问题的一个实例。元素个数可视为该实例的规模。100 个数据元素的排序算法与 1000 个数据元素的排序算法所需的存储空间显然是不同的。

若输入数据所占空间只取决于问题本身，与算法无关，则只需要分析除输入和程序之外的额外空间，否则，应同时考虑输入本身所需空间（与输入数据的表示形式有关）。若额外空间相对于输入数据量来说是常数，则称此算法为原地工作。如果所占空间量依赖于特定的输入，则除特别指明外，均按最坏情况来分析。

在对一个算法进行时间复杂度和空间复杂度分析时，两者往往不可兼顾，考虑好的时间复杂度，可能会牺牲空间复杂度的性能，反之亦然。因此，在设计一个大型算法时，要综合考虑算法的各项性能、算法的使用频率、算法处理数据量的大小、算法描述语言的特性、算法运行的机器系统环境等各方面因素，才能设计出较好的算法。

必须知道，虽然按照某些标准，一个算法可能比另一个算法更好，但从全局的观点来看，通常没有一个算法是最好的。例如，一个运行时间上优势突出的算法可能难以理解，这将使其他人难以使用这个算法；相反，可读性好的算法通常不是特别有效的。使用哪一个算法取决于应用的需求。这种考虑称为权衡，在各个竞争因素中找到平衡是很重要的。

4. 算法分析的应用

【例 1.22】 阶乘数的累加算法的改进。编程实现对输入的整数 n，计算 $sum=1!+2!+3!+4!+\cdots+n!$。

```
public static int sum1(int n){
    int s=0,m;          //s 保存各阶乘累加之和，m 保存每个数的阶乘值
    for (int i=1; i<=n; i++){
        m=1;            //令当前整数 i 的阶乘初值为 1
        for (int j=1; j<=i; j++)//循环计算 i 的阶乘 m=1*2*3…*i
            m=m*j;
        s=s+m;          //把当前 i 的阶乘计算结果累加到阶乘和 s 中
    }
    return s;
}
```

n 个阶乘相加得到结果，这样的计算方式是否高效？是否包含了一些多余的计算次数？

分析：上述程序分别独立计算了 1～n 的阶乘式，每个阶乘式进行多次乘法得到结果，可以看到阶乘之间存在这样一个规律，即 $n!=n(n-1)!$，即如果知道了前一个数的阶乘（如 $(n-1)!$），后一个数 n 的阶乘只要在上一次计算的阶乘值的基础上乘以 n（做一次乘法）即可。上述程序没有利用已经计算出来的阶乘值，导致了低效的计算，主要时间花费在二重循环体的执行上，可考虑将二重循环简化为单层循环，代码如下：

```
public static int sum2(int n){
    int s=0,m=1;        //s 保存各阶乘累加之和，m 保存（上一个数的）阶乘值
    for (int i=1; i<=n; i++){
        m=m*i;          //i 的阶乘 m 等于上一个数(i-1)的阶乘 m*i
        s=s+m;          //i 的阶乘值累加到变量 s
    }
    return s;
}
```

对于阶乘数累加算法的 sum1 方法，按照时间复杂度的分析方法可知，乘法操作是基本操作，存在于二重循环体内部，其时间复杂度为 $T(n)=O(n^2)$；而改进后的 sum2 方法，乘法操作存在于单层循环体内部，时间复杂度为 $O(n)$。从事前分析的结果看，算法时间效率的改善是明显的。下面的程序采用事后统计分析法，通过实测，比较两个算法在 n 取 100000 时的执行时间。

程序清单 1.8 TestSum.java。

```
public class TestSum {
    //1!+2!+…+n!计算阶乘的累加和
    //方法 1：对每个数的阶乘 m!都按照 1*2*…*m 来计算
    public static long sum1(int n){
        long s=0,m;         //s 保存各阶乘累加之和，m 保存每个数的阶乘值
        for (int i=1; i<=n; i++){      //令 i 从 1～n 依次取值，循环
            m=1;            //令当前整数 i 的阶乘初值为 1
            for (int j=1;j<=i;j++)      //循环计算 i 的阶乘 m=1*2*3…*i
                m=m*j;
            s=s+m;          //把当前 i 的阶乘计算结果累加到阶乘和 s 中
        }
        return s;
    }
    //1!+2!+…+n!计算阶乘的累加和
    //方法 2：对每个数的阶乘 m!都利用上次得到的(m-1)!乘以 m 来计算
    public static long sum2(int n){
        long s=0,m=1;       //s 保存各阶乘累加之和，m 保存（上一个数的）阶乘值
        for (int i=1; i<=n; i++){ //令 i 从 1～n 依次取值，循环
            m=m*i;          //i 的阶乘 m 等于上一个数(i-1)的阶乘 m*i
            s=s+m;          //i 的阶乘值累加到变量 s
        }
        return s;
    }

    public static void main(String[] args) {
        //1.定义问题规模 n、起始时间戳和结束时间戳变量
        int n=100000;
        long beginTime,endTime;
        //2.获取起始时间戳
        beginTime=System.currentTimeMillis();
        //3.调用方法 1 计算阶乘累加和
        long num1=sum1(n);
        //4.获取结束时间戳
        endTime=System.currentTimeMillis();
        //5.输出算法 1 的计算耗时
        System.out.println("1!+2!+..+100000!="+num1+"执行了"
                              +(endTime-beginTime)+"毫秒！");
        //6.获取起始时间戳
        beginTime=System.currentTimeMillis();
        //7.调用方法 2 计算阶乘累加和
        long num2=sum2(n);
```

```
            //8.获取结束时间戳
            endTime=System.currentTimeMillis();
            //9.输出算法 2 的计算耗时
            System.out.println("1!+2!+..+100000!="+num2+"执行了"
                              +(endTime-beginTime)+"毫秒！");
        }
    }
```

运行结果：

```
1!+2!+..+100000!=1005876315485501977 执行了 4628 毫秒!
1!+2!+..+100000!=1005876315485501977 执行了 1 毫秒!
```

参考程序

由运行结果可见，两个算法执行时间差别巨大，这也印证了前面的分析结论。

1.3.2 任务实施

实测阶乘数累加算法的改进步骤如下。

步骤 1：打开 Eclipse，在“数据结构 Unit01”项目中创建包，命名为“阶乘数的累加”。

步骤 2：在包中创建一个主类，命名为 TestSum.java，在类中定义两个求阶乘和的静态方法 public static int sum1(int n)和 public static int sum2(int n)，分别用这两个方法计算阶乘累加和。

步骤 3：在 main 方法中先以单行中文注释写出程序的算法描述，然后用 Java 语言实现对 sum1 和 sum2 的测试，在 *n* 取 100000 时，分别测试输出两个算法实际执行所耗的时间，体验不同的算法设计策略对时间效率的影响。

知识拓展：泛型实现代码复用

阅读材料

智能时代——从数据到大数据

2016 年 3 月，谷歌的 AlphaGo 战胜了人类最高水平的围棋手李世石，AlphaGo 的胜利被看作人类进入智能时代的标志性事件，这一年被大家称为人工智能元年。近年来，人类在语音识别、图像识别、自然语言处理等人工智能科技前沿领域取得了一系列重大突破。

智能时代的特点是用计算机像人一样去解决真正的智能问题，就是将问题转化为消除不确定性的问题，大数据则是解决不确定性问题的良药。那么，什么是大数据呢？它和传统意义上的数据有什么关系呢？

传统意义上的数据指的是有根据的数字。人们在实践中发现，仅用语言、文字和图形来描述这个世界常常是不精确的。例如，有人问“桃花潭水有多深？”如果回答说“很深”，听的人只能得到一个抽象的概念，因为每个人对程度副词“很”有不同的理解，但如果说“桃花潭水深千尺”就一清二楚了。除了描述世界，数据还是人类改造世界的重要工具。从上古时期的结绳记事、以月之盈亏计算岁月，到后来部落内部以猎物、采摘多寡计算贡献，再到历朝历代的土地农田、人口粮食、马匹军队等各类事项都涉及大量的数据。这些数据虽然越来越多、越来越大，但是，人们都未曾冠之以“大”字。

随着信息技术的发展，在 2000 年后，因为人类信息交换、信息存储和信息处理 3 方面能力的大幅增强而产生了大量数据，这个实际上就是“大数据”的概念，但这是以人为中心的狭义大数据，也是实用性大数据。据估算，从 1986 年到 2007 年这 20 年间，人们每天可以通过既有信息通道交换的信息数量增长了约 217 倍，全球信息存储能力增加了约 120 倍。人类数据的真正爆炸发生在社交媒体时代。从 2004 年开始，以 Facebook、Twitter 为代表的社交媒体相继问世，拉开了互联网的崭新时代。移动互联网应用的普及使得全世界的网民都开始成为数据的生产者，这引发了人类历史上最庞大的数据爆炸。除了数据总量骤然增加，社交媒体还使人类的数据世界更为复杂。

大数据之大不仅在于其大容量，更在于其大价值。数据的价值来源于数据挖掘，数据挖掘是指通过特定的算法对大量的数据进行自动分析，从而揭示数据中隐藏的规律和趋势，在大量的数据中发现新知识，为决策者提供参考。大数据的核心就是预测，即把数学算法运用到大数据上来预测事情发生的可能性。例如，电商网站可以根据用户在网站上的查询和浏览历史来进行产品推荐，微信、微博等社交软件通过用户的社交网络来得知用户的喜好等。

智能时代的到来，正是从数据走向大数据所带来的必然结果。

单元小结

本单元介绍了数据结构课程的内容概况。数据结构就是研究非数值计算问题中的数据以及它们之间的关系和操作算法的学科，主要包括数据的逻辑结构、数据的存储结构（物理结构）和数据的操作 3 方面内容。数据的逻辑结构包括线性结构和非线性结构。数据的存储结构包括顺序存储和链式存储。与数据结构相关的名词术语和基本概念包括数据、数据元素、数据对象、数据类型、ADT 等。

本单元还介绍了算法的特性及算法的评价标准，给出了算法的时间复杂度和空间复杂度的分析方法。

习 题

一、选择题

1. 计算机识别、存储和加工处理的对象被统称为（　　）。

   A. 数据　　B. 数据元素　　C. 数据结构　　D. 数据类型

2. 数据结构指的是数据之间的相互关系，即数据的组织形式。数据结构一般包括（　　）3 方面内容。

   A. 数据的逻辑结构、数据的存储结构、数据的描述

B. 数据的逻辑结构、数据的存储结构、数据的操作

C. 数据的存储结构、数据的操作、数据的描述

D. 数据的逻辑结构、数据的操作、数据的描述

3. 数据逻辑结构是（　　）。

A. 一种数据类型　　B. 数据的存储结构

C. 一组性质相同的数据元素的集合　　D. 数据元素及其关系的集合

4. 数据元素及其关系在计算机存储器内的表示，称为数据的（　　）。

A. 逻辑结构　　B. 存储结构　　C. 线性结构　　D. 非线性结构

5. 数据的逻辑结构从逻辑关系上描述数据，它与数据的（　　）无关，是独立于计算机的。

A. 运算　　B. 操作　　C. 逻辑结构　　D. 存储结构

6. 基本的逻辑结构包括（　　）。

A. 树结构、图结构、线性结构和非线性结构

B. 集合结构、线性结构、树结构和非线性结构

C. 集合结构、树结构、图结构和非线性结构

D. 集合结构、线性结构、树结构和图结构

7. 数据的 4 种存储结构是（　　）。

A. 顺序存储结构、链式存储结构、索引存储结构和散列存储结构

B. 线性存储结构、非线性存储结构、树存储结构和图存储结构

C. 集合存储结构、一对一存储结构、一对多存储结构和多对多存储结构

D. 顺序存储结构、树存储结构、图存储结构和散列存储结构

8. 算法指的是（　　）。

A. 计算机程序　　B. 解决问题的计算方法

C. 排序算法　　D. 解决问题的有限运算序列

9. 算法是对特定问题求解步骤的一种描述，是一系列将输入转换为输出的计算步骤，其特性除了输入和输出外，还包括（　　）。

A. 有穷性、正确性、可行性　　B. 有穷性、正确性、确定性

C. 有穷性、确定性、可行性　　D. 正确性、确定性、可行性

10. 一个有输入的算法才具有通用性，一个有输出的算法才有意义，算法对输入和输出的最低要求是（　　）。

A. 有 0 个输入和 0 个输出　　B. 有 0 个输入和 1 个输出

C. 有 1 个输入和 0 个输出　　D. 有 1 个输入和 1 个输出

二、简答题

1. 名词解释：数据、数据元素、数据项、数据对象、数据结构。

2. 数据结构包括哪 3 个方面的含义？什么是数据的逻辑结构？逻辑结构有哪些类型？什么是数据的存储结构？有哪些基本类型？各有什么特点？数据的操作通常包括哪些？

3. 什么是算法？算法有哪 5 种特性？算法设计的目标有哪些？

4. 为了衡量算法的优劣，算法复杂度分析包括哪两个方面？

三、分析题

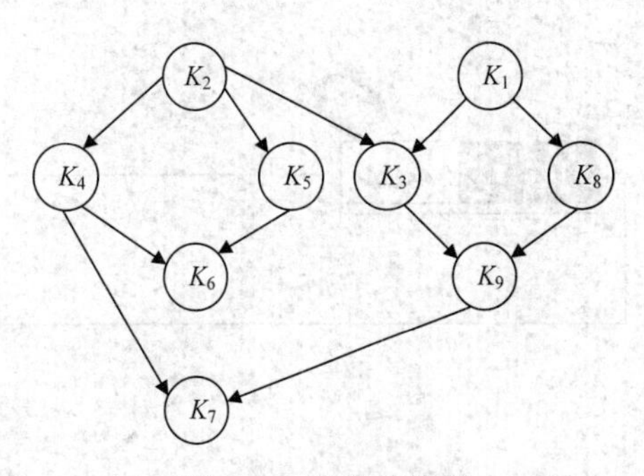

图 1.15　逻辑结构图

1. 设有数据的逻辑结构的二元组定义形式为 DS=(*D*,*R*)，其中 $D=\{a_1,a_2,\cdots,a_n\}$，$R=\{<a_i,a_{i+1}>|i=1,2,\cdots,n-1\}$，画出此逻辑结构对应的顺序存储结构和链式存储结构示意图。

2. 设一个数据结构的逻辑结构如图 1.15 所示，写出它的二元组的定义形式。

3. 试确定下列程序段中有标记符号“*”的语句行的语句频度（其中 *n* 为正整数）。

（1）

```
i=1; k=0;
while( i<=n-1) {
   k+=10*i;                //*
   i++;
}
```

（2）

```
i=1; k=0;
do {
   k+=10*i;                //*
   i++;
} while(i<=n-1);
```

（3）

```
i=1; k=0;
while (i<=n-1) {
     i++ ;
     k+=10*i;              //*
}
```

（4）

```
k=0;
for( i=1; i<=n; i++) {
  for (j=1; j<=i; j++)
     k++;                  //*
}
```

四、上机实训题

1. 定义一个复数的 ADT，并用 Java 接口描述；设计复数类 Complex 实现此接口，要求：

（1）在复数内部用双精度浮点数定义其实部和虚部。

（2）实现 3 个构造方法：第 1 个构造方法没有参数；第 2 个构造方法将双精度浮点数赋给复数的实部，虚部为 0；第 3 个构造方法将两个双精度浮点数分别赋给复数的实部和虚部。

（3）编写获取和修改复数实部和虚部的成员方法。

（4）编写实现复数的减法运算和乘法运算的成员方法。

（5）设计一个测试类，测试其实际复数类中各成员方法的正确性。

2. 分别采用顺序存储结构和链式存储结构，设计一个存储和输出商品信息表的程序。商品信息表内容如图 1.16 所示。

商品编号	名称	单价	数量
001	台式电脑	3500	10
002	智能手机	4900	24
003	空调	2800	16

图 1.16　商品信息表

线 性 表

知识目标

- 了解线性表的概念和特点。
- 掌握线性表的逻辑结构和基本操作，以及线性表ADT定义及Java接口描述。
- 掌握线性表的顺序存储结构、链式存储结构的实现。
- 了解线性表两类存储结构各自的特点及应用场合。

能力目标

- 能够编程实现顺序表的存储结构及基本操作。
- 能够编程实现单链表的存储结构及基本操作。
- 能够根据实际应用问题的特点，选择线性表相应的存储结构，解决编程问题。

素质目标

- 培养高效利用时间进行自主学习的能力。
- 培养利用互联网收集并获取学习素材的能力。

任务 2.1 认识线性表

任务描述

了解线性表的逻辑结构和特点，理解线性表 ADT 的定义、8 个基本操作的含义；并用 Java 接口描述线性表 ADT。

2.1.1 知识准备

认识线性表

1. 线性表的定义

线性表是具有相同数据类型的n（$n \geqslant 0$）个数据元素的有限序列，通常记为

$$(a_0, a_1, \cdots, a_{i-1}, a_i, a_{i+1}, \cdots, a_{n-1})$$

其中，n为表长（表中元素的个数），n=0时称为空表；a_i为序号为i的数据元素（$i = 0,1,2,\cdots,n-1$），如图2.1所示。

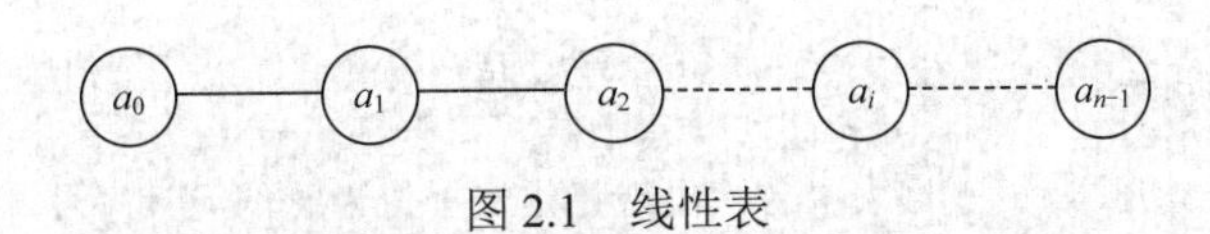

图 2.1 线性表

表中相邻元素之间存在着逻辑顺序关系。将 a_{i-1} 称为 a_i 的直接前驱，a_{i+1} 称为 a_i 的直接后继。线性表的元素具有以下线性逻辑关系。

- a_0 是表中第一个元素，它只有后继没有前驱。
- a_{n-1} 是表中最后一个元素，它只有前驱没有后继。
- 其他的元素 a_i $(1 \leqslant i \leqslant n-2)$ 都有且仅有一个直接前驱 a_{i-1} 和一个直接后继 a_{i+1}。

线性表是一种简单的、基本的线性结构，其特点是数据元素之间是一种线性关系，数据元素“一个接一个的排列”。在一个线性表中数据元素的类型是相同的，或者说线性表是由同一类型的数据元素构成的。

在使用 Java 语言描述时，通常将元素的数据类型定义为 Object 类型，由于 Object 是所有类的超类，各种类型的对象都可以看作是 Object 对象，故表元素实际的类型可以根据具体问题而定。例如，在字符串构成的线性表中，它是字符串类型；在数字构成的线性表中，它是数字类型；在学籍信息表中，它是用户自定义的学生记录类；等等。

线性表的常用操作有很多，线性表的数据元素不仅可以访问，还可以进行插入、删除、查找等操作。

在日常生活中，线性表就是同一类型的事物构成的序列。例如，若干运动员排成一行可以抽象成一个运动员线性表；若干汽车排成一行可以抽象成一个汽车线性表。图 2.2 所示的简单学生信息表，在学籍信息管理系统中也可以看作线性表，表中的每一行（某个学生的学号、姓名和年龄信息）可以用对象封装，看作线性表的每个元素。

学号	姓名	年龄
1001	张三	18
1002	李四	19
1003	王五	19

图 2.2 学生信息表

2. 线性表的 ADT 及接口描述

线性表数据元素之间的逻辑关系是线性关系，基本操作有 8 种。根据线性表的逻辑结构和基本操作，其 ADT List 定义如下：

```
{
数据对象：
    D={ai | 0<=i<=n-1, n>=0, ai 为 Object 类型 }
数据关系：
    R={<ai,ai+1>|ai∈D, i=0,1,…,n-1 }
基本操作：
    清空 clear()：将一个已经存在的线性表置成空表。
    判空 isEmpty()：判断线性表是否为空：若为空，则返回 true；否则，返回 false。
    求长 length()：求线性表的长度（表中数据元素的个数）。
    取值 get(i)：读取并返回线性表中第 i 号数据元素的值（0≤i≤n-1）。
```

```
        插入 insert(i,x)：在线性表的第 i 号数据元素之前插入一个值为 x 的数据元素。
        删除 remove(i)：删除并返回线性表中第 i 号数据元素（0≤i≤n-1）。
        查找 indexOf(x)：返回表中首次出现指定数据值为 x 的元素序号，若不包含，则返回-1。
        输出 display()：输出线性表中各个数据元素的值。
    }
```

线性表的 ADT 可以用 Java 接口描述如下：

```
public interface IList {
    public void clear();
    public boolean isEmpty();
    public int length();
    public Object get(int i) throws Exception;
    public void insert(int i,Object x) throws Exception;
    public void remove(int i) throws Exception;
    public int indexOf(Object x);
    public void display();
}
```

线性表的作用主要体现在两个方面：其一，当一个线性表实现基本操作后，可以直接用它来存放数据，即作为存放数据的容器；其二，还可以使用线性表的基本操作来完成更复杂的功能。线性表基本操作是与求解问题相关的，上面列出的 8 个基本操作是线性表最常用的功能，在实际应用中可以根据需要进行增加。下面通过一个例子来体验线性表的基本操作。

【例 2.1】 有一个线性表 L=(1,3,1,4,2)，求 length()、isEmpty()、get(2)、indexOf(1)、insert(3,5) 和 remove(2)基本操作依次执行后的结果。

线性表 L 中存放的是几个整数，其各种基本操作的结果如下。

length()：返回线性表 L 的长度为 5。

isEmpty( )：返回 false，此时线性表 L 非空。

get(2)：返回线性表 L 中逻辑序号 2 的元素 1（线性表元素的逻辑序号是从 0 开始的）。

indexOf(1)：返回线性表 L 中第一个值为 1 的元素的逻辑序号 0。

insert(3,5)：在线性表 L 中逻辑序号 3 的位置插入元素 5，执行后 L 变为(1,3,1,5,4,2)。

remove(2)：在线性表 L 中删除逻辑序号 2 的元素，执行后 L 变为(1,3,5,4,2)。

以上定义了线性表的逻辑结构和基本操作，而线性表结构的实现必须基于具体的存储结构。

线性表有两种存储结构，即顺序存储和链式存储，分别对应线性表的两种实现——顺序表和链表。接口 IList 定义了线性表必须满足的操作规范，任何要实现线性表的数据结构，无论是基于何种存储结构，都必须实现线性表接口中的全部操作（将接口的抽象方法全部实现）。

参考程序

2.1.2 任务实施

线性表 ADT 的接口描述步骤如下。

步骤 1：打开 Eclipse，创建一个 Java 项目，命名为“数据结构 Unit02”，在其中创建包，命名为“线性表”。

步骤 2：在包中创建一个线性表接口，命名为 IList.java，在其中定义 8 个线性表操作的抽象方法。

任务 2.2 顺序表的实现

任务描述

掌握顺序存储结构的特点，在顺序存储结构上实现线性表——SqList 类的设计与测试。

2.2.1 知识准备

1. 线性表的顺序存储结构——顺序表

线性表的顺序存储结构称为顺序表。顺序存储是指在内存中用地址连续的一块存储空间顺序存放线性表的各元素，如图 2.3 所示。内存中的地址空间是线性的，因此，用位置的相邻关系表示数据元素之间的逻辑相邻关系既简单又自然。

0	1	…	$i-1$	i	$i+1$	…	$n-1$	…	maxSize−1
a_0	a_1	…	a_{i-1}	a_i	a_{i+1}	…	a_{n-1}	…	

图 2.3 顺序表的存储结构示意图

设 a_0 的存储地址为 Loc(a_0)，每个数据元素占 d 个存储地址，则第 i 号数据元素 a_i 的地址为

$$\text{Loc}(a_i)=\text{Loc}(a_0)+i\times d \qquad (1\leqslant i\leqslant n-1)$$

只要知道顺序表首地址和每个数据元素所占地址单元的个数就可以立刻求出第 i 号数据元素的地址，这也使顺序表具有按数据元素的序号随机存取的特点：无论需要存取哪个元素，只要知道其序号，系统就可以非常快速地计算出其地址并访问。

顺序表及其实现（上）

2. 顺序表类的实现和测试

顺序表被定义为实现线性表接口 IList 的 SqList（即顺序表类），包括以下 3 个部分。

- 成员变量实现顺序表的存储。
- 构造方法实现顺序表的创建。
- 成员方法实现线性表的基本操作(即 IList 接口中的 8 个方法)。

顺序表及其实现（下）

SqList 类的基本框架如下：

```
package 顺序表;
public class SqList implements IList {
    /*1.成员变量——实现顺序表的存储结构*/
    private Object[] listElem;         //对象数组（保存数据元素）
    private int curLen;                //当前长度变量（保存表的当前元素数目）

    /*2.构造方法——顺序表的创建*/
    public SqList(int maxSize){…}
```

```
    /*3.成员方法——实现线性表的基本操作*/
    public void clear() {…}                  //清空
    public boolean isEmpty() {…}             //判空
    public int length() {…}                  //求长
    public Object get(int i) throws Exception {…}                    //取值
    public void insert(int i, Object x) throws Exception {…}        //插入
    public void remove(int i) throws Exception {…}                   //删除
    public int indexOf(Object x) {…}//查找
    public void display() {…}                //输出
}
```

下面分别从这 3 个部分来介绍顺序表类 SqList.java 的设计。

1）顺序表类的成员变量

顺序表的存储结构是通过顺序表类成员变量的定义来实现的。在 Java 语言中，一维数组在内存中占用的存储空间是一组连续的存储区域，因此用一维数组来存储线性表是一种简单且合适的方法——每个数组单元可以对应存储线性表各元素的值，而元素之间的逻辑相邻关系又可以通过数组元素之间的位置相邻性体现出来。

考虑到线性表元素类型的多样性，把数组的类型定义为 Object，这样无论是系统定义的类还是用户自定义的类，都可以看作是 Object 类型，线性表对其元素的数据类型便有了广泛的适应性。

为线性表分配数组存储空间时，应根据实际需要将其定义为“足够大”，假设为 maxSize，即线性表的最大长度值（表容量）。考虑到线性表在使用过程中的长度是可变的，故还需用一个变量 curLen 来记录线性表的当前长度（即当前表中元素的实际数量）。通常将一维数组和顺序表的当前长度变量封装到一起来描述顺序表。

SqList 类中的成员变量描述如下：

```
    /*成员变量——实现顺序表的存储结构*/
    private Object[] listElem;    //对象数组（保存数据元素）
    private int curLen;           //当前长度变量（保存表的当前元素数目）
```

例如，根据上述描述，对于容量为 8、当前长度为 6 的线性表（98,23,71,66,72,88），其顺序表存储结构如图 2.4 所示。

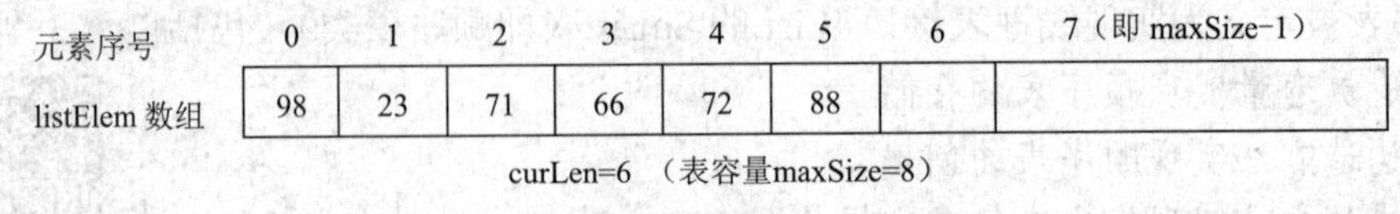

图 2.4　顺序表存储结构示意图

2）顺序表类的构造方法

构造方法实现顺序表对象的创建，即创建一个指定最大长度（容量）的空表。

【算法步骤】创建一个指定长度为 maxSize 的 Object 类型的数组作顺序表的元素存储区；将当前长度设置为 0（将表设置为空表），如图 2.5 所示。

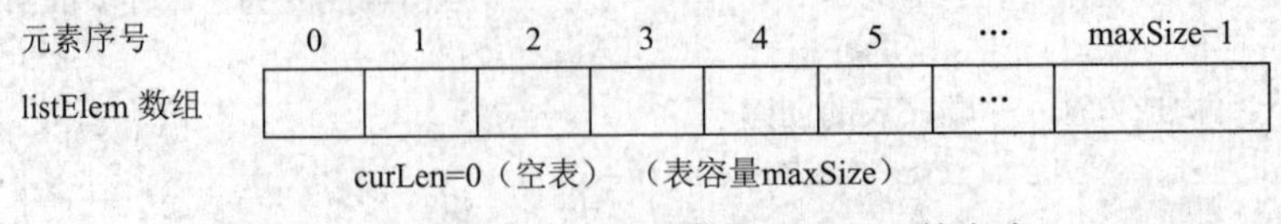

图 2.5　初始顺序表——容量为 maxSize 的空表

【算法描述】

```
public SqList(int maxSize){
    listElem=new Object[maxSize];     //创建长度为maxSize的Object类型数组
    curLen=0;                         //将表长变量设置为0（空表）
}
```

3）顺序表类的成员方法

顺序表类的成员方法用于实现线性表接口的8个基本操作。

（1）清空（clear）。将表设置为空表。

【算法步骤】将表的当前长度设置为0（即当前表中元素个数为0）。

【算法描述】

```
public void clear() {
    curLen=0; //将当前表长设置为0，置空顺序表
}
```

（2）判空（isEmpty）。若当前顺序表为空表，返回true；否则，返回false。

【算法步骤】判断当前表长，若为0，则为空表，返回true；否则，不是空表，返回false。

【算法描述】

```
public boolean isEmpty() {
    return curLen==0; //返回布尔表达式的值，判断是否为空表
}
```

（3）求长（length）。返回当前表长度变量curLen的值。

【算法步骤】返回当前表长度变量curLen的值，即当前表中元素的个数。

【算法描述】

```
public int length() {
    return curLen;          //返回当前表的长度
}
```

（4）取值（get）（按序号）。获取并返回第 i 号元素的值，若第 i 号元素不存在，则抛出异常。

线性表元素序号的合法范围为 $0 \leqslant i \leqslant$ curLen−1，即第一个元素序号为0，最后一个元素序号为curLen−1，curLen是当前表长。

【算法步骤】若位置参数 i 不在合法范围，则抛出异常并退出；否则，返回表中序号为 i 的元素值listElem[i]。

【算法描述】

```
public Object get(int i) throws Exception{
    if (i<0 || i>curLen-1)    //若参数i不在合法范围，则抛出异常并退出
        throw new Exception("第"+i+"个元素不存在！");
    return listElem[i];       //返回表中序号为i的元素
}
```

【算法分析】以上几个算法，时间复杂度都是 $O(1)$，与问题规模（即当前表长）无关。

（5）插入（insert）。线性表的插入是指在表的第 i 号位置上插入一个值为 x 的新元素，插入后使原表长为 n 的表$(a_0,a_1,\cdots,a_{i-1},a_i,a_{i+1},\cdots,a_{n-1})$成为表长为 $n+1$ 的表$(a_0,a_1,\cdots,a_{i-1},x,a_i,a_{i+1},\cdots,a_{n-1})$，如图2.6所示。

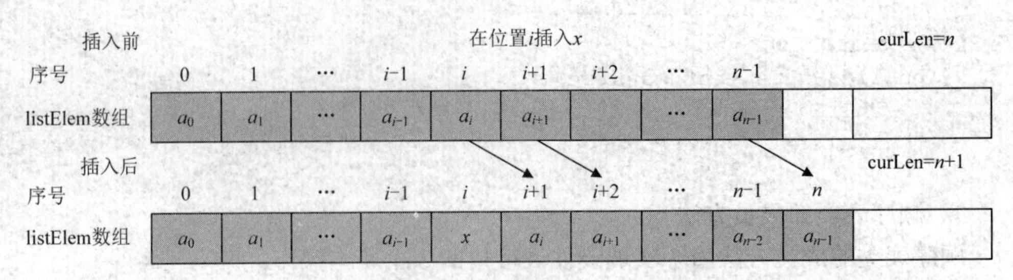

图 2.6 顺序表的插入

其中，位置参数 i 的取值范围为 $0 \leqslant i \leqslant n$。当 $i=0$ 时，在表头插入 x；当 $i=n$ 时，在表尾插入 x。一个长度为 n 的线性表，共有（$n+1$）个允许插入的位置。

插入操作会使数据元素 a_{i-1} 和 a_i 之间的逻辑关系发生变化，即由插入前的 $\langle a_{i-1},a_i \rangle$ 变成插入后的 $\langle a_{i-1}, x \rangle, \langle x, a_i \rangle$。在线性表的顺序存储结构中，由于逻辑上相邻的数据元素在物理位置上也是相邻的，因此，除非 $i=n$（表尾插入），否则必须移动元素才能反映这个逻辑关系的变化。

例如，图 2.6 所示为一个线性表在插入前后数据元素在存储空间中的位置变化，为了在线性表的第 i 个位置插入一个值为 x 的数据元素，需要将第 i 号至第 $n-1$ 号数据元素依次向后移动一个位置。

由于是在同一个数组空间中移动元素，要注意移动的顺序：在第 i（$0 \leqslant i \leqslant n-1$）号位置插入一个元素时，需要从最后一个元素即第 $n-1$ 号元素开始，依次向后移动一个位置，直至第 i 号元素（共 $n-i$ 次元素移动）。也就是首先将最后一个元素 a_{n-1} 移动到它后面第 n 号位置，此时第 $n-1$ 号位置才可被占用；再将 a_{n-2} 移动到其后的第 $n-1$ 号位置，依次进行，直到将 a_i 元素后移到第 $i+1$ 号位置。

【算法步骤】判断当前顺序表的存储空间是否已满（当前表长等于数组长度），若满则抛出异常。判断参数 i 的合法性（当 $0 \leqslant i \leqslant$ curLen 时为合法），若 i 不合法，则抛出异常。将位置 i 及其之后的所有数据元素后移一个位置。

注意：必须先从最后一个数据元素开始依次向前操作，逐个后移，直到第 i 号数据元素移动完毕为止，等于将第 i 号位置腾出来，容纳新元素 x。将新元素 x 插入第 i 号位置。表长加 1。

【算法描述】

```java
public void insert(int i,Object x) throws Exception{
    if (curLen==listElem.length)      //若表已满，则抛出异常
        throw new Exception("顺序表已满！");
    if (i<0 || i>curLen)              //若插入位置非法，则抛出异常
        throw new Exception("插入位置不合法！");
    for (int j=curLen; j>i; j--){     //向后移动元素，腾出第 i 号位置
        listElem[j]=listElem[j-1];
    }
    listElem[i]=x;                    //在第 i 号位置插入 x
    curLen++;                         //表长+1
}
```

【算法分析】顺序表上的插入运算，时间主要消耗在数据的移动上，在第 i 个位置上插入 x，从 a_i 到 a_{n-1} 都要向后移动一个位置，共需要移动 $n-i$ 个元素，而 i 的取值范围为 $1 \leqslant i \leqslant n$，即有 $n+1$ 个位置可以插入。设在第 i 个位置上做插入的概率为 P_i，则平均移动数据元素的次数为

$$\sum_{i=0}^{n} P_i(n-i)$$

在等概率情况下，$P_i = \dfrac{1}{n+1}$ 则平均移动数据元素的次数为

$$\frac{1}{n+1}\sum_{i=0}^{n}(n-i) = \frac{n}{2}$$

这说明在顺序表上做插入操作需移动表中一半的数据元素，显然时间复杂度为 $O(n)$。

（6）删除（remove）。顺序表上的删除操作的基本要求是将顺序表上的第 i 号数据元素 a_i 从顺序表中删除。其中，位置参数 i 的范围为 $0 \leqslant i \leqslant n-1$，$n$ 为顺序表的当前长度。一个长度为 n 的线性表，总共有 n 个可以允许删除的位置（元素）。

删除后会使顺序表逻辑结构由原来的$(a_0,a_1,\cdots,a_{i-1},a_i,a_{i+1},\cdots,a_{n-1})$变成$(a_0,a_1,\cdots,a_{i-1},a_{i+1},\cdots,a_{n-1})$，且表长减少 1，如图 2.7 所示。事实上，删除第 i 号元素发生的逻辑关系变化主要在于$<a_{i-1},a_i>$、$<a_i,a_{i+1}>$这两个关系变成了$<a_{i-1},a_{i+1}>$。

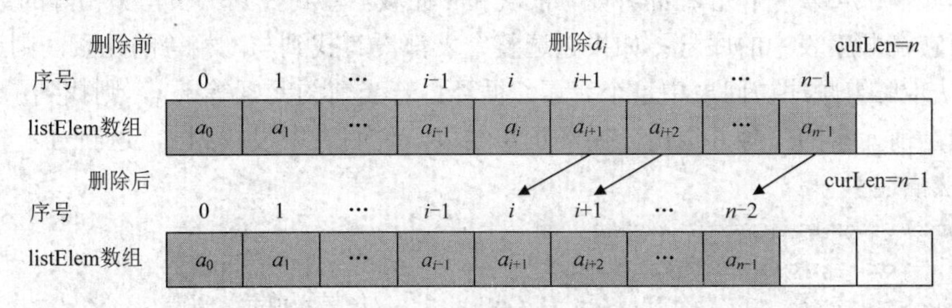

图 2.7 顺序表的删除

删除操作后为保持逻辑上相邻的数据元素在存储位置上也相邻，就要将第 i 号数据元素 a_i 之后的所有数据元素都向前移动一个存储位置，使得逻辑关系$<a_{i-1},a_{i+1}>$通过 a_{i-1}、a_{i+1} 两个元素的位置相邻体现出来。移动时要注意：必须先移动 a_{i+1} 到第 i 号位置，然后移动 a_{i+2} 到第 $i+1$ 号位置，依次操作，直到将 a_{n-1} 移动到第 $n-2$ 号位置。

【算法步骤】判断参数 i 的合法性（$0 \leqslant i \leqslant$ curLen-1 时为合法），若 i 不合法则抛出异常并退出。将第 i 号数据元素之后的所有元素依次向前移动一个位置。

注意： 必须先从将第 $i+1$ 号元素移动到第 i 号位置开始，依次操作，逐个前移，直到将 curLen−1 号元素移动到 curLen−2 号位置为止。表长减 1。

【算法描述】

```
public void remove(int i) throws Exception{
    if (i<0 || i>curLen-1)              //判断删除位置合法性
        throw new Exception("删除位置不合法！");
    for (int j=i; j<curLen-1; j++){
```

```
        listElem[j]=listElem[j+1];     //元素依次前移
    }
    curLen--;                          //表长-1
}
```

【算法分析】与插入运算相同，其时间主要消耗在移动表中元素上，删除第 i 个元素时，其后面的元素 $a_{i+1}\sim a_{n-1}$ 都要向前移动一个位置，共移动了 $n-i-1$ 个元素，故平均移动数据元素的次数为

$$\sum_{i=0}^{n-1} P_i(n-i-1)$$

在等概率情况下，$P_i=\frac{1}{n}$，则上式可写为

$$\frac{1}{n}\sum_{i=0}^{n-1}(n-i-1)=\frac{n-1}{2}$$

这说明顺序表上作删除运算时大约需要移动表中一半的元素，显然该算法的时间复杂度为 $O(n)$。

（7）查找（indexOf）（按元素值）。在顺序表中查找值为 x 的数据元素初次出现的位置，若查找成功，则返回 x 所在的位置序号，否则返回-1，表示查找失败。

具体操作：从第一个元素 a_0 开始，依次和 x 比较，直到找到一个与 x 相等的数据元素，然后返回它在顺序表中的序号；如果查遍整个表都没有找到与 x 相等的元素，则返回-1。

【算法步骤】顺序访问表中每个元素，循环：若当前的元素等于 x，则找到了，中止循环，返回当前元素的序号并退出。循环正常结束，说明表中没找到 x，返回-1。

【算法描述】

```
public int indexOf(Object x) {
    for (int i=0; i<curLen; i++){      //遍历顺序表元素数组
        if (listElem[i].equals(x))     //如果当前元素等于 x
            return i;                  //则找到，返回其序号
    }
    return -1;                         //循环正常结束，返回-1 表示未找到
}
```

【算法分析】本算法的关键操作是比较。显然比较的次数与 x 在表中的位置有关，也与表长 n 有关。最好的情况是当 $a_0=x$ 时，比较一次即成功；最坏的情况是当 x 在最后一个位置或线性表中不存在 x 时，都需要比较 n 次才能判断。若待查找元素 x 在每个位置概率相等，则平均比较次数为$(n+1)/2$，时间复杂度为 $O(n)$。

（8）输出（display）。遍历顺序表的各个元素，输出其数据值。该操作实质为顺序表元素数组 listElem[]的遍历。

【算法步骤】顺序访问元素数组的各元素，循环：输出当前元素的值，输出分隔符。输出换行。

【算法描述】

```
public void display() {
    for (int i=0; i<curLen; i++){
        System.out.print(listElem[i]+" ");
    }
```

```
        System.out.println();
    }
```

【算法分析】本算法是访问每个元素的循环，循环次数等于当前表长，时间复杂度为$O(n)$。

3. 顺序表的使用

【例 2.2】 编程测试顺序表类的基本功能。

【问题分析】为了测试顺序表类的正确性，需要设计一个测试类 TestSqList.java，在 main 方法中，调用其构造方法创建一个顺序表，然后插入若干元素，再调用顺序表的各种基本操作（成员方法），对顺序表进行功能测试。

【编程实现】

```
package 顺序表;
//创建一个顺序表对象，测试它的各种操作（方法调用）
public class TestSqList {
    public static void main(String[] args) throws Exception {
        //1.创建一个空顺序表对象 list——构造方法
        SqList list= new SqList(100);
        //2.依次在表头插入 5 个元素——insert 方法
        for (int i=0; i<5; i++){
            list.insert(0, 2*i);    //数据值为偶数 Integer 对象
        }
        //3.输出表中的元素——display 方法
        list.display();
        //4.输出表的长度——length 方法
        System.out.println("表长为: "+list.length());
        //5.获取表中的第 3 号元素，输出——get 方法
        System.out.println("第 3 号元素为: "+list.get(3));
        //6.查找元素 8 和元素 88 的位置，输出——indexOf 方法
        System.out.println("元素值为 8 的位置: "+list.indexOf(8));
        System.out.println("元素值为 88 的位置: "+list.indexOf(88));
        //7.删除第 2 号元素——remove 方法
        list.remove(2);
        //8.在 3 号位置插入新元素 99——insert 方法
        list.insert(3, 99);
        //9.重新输出表中元素——display 方法
        list.display();
        //10.清空表——clear 方法
        list.clear();
        //11.输出表状态，是否为空——isEmpty 方法
        System.out.println("表是否为空: "+list.isEmpty());
    }
}
```

运行结果：

```
8 6 4 2 0
表长为: 5
第 3 号元素为: 2
元素值为 8 的位置: 0
```

```
元素值为 88 的位置：-1
8 6 2 99 0
表是否为空：true
```

【例 2.3】 通过顺序表管理一个兴趣小组的名单，组员有张三、李四、王五、赵六、陈七，然后查找名单中是否存在王五，并输出该名字在顺序表中第一次出现的位置。

【问题分析】若干姓名组成的一串名单可以看作一个线性表，表中每个元素就是一个字符串对象（姓名），可以基于顺序存储结构建立一个顺序表来存储，并通过顺序表的indexOf(x)操作来查询某个指定对象在表中是否存在及其所在的位置序号。

【编程实现】

```
package 顺序表;
public class Exp01 {
    public static void main(String[] args) throws Exception {
        //1.创建一个顺序表对象 list——数组空间为 20 的空表
        SqList list= new SqList(20);
        //2.依次插入张三、李四、王五、赵六、陈七 5 个元素
        String[] names={"张三","李四","王五","赵六","陈七"};
        for (int i=0; i<names.length; i++){
            //每次将字符数组中的第 i 号元素插入顺序表中的第 i 号位置
            list.insert(i,names[i]);
        }
        //3.显示顺序表
        list.display();
        //4.定义一个变量 index<——调用 indexOf 方法查找“王五”的位置
        int index=list.indexOf("王五");
        //5.输出王五第一次出现的位置
        if (index==-1)
            System.out.println("元素没找到！");
        else
            System.out.println("元素第一次出现的位置在："+index);
    }
}
```

运行结果：

```
张三 李四 王五 赵六 陈七
元素第一次出现的位置在：2
```

参考程序

思考：如果名单中有重复的名字，要查找某个名字最后一次出现的位置，如何修改程序？

2.2.2 任务实施

顺序表类的实现和测试步骤如下。

步骤 1：打开 Eclipse，进入“数据结构 Unit02”项目中创建包，命名为“顺序表”。将“线性表”包中的 IList.java 接口文件复制粘贴到“顺序表”包中。

步骤 2：在包中创建一个顺序表类，命名为 SqList.java，设置它实现 IList.java 接口，在类中定义 2 个属性和 1 个构造方法。

步骤 3: 实现接口的 8 个成员方法。可按照 clear、isEmpty、length、get、display、indexOf、insert、remove 的顺序来实现。

① 前 4 个方法比较简单。get 方法要注意检查参数的合法范围。

② display 方法本质是对数组元素的遍历。

③ indexOf 方法可以看成是在遍历数组的基础上在访问元素时增加一个比较判断，若当前元素等于查找的目标元素则立即退出循环，此时查找成功；若遍历循环正常结束，则查找失败。

④ insert 方法要注意对参数 *i* 的合法性和对表满的判断，为了腾出插入位置而批量移动元素的范围和顺序。

⑤ remove 方法要注意参数 *i* 的合法范围（与 insert 的差别），对表空的判断，以及批量移动元素的范围和顺序。

步骤 4： 在包中创建一个主类，命名为 TestSqList.java，在其 main 方法中先以单行中文注释写出测试程序的算法步骤，将算法步骤转化为代码实现，编程并调试。再实现顺序表对象的创建、初始化，以及 8 个方法的功能测试。

任务 2.3 单链表的实现

任务描述

掌握单链表的结构特点；理解并实现结点类；以结点类为基础，用链式存储结构实现线性表——LinkList 类的设计与测试。

2.3.1 知识准备

1. 线性表的链式存储结构——单链表

顺序存储虽然是一种很有用的存储结构，但它具有如下局限性。

单链表及其实现（上）

（1）由于数组在创建时就分配了固定的空间，在线性表使用过程中若要扩充存储空间，则需重新创建一个地址连续的更大的存储空间，并把原有的数据元素都复制到新的存储空间中。

单链表及其实现（下）

（2）因为顺序存储要求逻辑上相邻的数据元素在物理存储位置上也是相邻的，这就使得要增删数据元素时会引起平均约一半的数据元素的移动，效率比较低。

因此，顺序表最适合表示“静态”线性表，即线性表一旦形成以后，就很少进行插入与删除操作。对于需要频繁执行插入和删除操作的“动态”线性表，通常采用链式存储结构。

线性表的链式存储结构又称为链表，它用一组物理上不一定相邻的存储单元来存储线性表中的数据元素。为了建立起数据元素之间的逻辑关系，对线性表中的每个数据元素，除了存储数据元素自身的数据值信息外，还需要存储其后继元素结点所在的地址信息，这个地址信息称为“指针”（在 Java 中称为“对象的引用”，这两个词在本书中视为同义词）。数据元素自身信息和指针组成了数据元素的存储映像，称为结点。一般地，一个结点可以包含一个或多个指针。只含有一个指针使其指向后继结点的表称为单链表。

在单链表中，每个数据元素由一个结点表示，该结点包含两部分信息：数据元素自身的信息和该元素后继的存储地址。存放数据元素信息的部分称为数据域，存放其后继地址的部分称为指针域，如图 2.8 所示。

图 2.9 是线性表（a_0,a_1,a_2,a_3）对应的单链表可能的存储示意图。

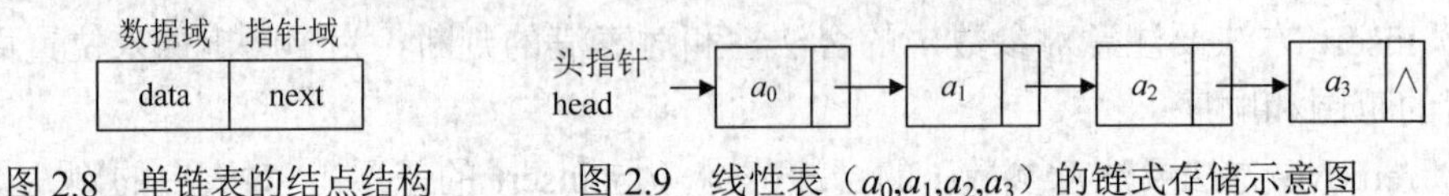

图 2.8　单链表的结点结构　　图 2.9　线性表（a_0,a_1,a_2,a_3）的链式存储示意图

在单链表中，每个结点的存储地址存放在其前驱结点的 next 域中，因而第一个结点是没有前驱结点的，它的地址就是整个链表的开始地址，因此必须将第一个结点的地址放到一个指针变量 head 中，该指针变量称为头指针，如图 2.10 所示。这样就可以从头指针开始，依次找到每个结点。通常用头指针来标识一个单链表。最后一个结点没有后继结点，其指针域必须置空（null 值），表明该单链表到此结束。

为了方便操作，有时在单链表的第一个结点前加入一个“头结点”，头结点的类型与其他数据结点相同，链表的头指针变量 head 中存放该头结点的地址，这样即使是空表，头指针变量 head 也不为空。头结点的加入使得单链表无论是否为空，头指针始终指向头结点，因此空表和非空表的处理可以用统一的语句实现。

头结点的数据域可以不存放任何信息（空值），图中用阴影表示；指针域中存放的是第一个数据元素 a_0 的地址，空表时其中为空值（null），在图中用“∧”表示。

图 2.10 所示为带头结点的空单链表和非空单链表示意图。

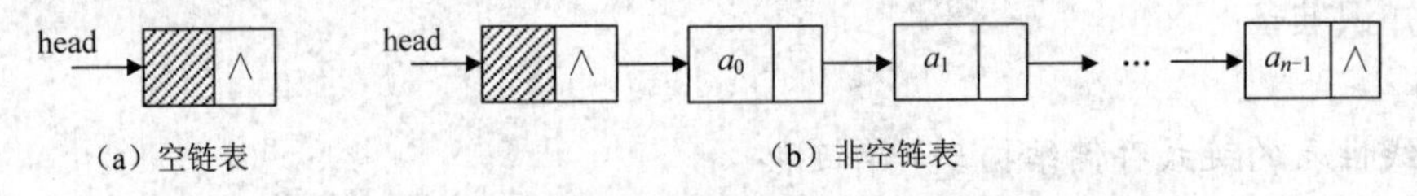

图 2.10　带头结点的单链表

从单链表的示意图可以看到，链式存储结构不要求逻辑相邻的数据元素在物理上也相邻，它是用一组地址任意的存储单元来存放数据元素的值。因此，链式存储结构没有顺序存储结构所具有的某些操作上的局限性，但同时也失去了可随机存取的特点，在链式存储结构中只能依照结点的顺序来存取（即访问任意结点都必须从第一个结点开始，按照结点的指针域，依次往后访问每一个结点）。

2. 结点类的设计

单链表是由若干个结点链接而成的。因此，要实现单链表，首先需要解决单个元素存储的问题，设计结点类。

结点类由两部分构成：data是数据域，用来存放数据元素的值，由于数据元素可以是任意类型，故data的变量类型设置为Object；next是指针域，用来存放后继结点的地址，由于后继结点是Node类型，故next的变量类型设置为Node。

结点类 Node.java 是设计单链表类之前必须要实现的一个类，代码如下：

```
package 单链表;
public class Node {
    //2 个属性
    public Object data;              //数据域
    public Node next;                //指针域
    //3 个构造方法
    public Node(){
        this.data=null;
        this.next=null;
    }
    public Node(Object data){
        this.data=data;
        this.next=null;
    }
    public Node(Object data,Node next){
        this.data=data;
        this.next=next;
    }
}
```

考虑到创建结点的灵活性，结点类设计了 3 个构造方法：第 1 个无参数，可初始化一个数据域和指针域都为空值的结点；第 2 个带有一个参数，可初始化一个数据域值为指定参数值，而指针域为空的结点；第 3 个带有两个参数，可初始化一个数据域和指针域的值都为指定参数值的结点。

3. 单链表类的实现和测试

单链表被定义为实现线性表接口 IList 的 LinkList 类（即单链表类）。

- 成员变量实现单链表的存储结构。
- 构造方法实现单链表的初始化（即创建一个新的空链表）。
- 成员方法实现线性表的基本操作（即 IList 接口中的 8 个方法）。

LinkList 类的基本框架如下：

```
package 单链表;
public class LinkList implements IList {
    /*1.成员变量——实现单链表的存储结构*/
    public Node head;                        //头指针 head，指向头结点

    /*2.构造方法——创建一个新的空链表*/
    public LinkList(){
        head=new Node();//创建一个空结点作链表头结点，其地址保存到头指针 head
    }

    /*3.成员方法——实现线性表的基本操作*/
    public void clear() {…}                                    //清空
    public boolean isEmpty() {…}                               //判空
    public int length() {…}                                    //求长
    public Object get(int i) throws Exception {…}              //取值
    public void insert(int i, Object x) throws Exception {…}//插入
```

```
    public void remove(int i) throws Exception {…}          //删除
    public int indexOf(Object x) {…}                        //查找
    public void display() {…}                               //输出
}
```

下面分别从这 3 部分来介绍单链表类 LinkList.java 的设计。

1）单链表类的成员变量

由于单链表只需一个头指针就能唯一标识它，因此单链表类的成员变量只需设置一个头指针即可。头指针指向链表的头结点，头结点的指针域指向第一个元素结点，这样无论链表中是否为空，头指针和头结点都存在。

单链表类中成员变量描述如下：

```
public class LinkList implements IList {
    /*成员变量——实现单链表的存储结构*/
        public Node head;    //头指针 head，用来保存头结点地址
        …
}
```

2）单链表类的构造方法

创建一个空的单链表。

【算法步骤】创建一个头结点，其数据域和指针域皆为空，该结点地址保存到头指针 head 中。

注意：数据域为空是头结点的特征，其指针域也为空，即表的状态为空表，表中只有 1 个头结点，没有数据元素结点，如图 2.11 所示。

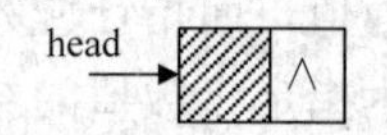

图 2.11　初始化的空链表

【算法描述】

```
public LinkList(){
    head=new Node();      //创建一个空结点作链表头结点，其地址保存到头指针 head
}
```

3）单链表类的成员方法

线性表接口 IList 的 8 个基本操作是通过 LinkList 类的成员方法来实现的。

（1）清空。空链表的特征是头结点的指针域为空，即不存在第一个数据元素结点，因此直接将头结点的指针域置空值即可。

【算法步骤】将头结点的指针域置空值。

【算法描述】

```
public void clear() {
    head.next=null;                        //清空链表
}
```

（2）判空。判断链表是否为空——根据头结点指针域是否为空值。

【算法步骤】若头结点指针域为空，则返回 true（空表）；否则，返回 false（非空表）。

【算法描述】

```
public boolean isEmpty() {
    return head.next==null;                //返回表达式的值，判断是否空表
}
```

（3）输出。从头到尾遍历单链表的各个元素结点，输出其数据值。

实现方法：让一个指针变量从单链表的首结点访问，并沿着结点指针域获取后继结点，这样依次将各结点的数据域值输出，直到到达单链表的表尾为止。这个方法的本质是对链表各个结点的遍历访问，该操作是链表各种复杂操作的基础。

【算法步骤】定义指针变量 p，初始化 p 指向首结点（head.next）。只要 p 指向的结点存在（表非空且还没到达单链表的表尾结点），则循环：输出当前结点的数据域的值和分隔符，p 指向下一个结点。输出换行。

【算法描述】

```
public void display() {
    Node p=head.next;                         //初始化 p 指向首结点
    while(p!=null){                           //只要 p 指向的结点存在，则循环
        System.out.print(p.data+" ");         //输出当前结点数据值
        p=p.next;                             //p 指向下一个结点
    }
    System.out.println();                     //输出结束，换行
}
```

【算法分析】本算法主要是遍历链表循环，时间复杂度为 $O(n)$，与表长成正比。

（4）求长。获取当前链表长度（即当前表中元素的个数）。

链表长度就是链表中元素结点的个数。与顺序表不同，这个长度没有定义变量保存其值，只能用一个长度计数器变量保存，初值为 0，然后从头到尾遍历一次链表，每访问一个结点，将该结点计入总数（长度计数值加 1）。

这个算法步骤只需在输出算法的遍历代码中稍加修改即可，一边遍历一边计数。

【算法步骤】定义指针变量 p，初始化指向首结点。length 为长度计数器，初值为 0。只要 p 指向的结点存在（还没到达单链表的表尾），则循环：长度计数器增 1（即将当前 p 指向的结点计入总数），p 指向后继结点（准备访问下一个结点）。返回长度 length（循环结束时已经遍历了所有结点）。

【算法描述】

```
public int length() {
    Node p=head.next;       //定义指针变量 p，初始化指向首结点
    int length=0;           //长度计数器，初值为 0
    while (p!=null){        //只要 p 指向的结点存在，则循环
        length++;           //长度计数器增 1
        p=p.next;           //p 指向下一个结点
    }
    return length;          //返回长度 length
}
```

【算法分析】本算法主要是遍历链表的循环，时间复杂度为 $O(n)$，与表长成正比。

（5）取值。获取第 i 号元素的数据值并返回。

这个算法也是在建立在链表遍历的基础上，在遍历访问每个结点时，一边遍历一边计数，可以得到每个结点的序号，然后与 i 进行比较，若相等则当前结点即所求，返回当前结点数据域并退出。

若遍历完整个链表正常退出了循环体（或者当链表为空的情况，根本没有进入循环体），则说明序号为 i 的结点不存在于链表内，抛出异常并退出。

【算法步骤】定义指针变量 p，初始化指向首结点。定义 j 为计数器变量，初值为 0（j 表示当前 p 所指向结点的序号）。从首结点开始向后查找，直到 p 指向第 i 个结点或 p 为空，循环：若 j 等于 i，则返回 p 所指向结点的数据域的值，结束，p 指向后继结点，计数器 j 的值增 1。抛出异常并退出（遍历结束正常退出，说明 i 太小或 i 太大）。

【算法描述】

```
public Object get(int i) throws Exception {
    Node p=head.next;          //1.定义指针变量 p，指向首结点
    int j=0;                   //2.定义变量 j 表示当前结点的编号，初始化为 0
    while(p!=null){            //3.只要 p 指向的结点存在，则循环
        if (j==i)              //若当前结点序号 j 等于 i，
            return p.data;     //则返回第 i 号元素的值(p.data)，结束
        p=p.next;              //p 指向后继结点
        j++;                   //j 加 1，修改为下一个结点的编号值
    }
    //4.循环退出时，说明链表为空或遍历完链表没找到第 i 号结点，抛出异常
    throw new Exception("第"+i+"号元素不存在！");
}
```

【算法分析】本算法主要是遍历链表的循环，对长度为 n 的链表，假设每个取值位置的概率相等，则时间复杂度为 $O(n)$，与表长成正比。

（6）查找。查找值为 x 的数据元素初次出现的位置。

该操作也是通过从头到尾遍历链表，在遍历的过程中用一个计数器记录当前结点的序号值，同时将 x 与当前结点的数据值进行比较，若相等，则当前结点即为所求，返回该结点的序号值；若表为空，或者所有结点的数据值都与 x 进行了比较但都不相等，表明值为 x 的数据元素在链表中不存在，返回-1。单链表的查找过程如图 2.12 所示。

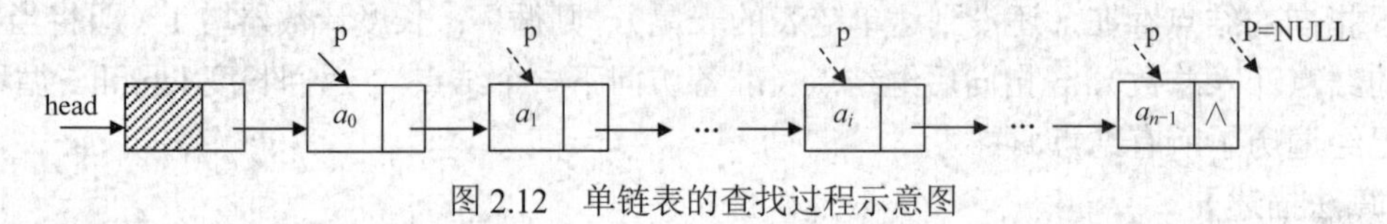

图 2.12　单链表的查找过程示意图

【算法步骤】定义指针变量 p，初始化指向首结点。定义 j 为计数器变量，初值为 0（表示当前 p 所指向结点的序号）。只要 p 指向的结点存在，则循环：若当前结点数据域等于 x，则查找成功，就是当前结点，返回其序号 j，结束，p 指向后继结点，计数器 j 的值增 1。循环结束（说明表为空，或 x 不在表中），查找失败，返回-1。

【算法描述】

```
public int indexOf(Object x) {
    Node p=head.next;       //1.定义指针 p 指向首结点（0 号结点）
    int j=0;                //2.定义变量 j，代表 p 指向的结点的编号，初值为 0
    while(p!=null){         //3.只要 p 指向的结点存在，则循环
        if (p.data.equals(x))       //若当前结点数据域等于 x
            return j;       //则查找成功，返回当前结点序号 j，结束
        p=p.next;           //p 指向下一个结点
        j++;                //修改 j+1 为下一个结点的编号值
    }
    return -1;    //4.循环结束（说明表为空，或 x 不在表中），查找失败，返回-1
}
```

【算法分析】本算法的主要运算是比较。显然比较的次数与 x 在表中的位置有关，也与表长有关，时间复杂度为 $O(n)$。

（7）插入。单链表上的插入操作的基本要求是在带头结点的单链表的第 i 个结点之前插入一个数据域值为 x 的新结点，其中 i 的限制条件为 $0 \leqslant i \leqslant n$（$n$ 为单链表的当前长度）。当 i=0 时，在表头插入新结点；当 i=n 时，在表尾插入新结点。

单链表逻辑结构要实现有序对 $<a_{i-1},a_i>$ 到 $<a_{i-1},x>$ 和 $<x,a_i>$ 的改变，并不会像顺序表那样需移动一批数据元素，只要改变相关结点的后继指针值即可，如图 2.13 所示。

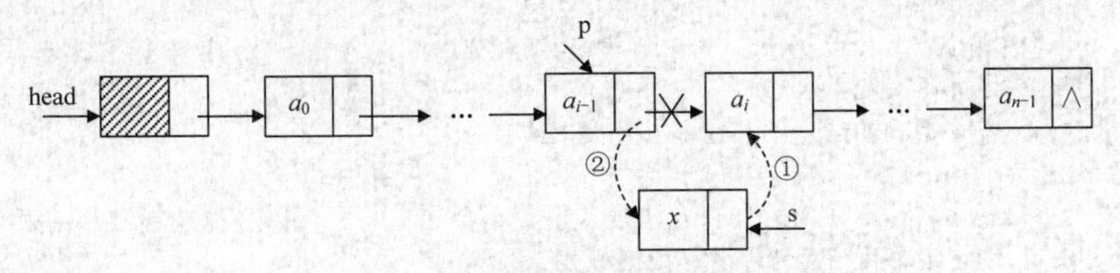

图 2.13 单链表上的插入操作

由图 2.13 可知，相关结点的指针域的改变主要涉及待插入位置的前驱结点 a_{i-1} 和新插入结点的指针域的改变，需要将新结点的指针域置为前驱结点 a_{i-1} 的指针域的值，而前驱结点 a_{i-1} 的指针域要指向新结点。

要实现这些指针值的修改，必须先找到第 i 号结点的前驱结点，即第 i−1 号结点。假设 p 指针指向第 i−1 号结点，s 指针指向新结点，则图 2.13 中标识①和②处的修改指针对应的语句序列分别为 s.next=p.next 和 p.next=s。

插入的主要操作归纳如下。

- 查找到待插入位置的前驱结点（也可说是确定待插入的位置）。
- 创建数据域值为 x 的新结点。
- 修改相关结点的指针域值从而使新结点插入单链表中给定的位置上。

寻找第 i−1 号结点的过程可以参照 get(i)的思路，通过遍历单链表找到第 i−1 号结点。区别在于插入的位置 i 有可能是 0，即从表头插入，此时前驱结点就是头结点，因此在遍历单链表时，p 应该初始化指向头结点（而不是首结点），对应的头结点的序号初始化为−1（因为首结点是头结点的后继结点，其序号是 0）。

【算法步骤】定义指针 p，指向头结点。定义变量 j，保存当前 p 指向结点的序号（初值为-1，头结点的序号）。只要 p 指向的结点存在，并且其序号 $j<i-1$ 时，则循环：p 后移一位，序号 j+1。若 p 指向的结点不存在（参数 i 太大）或者 $j>i-1$（参数 i 太小），则插入位置 i 不合法，抛出异常，结束，否则此时 p 指向的就是第 i−1 号结点，可以继续插入了。创建一个新结点 s，设置数据域为 x。将第 i−1 号结点的指针域值赋给 s 的指针域（原第 i 号结点链接在新结点后面）。将新结点地址 s 赋给第 i−1 号结点的指针域（新结点链接在第 i−1 号结点后面）。

注意：p==null 的条件包括表为空或者表非空但是 i 太大（超过了链表长度 n−1）这两种情况。$j>i-1$ 是指参数 i 为负数的情况。

【算法描述】

```
public void insert(int i,Object x) throws Exception {
    //插入——在第 i 号位置插入一个值为 x 的新结点
    //1.定义指针 p，指向头结点
    Node p=head;
    //2.定义变量 j，保存当前结点的序号（初值为-1）
    int j=-1;
    //3.只要 p 指向的结点存在，并且其序号 j<i-1 时，则循环
    while (p!=null && j<i-1){
        p=p.next;                                   //p 后移一位
        j++;                                        //序号 j+1
    }
    //4.若 p 指向的结点不存在（i 太大）或者 j>i-1(i 太小)
    if (p==null || j>i-1)
        throw new Exception("插入位置不合法！");     //抛出异常，结束
    //5.创建一个新结点 s，设置数据域为 x
    Node s=new Node(x);
    //6.将原来第 i 号结点的地址赋给 s 的指针域
    s.next=p.next;
    //7.将新结点的地址 s 赋给第 i-1 号结点的指针域
    p.next=s;
}
```

【算法分析】此算法尽管可在常数时间内完成创建新结点和修改链接关系的操作，但要查找到第 i-1 号结点，时间代价主要花费在查找待插入位置的前驱结点上，时间复杂度为 $O(n)$。

（8）删除。单链表上删除操作的基本要求是删除带头结点的单链表上的第 i 号结点，其中 i 的限制条件为 $0 \leqslant i \leqslant n-1$（$n$ 为单链表的当前长度）。

在单链表中要实现有序对 $<a_{i-1},a_i>$ 和 $<a_i,a_{i+1}>$ 到 $<a_{i-1},a_{i+1}>$ 的改变，只需要改变被删除结点的前驱结点的后继指针值，如图 2.14 所示。

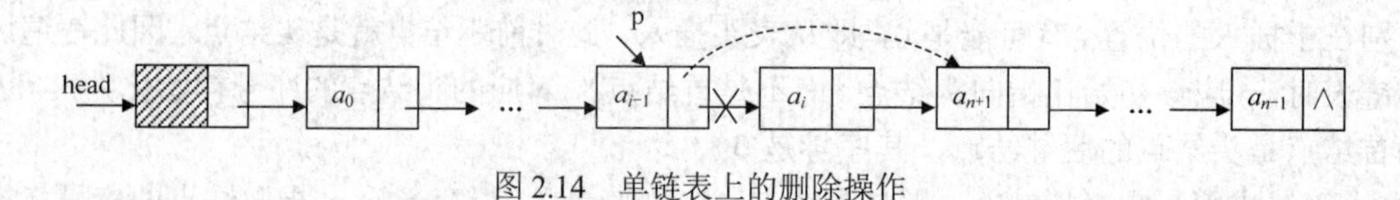

图 2.14　单链表上的删除操作

因此，与插入操作相同，从单链表中删除一个结点也需要先查找被删除结点的前驱结点，然后通过修改它的前驱结点的后继指针值来实现线性表中逻辑关系的改变。在单链表上进行删除的主要操作归纳如下。

- 判断单链表是否为空，若为空则结束操作。
- 查找到待删除结点的前驱结点（即第 i-1 号结点）。
- 修改链表指针，使待删除结点从单链表中脱离出来。

寻找第 i-1 号结点的过程可以参照 get(i-1)的思路，通过遍历单链表来找到第 i-1 号结点。区别在于删除的位置 i 有可能是 0，即删除第一个元素结点（即首结点），此时前驱结点就是头结点，因此在遍历单链表时，p 应该初始化指向头结点（而不是首结点，因为万一删除首结点，则只能在这个位置进行）；另外，遍历链表时只需要访问到倒数第 2 个结点

即可（因为最后一个结点不可能是要删除结点的前驱），于是遍历链表结点的循环条件改为“只要 p 的后继结点不存在，即 p 指向最后一个结点时，就无须判断结点序号是否等于 i-1，可以立即退出循环”。

【算法步骤】定义指针 p，指向头结点。定义变量 j，保存当前结点序号（初值为-1）。只要 p 的后继结点存在并且当前结点序号 $j<i-1$ 时，则循环：p 指针后移，j+1 修改序号。若 p 的后继结点不存在（i 太大）或者 $j>i-1$（i 太小），则删除位置 i 不合法，抛出异常。修改链接，将原来第 i+1 号结点的地址赋给第 i-1 号结点的指针域。

【算法描述】

```
public void remove(int i) throws Exception {
    //1.定义指针 p，指向头结点
    Node p=head;
    //2.定义变量 j，保存当前结点序号（初值为-1）
    int j=-1;
    //3.只要 p 的后继结点存在并且当前结点序号 j<i-1 时，则循环：
    while(p.next!=null && j<i-1){
        p=p.next;                                   //p 指针后移
        j++;                                        //j+1 修改序号
    }
    //4.若后继结点不存在(i 太大) 或者 j>i-1 (i 太小)
    if (p.next==null || j>i-1)
        throw new Exception("删除位置不合法！");     //抛出异常
    //5.修改链接，将原来第 i+1 号结点的地址赋给第 i-1 号结点的指针域
    p.next=(p.next).next;
}
```

【算法分析】单链表上的删除操作与插入操作相同，它的时间代价也是花费在查找待删除结点的前驱结点上，因此时间复杂度仍为 $O(n)$。

4. 单链表的应用

【例 2.4】 编程测试单链表类。

【问题分析】为了测试单链表类的正确性，需要设计一个测试类 TestLinkList.java，在 main 方法中，调用单链表类的构造方法创建一个单链表，然后插入若干元素，再调用单链表的各种基本操作（成员方法），对单链表进行功能测试。

【编程实现】

```
package 单链表;
public class TestLinkList {
    public static void main(String[] args) throws Exception {
        //1.创建一个链表 list
        LinkList list= new LinkList();
        for (int i=1; i<=10; i++)              //初始连续插入 10 个元素结点
            list.insert(0, 2*i);               //数据值为偶数（从表头插入）
        //2.输出链表的元素
        list.display();
        //3.输出表长度
        System.out.println("表长度："+ list.length());
        //4.获取表中第 3 个元素并输出
```

```
            System.out.println("第 3 号元素值为： "+ list.get(3));
            //5.查找值为 6 和 88 的两个元素的编号
            System.out.println("值为 6 的元素编号为： "+ list.indexOf(6));
            System.out.println("值为 88 的元素编号为： "+ list.indexOf(88));
            //6.在 3 号位置插入新结点，值为 99
            list.insert(3,99);
            //7.删除第 4 号位置的结点
            list.remove(4);
            //8.输出链表
            list.display();
            //6.清空表
            list.clear();
            //7.判表是否为空
            System.out.println("表是否为空： "+ list.isEmpty());
        }
    }
```

运行结果：

```
20 18 16 14 12 10 8 6 4 2
表长度：10
第 3 号元素值为：14
值为 6 的元素编号为：7
值为 88 的元素编号为：-1
20 18 16 99 12 10 8 6 4 2
表是否为空：true
```

【例 2.5】 编程实现查找线性表（0,1,2,⋯,n−1）中第 i 号数据元素的直接前驱，并输出其值。要求在单链表上实现。

【问题分析】先利用单链表类创建一个单链表对象，然后引用单链表对象中的 insert 方法依次按序将各数据值插入表中，从而完成线性表的创建。再引用单链表对象中的 get 方法来完成指定操作。get(i)方法获取线性表的第 i 号元素值，其直接前驱是第 i-1 号元素，要获取第 i 号数据元素的直接前驱，执行 get(i−1)即可。

问题是如何判断第 i 号元素是否存在直接前驱：0 号元素，即第一个元素没有前驱；虽然 n 号元素并不存在，但它有直接前驱（n−1 号元素，即最后一个元素）。因此，为了得到第 i 号元素的直接前驱，i 的合法范围为 $1 \leqslant i \leqslant n$。

【编程实现】

```
package 单链表;
import java.util.Scanner;
public class Exp02 {
    public static void main(String[] args) throws Exception {
        //1.创建单链表 slist1
        LinkList slist1=new LinkList();
        //2.依次从表尾插入 0,1,2,⋯,9 共 10 个元素
        for (int i=0; i<10; i++){
              slist1.insert(i, i);
        }
        //3.提示用户，并获取输入 i
        System.out.println("请输入 i 的值： ");
        int i=new Scanner(System.in).nextInt();
```

```
        //4.若序号为 i 的元素存在前驱，则输出
        if (i>=1 && i<=10){
            System.out.println("第"+i+"号元素的直接前驱是："+slist1.get(i-1));
        } //否则提示第 i 号元素的直接前驱不存在
        else{
            System.out.println("第"+i+"号元素的直接前驱不存在！");
        }
    }
}
```

运行结果：

```
请输入 i 的值：
6
第 6 号元素的直接前驱是：5
```

参考程序

2.3.2 任务实施

1. 单链表结点类的设计

步骤 1：打开 Eclipse，进入“数据结构 Unit02”项目创建包，命名为“单链表”。将“线性表”中的 IList.java 接口文件复制粘贴到“单链表”包中。

步骤 2：在包中创建一个结点类，命名为 Node.java，在其中定义 2 个属性和 3 个构造方法。

2. 单链表类的实现和测试

步骤 1：在包中创建一个单链表类，命名为 LinkList.java，设置其实现 IList.java 接口，在类中定义 1 个属性和 1 个构造方法。

步骤 2：在 LinkList.java 中，实现接口 IList 的 8 个成员方法。可按照 clear、isEmpty、display、length、get、indexOf、insert、remove 的顺序来实现。

① 前 2 个方法，都是利用了空链表的头结点指针域应为空值的特点。

② display 方法的本质是用一个指针变量 p 依次指向单链表中的各个结点，完成对单链表的遍历，在访问每个结点时，输出当前结点的数据值，再移动 p 指向后继结点。

③ length 方法与 display 方法类似，也是通过单链表的遍历，增加一个用于统计结点个数的变量 length，表示已经访问的元素结点，初值为 0，在访问每个结点的循环体中，对结点的计数 length 加 1，最后遍历循环结束，length 的值就是元素结点的总数（即链表长度）。

④ get 方法建立在 length 方法的基础上，也是通过遍历单链表在访问每个结点的循环体中对结点计数（这个计数值 j 可看作当前 p 指向的结点的序号），同时增加一个判断，判断当前结点的序号（计数值）j 是否等于参数 i，如果等于则找到了第 j 号结点，停止遍历，返回结点数据值。

⑤ indexOf 方法可以看成是在 get 方法的基础上，也是通过遍历单链表，在访问每个结点的循环体中对结点计数（这个计数值 j 可看作当前 p 指向的结点的序号），同时增加一个判断，若当前元素结点的数据值等于查找的目标数据值 x，则查找成功，立即返回当前结点的序号 j，结束；如果遍历链表的循环正常执行完毕，说明所有的结点都不等于 x 或者

为空表，查找失败，返回-1。

⑥ insert 方法可以看成先要执行 get(*i*-1)，也就是要找到插入位置 *i* 的直接前驱结点——第 *i*-1 号结点，这部分和 get(*i*)方法的代码是相似的，要注意插入位置 *i* 可能是在表头（即 *i*=0），此时前驱结点是头结点，可以认为头结点的序号是-1，因此在初始化结点序号变量 *j* 时，令 *j* 初值为-1，并且让指针变量 p 指向头结点，然后循环遍历每个结点看其序号是否为 *i*-1。若该循环一直遍历到最后都没找到第 *i*-1 号结点，说明参数 *i* 太大。在找到第 *i*-1 号结点之后，创建新结点 s，设置其数据域为 *x*，再修改相应的链接关系即可。

⑦ remove 方法，仍然先要执行 get(*i*-1)，也就是要找到删除位置 *i* 的直接前驱结点——第 *i*-1 号结点，这部分和 get(*i*)方法的代码是相似的，要注意插入位置 *i* 可能是在表头（即 *i*=0），此时前驱结点是头结点，可认为头结点的序号是-1，因此在初始化结点序号变量 *j* 时，令 *j* 初值为-1，并且让指针变量 p 指向头结点，然后循环遍历每个结点看其序号是否为 *i*-1。若该循环一直遍历到倒数第二个结点都没找到第 *i*-1 号结点，说明参数 *i* 太大。在找到第 *i*-1 号结点之后，修改其指针域的链接关系去掉第 *i* 号结点即可。

注意： 因为倒数第一个结点不可能是被删除结点的前驱。

步骤 3： 在包中创建一个主类，命名为 TestLinkList.java，在其 main 方法中先以单行中文注释写出测试程序的算法步骤，将算法步骤转化为代码实现，编程并调试。再实现单链表对象的创建、初始化，以及 8 个方法的功能测试。

任务 2.4 线性表的应用

任务描述

根据顺序表和单链表各自的特点，学习选择合适的线性表结构，解决学生信息管理系统的编程问题。

2.4.1 知识准备

顺序表的使用

1. 顺序表与链表的比较

顺序表和链表是线性表的两种基本实现形式，适合于不同的应用场合。

与顺序表相比较，链表更为灵活，它既不要求在一块连续的存储空间中存储线性表的所有数据元素，也不要求按其逻辑顺序来分配存储单元，它可以根据需要动态分配存储空间。因此，当线性表长度变化较大或长度难以估计时，宜用链表；而在线性表长度基本可预计且变化较小的情况下，宜用顺序表。

单链表及其实现

在顺序表中按序号访问第 *i* 个数据元素的时间复杂度为 $O(1)$，而在链表中做同样的操作的时间复杂度为 $O(n)$。因此，如果要经常按序号访问线性表的数据元素，顺序表要优于链表。

在顺序表上做插入和删除操作时，需要平均移动一半的数据元素，而在链表上做插入和删除操作时，不需要移动任何数据元素。因此，如果线性表要经常做插入、删除操作，链表要优于顺序表。

两种存储结构各有所长，在实际应用时，必须抓住两者各自的特点并结合具体情况，用最合适的方法来解决问题。顺序表和链表的具体比较如表2.1所示。

表 2.1 顺序表和链表的比较

对比项	顺序表	链表
空间大小	数组空间决定，相对固定	可根据需要进行动态增加，比较灵活
存储密度	较高（只存放数据元素值本身）	较低（除存放数据元素值本身之外，还存放指针）
创建	简单（利用数组）	较复杂（头、尾插法）
存取操作	简单（根据数组下标随机存取）	较复杂（依靠指针移动，顺序存取）
插入操作	不方便（会引起元素移动）	方便（只需要修改相关链）
删除操作	不方便（会引起元素移动）	方便（只需要修改相关链）

2. 线性表的应用举例

【例 2.6】 学籍管理系统的编程问题。

学生信息管理系统是学校信息管理系统的一个子系统。一个简单的学生信息管理系统，其中的数据就是学生信息表（图2.15），这张表的每行就是每个学生的详细信息，包括学号、姓名、年龄等，要求系统能建立、增加、删除、修改、查询学生信息。

学号	姓名	年龄
1001	张三	18
1002	李四	19
1003	王五	19
⋮	⋮	⋮

图 2.15 学生信息表

【问题分析】

（1）数据元素之间存在什么关系？如果把每条记录（行）看作一个数据元素（学号、姓名、年龄是其中的3个数据项），各元素之间是线性前驱、后继的关系。

（2）如何存储这些数据元素及它们之间的关系？可以用两个字符串变量和一个整型变量来表示每个学生的3个数据项，然后封装为一个类。可以将该类对象存储到顺序表（或链表）中用于存储元素之间的逻辑关系。

（3）如何按需求处理这些数据元素？因为本题要求采用顺序存储结构，所以在进行学生信息管理类的设计时，可将其设计成顺序表的子类，这样子类就可以继承父类的成员变量和成员函数，从而可以利用和扩展已经实现的顺序表的结构和功能，简化实际系统的编程。

（4）如何实现功能——基本操作？对于顺序表类（父类）提供的功能，可以直接利用；对于顺序表类没有提供的功能，可以采用方法覆盖、方法重载或增加新方法的形式来设计。

设计思路：首先新建一个学生记录类，命名为StuRecord.java，其中包括3个属性和2

个构造方法。重写父类 Object 的两个成员方法 equals(Object o)和 toString()，前者用于判断两个学生的信息记录是否相同（依据两者的学号是否相同来判断），可用于在表中查找元素；后者用于返回一条学生记录的学号、姓名、年龄 3 方面信息，可用于显示元素。

【编程实现】

```
package 顺序表的应用;
/*定义 StuRecord 类，作为学生记录类，以封装每个学生的基本信息*/
public class StuRecord {
    /*3 个属性——学号、姓名、年龄*/
    String stuNo;
    String name;
    int age;
    /*2 个构造方法*/
    public StuRecord(){}
    public StuRecord(String sn,String na,int ag){
        this.stuNo=sn;
        this.name=na;
        this.age=ag;
    }
    /*重写父类 Object 的两个成员方法*/
    @Override    //用于查找时比较两个学生对象是否相等——看学号是否相等
    public boolean equals(Object o) {
        StuRecord s=(StuRecord)o;
        return (this.stuNo.equals(s.stuNo));
    }
    @Override    //用于学生对象的显示——学号、姓名、年龄 3 方面的信息
    public String toString() {
        return this.stuNo+"\t"+this.name+"\t"+this.age+"\n";
    }
}
```

然后创建一个学生信息表类 StuRecordList.java，使该类继承自 SqList 类。

在 StuRecordList 类中，需要定义一个构造方法 StuRecordList(int maxSize)，调用父类的构造方法，创建容量为 maxSize 的顺序表对象；需要重写父类 SqList 的成员方法 display，该方法按表格输出的格式增加表头输出语句，通过调用父类的 display 方法输出学生信息表的全部元素；需要定义下列方法来完成表的初始化，以及新增、删除、修改、查询等功能。

- public void initList( )，该方法用于让用户输入学生记录信息，初始化学生信息表。首先提示用户输入本次建立学生记录的总数 *n*，然后循环 *n* 次，并连续从键盘获取每个学生的学号、姓名、年龄信息，创建学生对象并插入表尾。
- public StuRecord queryByStuNo(String stuNo)，该方法根据学号参数来查询指定学号的学生信息记录，查询成功则返回该学生对象；否则，返回空值，表示表中不存在这个学号的学生记录。
- public StuRecord insertByStuNo(StuRecord s)，该方法将学生记录对象 s 插入表中。由于表中学生的学号不能重复，该方法首先调用父类的 indexOf 方法判断表中是否存在与待插入的学生对象 s 的学号相同的学生，若存在则不能插入，返回-1 表示退出；否则，调用父类的 insert 方法将学生对象 s 插入表尾，返回 0 表示插入成功。

- public int removeByStuNo(String stuNo)，该方法根据学号参数来删除指定学号的学生信息记录。首先调用父类的 indexOf 方法判断表中是否存在待删除的学号 stuNo 的学生，若不存在则删除失败，返回-1 表示退出；否则，根据 indexOf 方法返回的学生位置 *i*，获取调用父类的 remove(*i*)方法将学生对象删除，返回 0 表示删除成功。
- public int updateByStuNo(StuRecord s)，该方法根据学号参数来修改指定学号的学生信息记录。首先调用父类的 indexOf 方法判断表中是否存在待修改的学号 stuNo 的学生，若不存在则修改失败，返回-1 表示退出；否则，根据 indexOf 方法返回的学生位置 *i*，获取调用父类的 remove(*i*)方法先将学生对象删除，再调用父类的 insert 方法将新的学生记录对象 s 插入表尾，返回 0 表示修改成功。

【编程实现】

```
package 顺序表的应用;
import java.util.Scanner;
/*定义 StuRecordList 类，作为管理学生信息的线性表类*/
/*作为 SqList 类的子类，继承顺序表类的全部功能*/
public class StuRecordList extends SqList {
    /*子类的构造方法——创建一个容量为 maxSize 的顺序表*/
    public StuRecordList(int maxSize) throws Exception {
        super(maxSize);
    }
    /*重写 SqList 类的 display 方法，按指定格式显示表的内容*/
    @Override
    public void display(){
        //输出表的标题行
        System.out.println("学号\t 姓名\t 年龄");
        System.out.println("————————————————");
        //输出表内容
        super.display();
    }
    /*学生信息表的查询：查询指定学号的学生记录*/
    public StuRecord queryByStuNo(String stuNo) throws Exception{
        int i=indexOf(new StuRecord(stuNo,null,0));//根据学号查找位置
        if (i==-1)                          //若表中不存在该学号的学生
            return null;                    //没找到该学号的学生，返回 null 值
        return (StuRecord)get(i);           //找到则返回第 i 号学生（记录）
    }
    /*学生信息表的删除：删除指定学号的学生记录*/
    public int removeByStuNo(String stuNo) throws Exception{
        int i=indexOf(new StuRecord(stuNo,null,0));//根据学号查找位置
        if (i==-1)                          //若表中不存在该学号的学生
            return -1;                      //没找到该学号的学生
        remove(i);                          //根据位置 remove
        return 0;
    }
    /*学生信息表的插入：插入新学生记录*/
    public int insertByStuNo(StuRecord s) throws Exception {
        int i=indexOf(s);                   //根据学号查找位置
        if (i==-1){                         //若表中不存在该学号的学生
```

```
            insert(this.length(),s);    //则允许从表尾插入
            return 0;                   //返回 0，插入成功
        }
        return -1;                      //表中已存在相同学号的学生，插入失败
    }
    /*学生信息表的修改：修改指定学号的学生记录*/
    public int updateByStuNo(StuRecord s) throws Exception {
        int i=indexOf(s);               //根据学号查找位置 indexOf
        if (i!=-1){                     //若表中不存在该学号的学生
            remove(i);                  //先删除原来的记录
            insert(this.length(),s);    //再从表尾插入新的记录
            return 0;                   //返回 0，修改成功
        }
        return -1;                      //表中不存在该学号的学生，修改失败
    }
    /*用户输入数据，初始化学生信息表*/
    public void initList() throws Exception{
        //提示用户输入的学生数
        System.out.println("创建学籍信息表，要输入的学生记录数：");
        //获取用户输入
        Scanner sc=new Scanner(System.in);
        int n=sc.nextInt();
        //提示用户开始连续输入
        System.out.println("请连续输入"+n+"条学生学籍信息：");
        //循环 n 次，获取用户输入，创建学生记录对象，插入表中
        for (int i=1;i<=n;i++){
            String no=sc.next();
            String name=sc.next();
            int age=sc.nextInt();
            StuRecord stu=new StuRecord(no,name,age);
            insert(length(),stu);
        }
    }
}
```

最后创建一个主类，命名为 StuMIS.java，在其 main 方法中，利用 StuRecordList 类提供的各种功能，实现学生信息表对象的创建、初始化，以及查询、新增、删除、修改等功能的测试。

【编程实现】

```
package 顺序表的应用;
import java.util.Scanner;
public class StuMIS {
    public static void main(String[] args) throws Exception{
        /*学籍信息表的创建与初始化*/
        StuRecordList sl=new StuRecordList(100);//创建学籍信息表 sl
        sl.initList();                          //用户输入数据，初始化学籍信息表
        sl.display();                           //显示表

        /*学籍信息表的查询*/
        System.out.print("请输入要查询的学生学号：");//输入要查询的学生学号
```

```
        Scanner sc=new Scanner(System.in);
        String sno=sc.next();
        StuRecord s=sl.queryByStuNo(sno);       //执行查询操作，显示查询结果
        if (s==null)
           System.out.println("没查到学号为"+sno+"的学生信息！");
        else
           System.out.println("查询结果为："+s);

        /*学籍信息表的插入*/
        System.out.print("请输入要插入的学生信息：");//输入要插入的学生信息
        sno=sc.next();
        String sname=sc.next();
        int sage=sc.nextInt();
        s=new StuRecord(sno,sname,sage);
        //执行插入操作，显示查询结果
        int result;
        result=sl.insertByStuNo(s);
        if (result==-1)
           System.out.println("学号重复，插入失败！");
        else
           System.out.println("插入成功");
        sl.display();                                //显示表

        /*学籍信息表的删除*/
        System.out.print("请输入要删除的学生学号：");//输入要删除的学生学号
        sno=sc.next();
        result=sl.removeByStuNo(sno);          //执行查询操作，显示查询结果
        if (result==-1)
           System.out.println("不存在该学号的学生！");
        else
           System.out.println("删除成功");
        sl.display();                                //显示表

        /*学籍信息表的修改*/
        System.out.print("请输入要修改的学生信息：");//输入要修改的学生信息
        sno=sc.next();
        sname=sc.next();
        sage=sc.nextInt();
        s=new StuRecord(sno,sname,sage);
        result=sl.updateByStuNo(s);                  //执行修改操作，显示结果
        if (result==-1)
           System.out.println("学号不存在，修改失败！");
        else
           System.out.println("修改成功");
        sl.display();                                //显示表
    }
}
```

运行结果：

```
创建学籍信息表，要输入的学生记录数：
5
```

```
请连续输入 5 条学生学籍信息:
001 张三 18
002 李四 20
003 王五 19
004 赵六 20
005 陈七 18
学号  姓名 年龄
-------------
001   张三 18
002   李四 20
003   王五 19
004   赵六 20
005   陈七 18

请输入要查询的学生学号：003
查询结果为：003     王五 19

请输入要插入的学生信息：009 Mike 20
插入成功
学号  姓名 年龄
-------------
001   张三 18
002   李四 20
003   王五 19
004   赵六 20
005   陈七 18
009   Mike    20

请输入要删除的学生学号：004
删除成功
学号  姓名 年龄
-------------
001   张三 18
002   李四 20
003   王五 19
005   陈七 18
009   Mike    20

请输入要修改的学生信息：003  Kate  20
修改成功
学号  姓名 年龄
-------------
001   张三 18
002   李四 20
005   陈七 18
009   Mike    20
003   Kate    20
```

参考程序

2.4.2 任务实施

应用线性表解决学生信息管理系统的编程问题步骤如下。

步骤 1：打开 Eclipse，进入“数据结构 Unit02”项目创建包，命名为“学生信息管理系统”。将“顺序表”包中的 IList.java 接口文件和 SqList.java 类文件复制粘贴到“学生信息管理系统”包目录中。

步骤 2：在包中新建一个学生记录类，命名为 StuRecord.java，其中包括 3 个属性和 2 个构造方法（无参、带参各一个）；重写父类 Object 的两个成员方法 equals(Object o)和 toString()，前者用于判断两个学生的信息记录是否相同（依据两者的学号是否相同来判断），后者用于返回一条学生记录的 3 方面信息。

步骤 3：在包中创建一个学生信息表类 StuRecordList.java，使该类继承自 SqList 类。

步骤 4：在 StuRecordList 类中定义一个构造方法 StuRecordList(int maxSize)，调用父类的构造方法创建容量为 maxSize 的顺序表对象。

步骤 5：在 StuRecordList 类中重写父类 SqList 的成员方法 display，该方法按表格输出的格式增加表头输出语句，通过调用父类的 display 方法输出学生信息表的全部元素。

步骤 6：在 StuRecordList 类中编写一个成员方法 public void initList()，该方法用于让用户输入学生记录信息，初始化学生信息表。

步骤 7：在 StuRecordList 类中编写一个成员方法 public StuRecord queryByStuNo(String stuNo)，该方法根据学号参数来查询指定学号的学生信息记录，查询成功则返回该学生对象；否则返回空值，表示表中不存在这个学号的学生记录。

步骤 8：在 StuRecordList 类中编写一个成员方法 public StuRecord insertByStuNo (StuRecord s)，该方法将学生记录对象 s 插入表中。由于表中学生的学号不能重复，该方法首先调用父类的 indexOf 方法判断表中是否存在与待插入的学生对象 s 的学号相同的学生，若存在则不能插入，返回-1 退出；否则调用父类的 insert 方法将学生对象 s 插入表尾，返回 0 表示插入成功。

步骤 9：在 StuRecordList 类中编写一个成员方法 public int removeByStuNo(String stuNo)，该方法根据学号参数来删除指定学号的学生信息记录。该方法首先调用父类的 indexOf 方法判断表中是否存在待删除的学号 stuNo 的学生，若不存在则删除失败，返回-1 退出；否则，根据 indexOf 方法返回的学生位置 i，获取调用父类的 remove(i)方法将学生对象删除，返回 0 表示删除成功。

步骤 10：在 StuRecordList 类中编写一个成员方法 public int updateByStuNo(StuRecord s)，该方法根据学号参数来修改指定学号的学生信息记录。该方法首先调用父类的 indexOf 方法判断表中是否存在待修改的学号 stuNo 的学生，若不存在则修改失败，返回-1 退出；否则，根据 indexOf 方法返回的学生位置 i，获取调用父类的 remove(i)方法先将学生对象删除，再调用父类的 insert 方法将新的学生记录对象 s 插入表尾，返回 0 表示修改成功。

步骤 11：在包中创建一个主类，命名为 StuMIS.java，在其 main 方法中先以单行中文注释写出测试程序的算法步骤，将算法步骤转化为代码实现，编程并调试，实现学生信息表对象的创建、初始化，以及查询、新增、删除、修改等功能的测试。

知识拓展：其他类型的链表

阅读材料

科技史话——古老的手工计算机

常用的算盘以竹木为原料，四面边框和中间横梁以及竖挡把算珠成排并列固定。把算珠拨到横梁两侧可以计数，也可以完成加、减、乘、除、开方等各种复杂计算。算盘简单的结构中蕴含了精深的数学思想，它采用五升十进制，简单而科学。算盘配合的珠算口诀，是一套完整的韵味诗歌，用来指导拨珠和计算。这是中国古代数学的重要成就之一，中国人早在1000多年前就发现了这些数学规律，并把它们锤炼成简单易记的口诀代代相传。

根据英国数学家图灵对计算机的定义，一个工具能否算是计算机，关键要看它是不是不需要人脑而采用一套规则表就能进行计算。算盘就具备这个特性。

中国算盘和古希腊或者后来西方的早期算盘最根本的不同点在于：中国的算盘完全是靠口诀来操作的，无须心算，这些口诀对应于图灵机中的规则表。琅琅上口的韵文包含了珠算的所有秘密。即使是不识字的人也能记住口诀成为计算好手。这就像人们今天在使用计算机时，即使不懂软件的原理，只要会运行软件就能解决计算问题一样。写这个珠算口诀（操作序列）的人，类似于现在的程序员。在过去，打算盘是一种技能，就如打字一样，而且是一种可以熟能生巧的技能。它和算术水平没有什么关系。算盘打得好的人，无非是口诀背得牢，手法练得熟，拨弄算珠准确无误，跟好的打字员没有什么区别，他们都是在做机械性的操作，计算则是算盘完成的。因此，可以说算盘是一个手动计算机。

如果算盘等同于计算机硬件，珠算口诀就是计算机软件。很多科技史学家（如李约瑟）对算盘本身都称赞有加，但是对珠算口诀给予赞誉的人却非常少，这可能是全社会重视硬件而忽视软件价值的结果。事实上珠算口诀（软件）的重要性绝不亚于算盘（硬件）本身，这才是中国的算盘能够有别于其他文明类似的发明并且被广泛使用的根本原因。

几千年来，算盘在中国的社会生活中扮演了非常重要的角色，可以说，算盘是中华民族祖先在数学上的伟大发明，是人类智慧的结晶和伟大创造力的见证。

单元小结

本单元在介绍线性表基本概念和ADT的基础上，重点介绍了线性表及其操作在计算机中的两种表示和实现方法。

线性关系是数据元素之间最简单的一种关系，线性表就是这种简单关系的一种典型的数据结构。线性表通常采用顺序存储和链式存储两种不同的存储结构。用顺序存储的线性表称为顺序表，用链式存储的线性表称为链表。

顺序表是最简单的数据组织方法，具有易用、空间开销小以及可对数据元素进行高效随机存取的优点，但也具有不便于进行插入和删除操作与需预先分配存储空间的缺点，它是静态数据存储方式的理想选择。

链表具有的优缺点正好与顺序表相反，链表适用于经常进行插入和删除操作的线性表，同样适用于无法确定长度或长度经常变化的线性表，但也具有不便于按位序号进行存取操作、不能进行随机存取的缺点，它是动态数据存储方式的理想选择。

本单元的重点和难点在于在线性表逻辑结构的基础上熟练掌握它的两种不同存储方式和基于两种存储方式的基本操作的实现。

习 题

一、选择题

1. 线性表是（　　）的有限序列。

A. 数据　　B. 数据项　　C. 数据元素　　D. 整型数据

2. 以下关于线性表叙述不正确的是（　　）。

A. 线性表中的数据元素可以是数字、字符、记录等不同类型

B. 线性表中包含的数据元素个数不是任意的

C. 线性表中的每个结点都有且只有一个直接前驱和一个直接后继

D. 存在这样的线性表：表中各结点都没有直接前驱和直接后继

3. 在线性表的下列运算中，不改变数据元素之间结构关系的运算是（　　）。

A. 插入　　B. 删除　　C. 排序　　D. 查找

4. 以下关于顺序表叙述正确的是（　　）。

A. 数据元素在顺序表中可以是不连续的

B. 顺序表是一种存储结构

C. 顺序表是一种逻辑结构

D. 对顺序表做插入或删除操作可使顺序表中的数据元素不连续

5. 关于顺序表的优缺点，以下说法错误的是（　　）。

A. 无须为表示结点间的逻辑关系而增加额外的存储空间

B. 可以方便地随机存取表中的任一结点

C. 插入和删除运算较方便

D. 容易造成一部分空间长期闲置而得不到充分利用

6. 在顺序表中，只要知道（　　），就可在相同时间内求出任一结点的存储地址。

A. 基地址　　B. 结点存储长度

C. 向量大小　　D. 基地址和结点存储长度

7. 一个顺序表第 1 个元素的存储地址是 100，每个元素的存储长度为 4，则第 5 个元素的存储地址是（　　）。

A. 110　　B. 116　　C. 100　　D. 120

8. 在（　　）情况下应当选择顺序表作为存储结构。

A. 对线性表的主要操作为插入操作
B. 对线性表的主要操作为插入操作和删除操作
C. 线性表的表长变化较大
D. 对线性表的主要操作为存取线性表的元素

9. 线性表采用链式存储时，结点的存储地址（　　）。
A. 必须是不连续的　　B. 连续与否均可
C. 必须是连续的　　D. 与头结点的存储地址相连续

10. 链表中的头结点是指（　　）。
A. 链表中的第 1 个结点　　B. 链表的开始结点
C. 链表的尾结点　　D. 附加在开始结点之前的结点

11. 在以单链表为存储结构的线性表中，数据元素之间的逻辑关系用（　　）。
A. 数据元素的相邻地址表示　　B. 数据元素在表中的序号表示
C. 指向后继元素的指针表示　　D. 数据元素的值表示

12. 链表不具有的特点是（　　）。
A. 插入、删除不需要移动元素　　B. 可随机访问任一元素
C. 不必事先估计存储空间　　D. 所需空间与线性长度成正比

13. 带头结点的单链表的头指针为 head，判断该链表为非空的条件是（　　）。
A. head==null　　B. head.next==null
C. head!=null　　D. head.next!=null

14. 假设结点数据域数据输入顺序为 a,b,c，则用头插法建立的单链表结点的顺序为（　　）。
A. a,b,c　　B. b,c,a　　C. c,b,a　　D. 不确定

15. 在单链表指针 p 指向结点之后插入指针 s 指向结点的正确操作是（　　）。
A. p.next=s;s.next=p.next;　　B. s.next=p.next;p.next=s
C. p.next=s;p.next=s.next;　　D. p.next=s.next;p.next=s;

二、填空题

1. 线性表是由 n（$n \geqslant 0$）个数据元素所构成的_________，其中 n 为数据元素的个数，称为线性表的_________，n=0 的线性表称为_________。

2. 线性表中有且仅有一个开始结点和一个终端结点，除开始结点和终端结点之外，其他每一个数据元素有且仅有一个_________，有且仅有一个_________。

3. 线性表通常采用_________和_________两种存储结构。若线性表的长度确定或变化不大，则适合采用_________存储结构进行存储。

4. 在顺序表$\{a_0,a_1,\cdots,a_{n-1}\}$中的第 i（$0 \leqslant i \leqslant n-1$）个位置之前插入一个新的数据元素，会引起_________个数据元素的移动操作。

5. 在线性表的单链表存储结构中，每一个结点有两个域，一个是数据域，用于存储数据元素值本身，另一个是_________，用于存储后继结点的地址。

6. 在线性表的顺序存储结构中可实现快速的随机存取，而在链式存储结构中则只能进行_________存取。

7. 顺序表中逻辑上相邻的数据元素，其物理位置_________相邻，而在单链表中逻辑上相邻的数据元素，其物理位置_________相邻。

8. 在含有n个结点的单链表中，若要删除一个指定的结点p，则首先必须找到________。

三、算法设计题

1. 编写一个单链表类的成员方法 public int removeRepeatElem( )，实现删除带头结点的单链表中值重复的结点的操作（删除操作后各个结点的数据值不能重复）。

2. 编写一个单链表类的成员方法 public int remove(Object x)，实现删除带头结点的单链表中数据域值等于x的所有结点的操作。要求返回被删除结点的个数。

3. 有顺序表A和B，其元素均按从小到大升序排列，编写一个算法将它们合并成一个顺序表C，要求C的元素也按从小到大升序排列。

4. 用顺序表解决约瑟夫问题：设有 12 个人坐一圈，任意给一个报数上限值n，从第一个人开始依次报数，报到n时停止报数，且报n的人出圈，下一个人从 1 开始重新报数，如此下去，求出最后一个剩在圈中的人，以及其他人出圈的顺序。

四、上机实训题

本案例是电子商务网站的商品信息管理系统，信息的主体是商家经营的各种商品构成的商品库存信息表，每行是商品代码、名称、单价、库存量等，如图 2.16 所示，要求系统能建立、增加、删除、修改、查询各类商品的信息。

提示：利用单链表类解决商品库存管理系统的编程问题。

商品代码	名称	单价	库存量
1001	华为手机	3800	50
1002	苹果电脑	4900	18
1003	Sony 电视机	1900	7
⋮	⋮	⋮	⋮

图 2.16 商品库存信息表

单元3 栈和队列

知识目标

- 了解栈的概念，掌握栈的逻辑结构、基本操作与 Java 接口描述。
- 掌握栈的顺序存储结构和链式存储结构的实现。
- 了解队列的概念，掌握队列的逻辑结构、基本操作与 Java 接口描述。
- 掌握队列的顺序存储结构和链式存储结构的实现。
- 掌握栈和队列的特点，以及各自的应用场合。

能力目标

- 能用接口描述栈的 ADT，并实现顺序栈类、链栈类。
- 能用接口描述队列的 ADT，并实现循环顺序队列类、链队列类。
- 能根据实际问题的特点，应用栈和队列结构来完成编程。

素质目标

- 培养观察发现能力与自主探索能力。
- 培养积极主动的学习态度和一丝不苟的工作作风。

任务 3.1 栈的定义和实现

任务描述

认识栈的定义和特点，掌握栈的逻辑结构和基本操作，以 Java 接口描述栈的 ADT；了解栈的存储结构，实现顺序栈。

3.1.1 知识准备

1. 栈的定义

认识栈

从数据（逻辑）结构的分类来看，栈和线性表一样，也属于线性结构。

线性表的插入和删除操作可以在表中的任意位置进行，而栈是操作受到限制的线性表，只能在一端进行插入和删除操作。在栈中，允许插入、删除的一端称为“栈顶”，另一端称为“栈底”。当栈中没有元素时称为“空栈”。

栈有两个最主要的操作：插入和删除。栈的插入操作常称为“入栈”（压栈），栈的删除操作常称为“出栈”（弹栈）。栈的主要特点是“后进先出”（last in first out，LIFO），即出栈元素只能是位于栈顶的元素，而入栈元素也只能放在栈顶位置。因此，栈是一种操作受限的线性表。

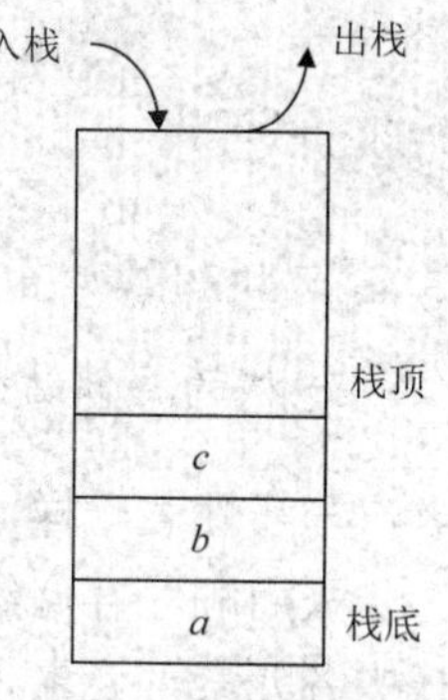

图 3.1 栈示意图

如图 3.1 所示，栈中有 3 个元素，入栈的顺序是 *a*、*b*、*c*，当需要出栈时其顺序为 *c*、*b*、*a*，因此栈又称为 LIFO 表。

栈只是对线性表的插入和删除操作的位置进行了限制，并没有限定插入和删除操作进行的时间，也就是说，出栈可以随时进行，只要某个元素位于栈顶就可以出栈。例如，3 个元素 *a*、*b*、*c* 依次按次序入栈，且元素只允许进一次栈，则可能出栈的序列有 *abc*、*acb*、*bac*、*bca* 和 *cba* 5 种。

在日常生活中，有很多后进先出的例子，例如将很多盘子叠放在一个狭窄的筒子里，这个筒子就可以看作一个栈，里面的盘子看作栈里的元素，最上面的那个盘子就是“栈顶元素”，它上方的位置看作“栈顶位置”。如果还要向里面继续放入盘子（入栈），只能放在所有盘子的最上面（只能在栈顶位置入栈）；如果要从中取出盘子（出栈），也只能先取最上面的盘子（栈顶元素出栈），依次往下进行。而且上面的盘子不取走，下面的盘子就取不出来，也就是说若栈顶的元素不先出栈，其他的元素就没法出栈，因为栈具有“后进先出”或“先进后出”的特点。

在程序设计中，常常利用栈“先进后出”的特性，它具有改变数据顺序的能力，在解决诸如判断表达式括号匹配、算术表达式求值等问题时，常常用栈结构来实现。

2. 栈的 ADT 及接口描述

栈的数据元素之间的逻辑关系是线性关系，基本操作有 7 种。根据栈的逻辑结构和基本操作，其 ADT 定义如下：

```
ADT Stack
{
    数据对象：
        D={aᵢ | 0≤i≤n-1, n≥0, aᵢ为Object类型}
    数据关系：
        R={<aᵢ,aᵢ₊₁> | aᵢ∈D, i=0,1,2,…,n-2 }
    基本操作：
        清空 clear()：将一个已经存在的栈置成空栈
        判空 isEmpty()：判断栈是否为空，若为空，返回 true；否则，返回 false
        求长 length()：求栈中的数据元素个数并返回其值
        取值 peek()：取栈顶元素值并返回
        入栈 push(x)：将数据元素 x 入栈，该元素存入栈顶位置
        出栈 pop()：删除并返回栈顶数据元素
        输出 display()：输出栈表中各个数据元素的值（按照从栈顶到栈底的顺序）
}
```

栈的 ADT 可以用 Java 接口描述如下：

```
public interface IStack {
    public void clear();
    public boolean isEmpty();
    public int length();
    public Object peek();
    public void push(Object x) throws Exception;
    public Object pop();
    public void display();
}
```

3. 栈的存储结构

与线性表一样，栈也有顺序存储和链式存储两种存储结构。

采用顺序存储结构实现的栈称为顺序栈，与顺序表相似，它用数组单元来按顺序保存栈中各元素，元素之间的逻辑相邻关系通过数组单元的位置相邻来体现。

采用链式存储结构实现的栈称为链栈，与单链表相似，它将每个栈元素保存在一个结点的数据域内，结点的指针域保存其后继结点的地址，元素之间的逻辑相邻关系靠结点之间的链接关系来体现。

4. 顺序栈的实现与测试

顺序栈被定义为实现栈接口 IStack 的类 SqStack，类中的成员变量实现栈元素及其逻辑关系的存储，构造方法实现顺序栈的创建，成员方法实现栈接口所定义的操作。

顺序栈及其实现

顺序栈类的基本框架如下：

```
package 顺序栈;
public class SqStack implements IStack {
    /* 成员变量——实现顺序栈的存储结构 */
    private Object[] stackElem;       //栈元素数组
    private int top;                  //栈顶指针（保存栈顶位置的数组单元序号）
    /* 构造方法——实现顺序栈的创建 */
    //创建指定容量的栈，并设置为空栈
    public SqStack(int maxSize){
        stackElem=new Object[maxSize];    //创建指定数组长度的栈元素数组
        top=0;                  //栈顶指针为 0，空栈的栈顶位置为 stackElem[0]
    }
    /* 成员方法——实现栈的基本操作 */
    //7 个成员方法——实现 IStack 接口
    public void clear() {…}           //清空栈
    public boolean isEmpty() {…}      //判空栈
    public int length() {…}           //求长——返回栈中元素的数量
    public Object peek() {…}          //取值——返回栈顶元素的值
    public void push(Object x) throws Exception {…} //元素 x 入栈
    public Object pop() {…}           //出栈并返回栈顶元素
    public void display() {…}         //输出——从栈顶到栈底输出栈中元素

}
```

下面分别从这 3 个部分介绍顺序栈类 SqStack.java 的设计。

1）顺序栈类的成员变量

栈的顺序存储结构称为顺序栈，顺序栈与顺序表一样，也是用 Object 数组来实现的。通常以数组中下标为 0 的一端为栈底。

栈元素数组名为 stackElem，由于入栈和出栈操作只能在栈顶进行，因此需再加上一个变量 top 来指示栈顶的位置。令栈顶的位置是当前栈顶元素后面单元的位置序号，为整型变量。top 也称为栈顶指针，空栈时 top=0。因为数组长度（即栈最大长度、栈的容量）为 stackElem.length，所以栈满时 top 等于 stackElem.length。

【例 3.1】 对于容量（数组长度）为 6 的顺序栈，其初始状态如图 3.2（a）所示，此时为空栈，top=0；当 a_0、a_1、a_2、a_3 依次入栈后如图 3.2（b）所示，此时栈顶元素为 a_3，栈顶指针 top=4（即 a_3 后面单元的序号值）；然后 a_3、a_2 依次出栈后如图 3.2（c）所示，栈顶元素为 a_1，此时 top=2；接着再入栈 a_2、a_3、a_4、a_5，此时栈顶元素为 a_5，top=6。

从这里可以看出，任何时刻栈顶指针 top 的值都等于当前栈中元素的数量（即栈的实际长度）。

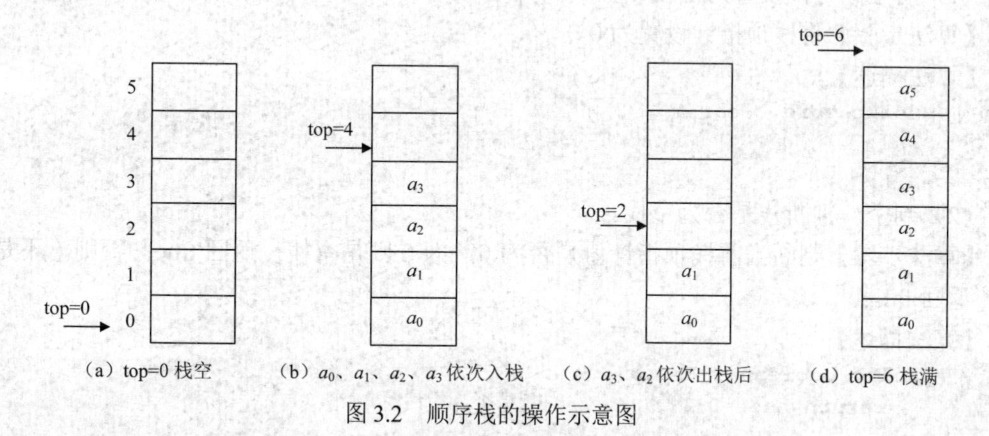

图 3.2 顺序栈的操作示意图

顺序栈的存储结构以 SqStack 类的成员变量描述如下：

```
public class SqStack implements IStack{
    /* 成员变量——实现顺序栈的存储结构 */
    private Object[] stackElem;          //栈元素数组
    private int top;                     //栈顶指针（栈顶位置的数组单元序号）

    /* 构造方法——实现顺序栈的创建 */
    …
    /* 成员方法——实现栈的基本操作 */
    …
}
```

2）顺序栈类的构造方法

构造方法实现顺序栈对象的创建——构造一个容量为 maxSize 的空的顺序栈。

【算法步骤】创建一个容量为（由参数指定）maxSize 的 Object 数组用作顺序栈的元素存储区。将栈设置为空栈（栈顶指针 top 设置为 0）。

【算法描述】

```
/* 构造方法——实现顺序栈的创建 */
```

```
    //创建指定容量的栈，并设置为空栈
    public SqStack(int maxSize){
        stackElem=new Object[maxSize];   //创建指定数组长度的栈元素数组
        top=0;                           //栈顶指针为 0，即当前栈顶位置在 stackElem[0]
    }
```

3）顺序栈类的成员方法

顺序栈类的成员方法实现栈接口的 7 个基本操作。

由于 top 指向的是栈顶元素存储位置的下一个存储单元的位置，其值就是栈顶元素在数组中的下标加 1（数组下标的标号从 0 开始），因此对于顺序栈的清空、判空、求长和取栈顶元素操作的实现，只要抓住以下几个关键问题就非常简单了。

- 顺序栈为空的条件为 top==0。
- 顺序栈为满的条件为 top==stackElem.length。
- 栈的长度为 top。
- 栈顶元素就是以 top-1 为下标的数组元素 stackElem[top-1]。

（1）清空。将栈设置为空栈。

【算法步骤】将栈顶指针设置为 0。

【算法描述】

```
    public void clear() {
        top=0;                    //清空顺序栈
    }
```

（2）判空。判断栈是否为空栈。

【算法步骤】判断当前栈顶指针值是否为 0，为 0 则是空栈，返回 true；否则，不是空栈，返回 false。

【算法描述】

```
    public boolean isEmpty() {
        return top==0;           //判断是否为空栈
    }
```

（3）求长。返回栈的当前长度。栈的当前长度即栈中元素的个数，它与当前栈顶指针 top 的值等同。

【算法步骤】返回当前栈顶指针变量 top。

【算法描述】

```
    public int length() {
        return top;              //返回栈顶指针值，即栈的当前长度
    }
```

（4）取值。返回当前栈顶元素的值。由于栈的状态没变，栈顶元素并没有出栈，故不需要修改栈顶指针 top。

【算法步骤】若栈为非空（栈顶指针不为 0），则将栈顶元素（top-1 位置的元素）返回；否则返回空值。

【算法描述】

```
    public Object peek() {
        if (!isEmpty())                    //若栈非空
            return stackElem[top-1];       //则返回栈顶元素值
        else                               //否则
```

```
        return null;                //返回空值，表示栈顶元素不存在
    }
```

（5）入栈。入栈操作的基本要求是将数据元素 x 插入顺序栈中，使其成为新的栈顶元素，然后修改栈顶指针 top 指向新的栈顶位置，其中 x 的类型为 Object。

【算法步骤】若顺序栈空间未满，则将 x 存入 top 所指向的栈顶位置，使其成为新的栈顶元素，栈顶指针 top 加 1，指向新的栈顶位置（完成此步骤的两条 Java 语句可以简写为 stackElem[top++]=x;）；否则，空间不足不能入栈，抛出异常。

【算法描述】

```
    public void push(Object x) throws Exception {
        if (top<stackElem.length){
            stackElem[top]=x;
            top++;
        }
        else
            throw new Exception("栈已满！不能入栈！");
    }
```

（6）出栈。出栈操作的基本要求是将栈顶元素从栈中移除，并返回被移除的栈顶元素的值，同时修改栈顶指针 top 指向新的栈顶位置。

【算法步骤】若顺序栈非空，则先将 top 减 1，再使栈顶指针指向原栈顶元素（同时也是新的栈顶位置），返回 top 所指示的原栈顶元素的值（完成此步骤所对应的 Java 语句可简写为 return stackElem[--top];）；否则，不存在栈顶元素，返回空值。

【算法描述】

```
    public Object pop() {
        //弹栈顶元素
        if (!isEmpty()){
            top--;
            return stackElem[top];
        }
        else return null;
    }
```

【算法分析】显然以上几个算法的时间复杂度均为 $O(1)$。

（7）输出。从栈顶到栈底，依次输出顺序栈的各元素值。该操作为顺序栈元素数组 stackElem 的遍历。

【算法步骤】令 i 从 top-1（从栈顶元素开始）到 0（到栈底元素为止），依次取值，循环：输出当前元素结点的值 stackElem[i]和分隔符。输出换行。

【算法描述】

```
    public void display(){
        //按照从栈顶到栈底的顺序输出元素
        for (int i=top-1; i>=0; i--)
            System.out.print(stackElem[i]+" ");
        System.out.println();
    }
```

【算法分析】本算法的主要运算是访问每个元素，循环输出，时间复杂度为 $O(n)$，与栈的当前长度成正比。

4）顺序栈测试类的设计

为了测试顺序栈类的正确性，需要设计一个测试类 TestSqStack.java，在 main 方法中，调用其构造方法创建一个顺序栈，然后入栈若干元素，再调用顺序栈的各种基本操作（成员方法），对顺序栈的各种功能进行测试。

【编程实现】

```
package 顺序栈;
public class TestSqStack {
    public static void main(String[] args) throws Exception {
        //1.创建一个空的顺序栈（最多 100 个元素）——构造方法
        SqStack stk= new SqStack(100);
        //2.入栈'a'、'b'、'c'、'd'、'e'5 个元素——push 方法
        for (int i=0; i<5; i++)
           stk.push((char)('a'+i));
        //3.输出栈的元素和栈的长度——display 和 length 方法
        stk.display();
        System.out.println("栈的长度："+ stk.length());
        //4.出栈两次并输出——pop 方法
        System.out.println("第一次出栈："+ stk.pop());
        System.out.println("第二次出栈："+ stk.pop());
        //5.输出栈顶元素的值——peek 方法
        System.out.println("当前栈顶元素："+ stk.peek());
        //6.输出栈的元素——display 方法
        stk.display();
        //7.清空栈——clear 方法
        stk.clear();
        //8.判空栈——isEmpty 方法
        System.out.println("栈是否为空："+ stk.isEmpty());
    }
}
```

运行结果：

```
e d c b a
栈的长度：5
第一次出栈：e
第二次出栈：d
当前栈顶元素：c
c b a
栈是否为空：true
```

5. 链栈的实现与测试

链栈的存储结构可以用无头结点的单链表来实现。在栈中，入栈和出栈操作只能在栈顶进行，不存在在单链表的任意位置进行插入和删除操作的情况，因此，在链栈中不需要设置头结点，直接将栈顶元素放在单链表的首部成为首结点。

图 3.3 所示为链栈的存储结构示意图，其中，指针 top 指向栈顶结点（保存了栈顶结点

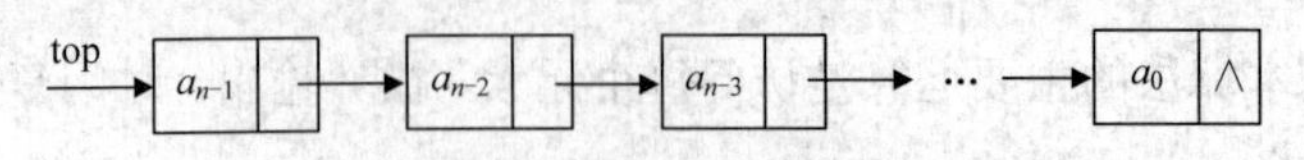

图 3.3　链栈的存储结构示意图

的地址)，每一个结点的next指针域都存储其直接后继结点的地址指针。

最后一个结点（栈底结点）没有后继，其指针域必须置空值（null），表明该链栈到此结束。

图3.4所示为非空链栈的存储示意图。在非空链栈中，有a_0、a_1、a_2、a_3 4个元素，其栈顶元素是栈顶指针top指向的结点a_3，而且可以知道4个元素的入栈顺序一定是$a_0 \to a_1 \to a_2 \to a_3$。

图3.5所示为空链栈的存储示意图。在空链栈中，不存在栈顶元素，栈顶指针top指向空值。

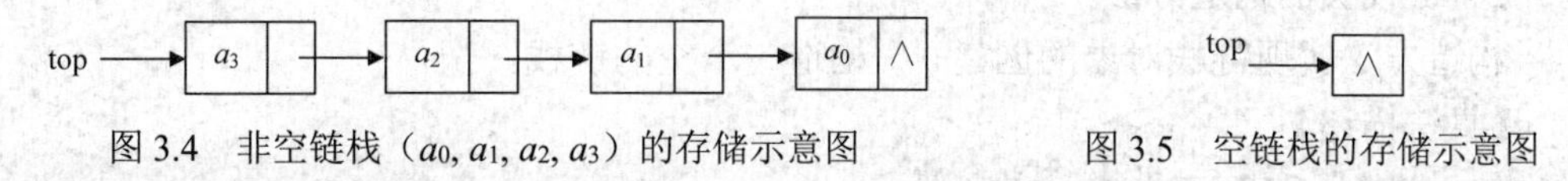

图3.4 非空链栈（a_0, a_1, a_2, a_3）的存储示意图　　图3.5 空链栈的存储示意图

在链栈中，几乎所有的操作，都需要依靠栈顶指针top来操作，因为它既指向栈顶元素，又是整个链表的操作入口——首结点指针。

下面设计一个链栈类来实现栈的链式存储结构。由于结点是构造链表的基础，该类也需要结点类的支持。

链栈类的基本框架如下，它被定义为实现栈接口IStack的类LinkStack，其中：

- 成员变量实现栈元素及其逻辑关系的存储。
- 构造方法实现链栈的创建。
- 成员方法实现栈接口所定义的基本操作。

```
package 链栈;
public class LinkStack implements IStack {
    /* 成员变量——实现链栈的存储结构 */
    private Node top;                    //栈顶指针（保存栈顶元素结点）
    /* 构造方法——实现链栈的创建 */
    //创建空链栈
    public LinkStack(){
        top=null;                        //栈顶指针为null，空栈，无结点
    }
    /* 成员方法——实现栈的基本操作 */
    //7个成员方法——实现IStack接口
    public void clear() {…}              //清空栈
    public boolean isEmpty() {…}         //判空栈
    public int length() {…}              //求长——返回栈中元素的数量
    public Object peek() {…}             //取值——返回栈顶元素的值
    public void push(Object x) throws Exception {…} //元素x入栈
    public Object pop() {…}              //出栈并返回栈顶元素
    public void display() {…}            //输出——从栈顶到栈底输出栈中元素
}
```

下面介绍链栈类LinkStack的设计实现。

1）链栈类的成员变量

顺序栈的存储结构以链栈类LinkStack的成员变量描述如下：

```
public class LinkStack implements IStack{
    /* 成员变量——实现链栈的存储结构 */
```

```
        private Node top;                          //栈顶指针（保存栈顶结点的地址）
        /* 构造方法——实现链栈的创建 */
        …
        /* 成员方法——实现链栈的基本操作 */
        …
    }
```

由于链栈的所有元素保存在一个链栈的所有结点中，因此只需要保存链栈第一个结点——栈顶结点的地址，就能靠链接关系依次访问所有元素值。因此只需要一个指针变量top，即栈顶指针。

2）链栈类的构造方法

构造方法实现链栈对象的创建——构造一个空的链栈。

【算法描述】

```
    /* 构造方法——实现链栈的创建 */
    public LinkStack(){
        top=null;                    //栈顶指针为 null，意味着不存在栈顶元素，栈为空
    }
```

3）链栈类的成员方法

链栈类的成员方法实现栈接口的 7 个基本操作。由于 top 指向的是栈顶结点（最后一个入栈的结点），其位置是链表的表头，其值是栈顶结点的地址，因此对于链栈的清空、判空、取栈顶元素操作的实现，只要抓住以下几个关键问题就非常简单了。

- 链栈为空的条件：top==0。
- 链栈置空的操作：top=null。
- 由于是动态分配结点存储空间，链栈不存在栈满的问题。
- 若栈为空，无栈顶元素；否则，top 指向的元素结点的数据域为栈顶元素。

（1）清空。将栈设置为空栈，只需将栈顶指针设置为 null 即可。

【算法描述】

```
    public void clear() {
        top=null;
    }
```

（2）判空。判断栈是否为空栈。

判断当前栈顶指针值是否为 null，为 null 则是空栈，返回 true；否则，不是空栈，返回 false。

【算法描述】

```
    public boolean isEmpty() {
        return top==null;                //返回布尔表达式的值
    }
```

（3）求长。返回栈的当前长度。栈的当前长度即栈中结点的个数，通过指针变量 p 遍历链栈全部结点进行统计计数。

【算法描述】

```
        //1.指针 p 指向栈顶结点(top)，定义长度变量 length 初值为 0
        Node p=top;
        int length=0;
        //2.当 p 指向的结点存在时，循环
```

```
        while(p!=null){
            //将当前p指向的结点统计到长度变量
            length++;
            //指针p指向后一个结点
            p=p.next;
        }
        //3.返回长度
        return length;
    }
```

（4）取值。返回当前栈顶元素的值。由于栈的状态没有改变，栈顶元素并没有出栈，故不需要修改栈顶指针 top。

【算法描述】

```
    public Object peek() {
        if (!isEmpty())                    //若栈非空，则
            return top.data;               //取栈顶元素的值top.data
        else                               //否则
            return null;                   //是空栈，没有栈顶元素，返回空值
    }
```

（5）入栈。将数据域值为 x 的新结点插入链栈的栈顶，使其成为新的栈顶元素，其中，x 的类型为 Object。此操作的基本思想与单链表上的插入操作类似，不相同的仅在于插入的位置对于链栈来说是限制在表头（也就是栈顶）进行的。链栈的入栈操作示意图如图 3.6 所示。

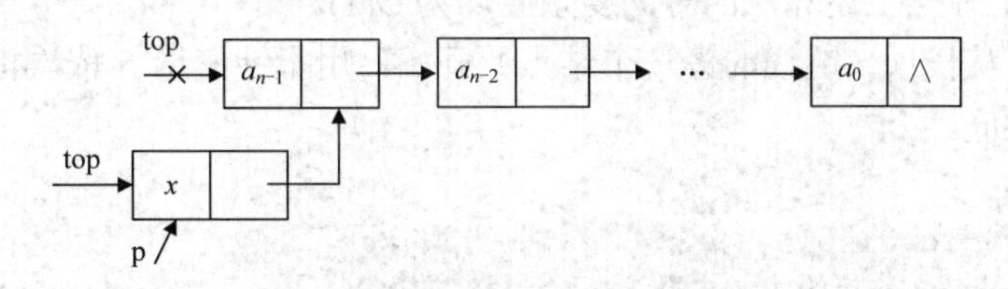

图 3.6　链栈的入栈操作示意图

【算法步骤】创建一个值为 x 的新结点。将原栈顶指针 top 赋值为新结点的指针域，即将新结点插到原栈顶结点的前面。修改 top，指向新结点，使插入的新结点成为新的栈顶结点。

【算法描述】

```
    public void push(Object x) throws Exception {
        //将新值为x的结点入栈（插在栈顶位置上，修改栈顶指针指向新结点）
        //1.创建一个值为x的新结点
        Node n=new Node(x);
        //2.将原栈顶指针top赋值为新结点的指针域，即将新结点插到原栈顶结点的前面
        n.next=top;
        //3.修改top，指向新结点，使插入的新结点成为新的栈顶结点
        top=n;
    }
```

（6）出栈。将原来的栈顶结点删除，并返回其值；修改栈顶指针，指向原栈顶结点的后继结点。链栈的出栈操作示意图如图 3.7 所示。

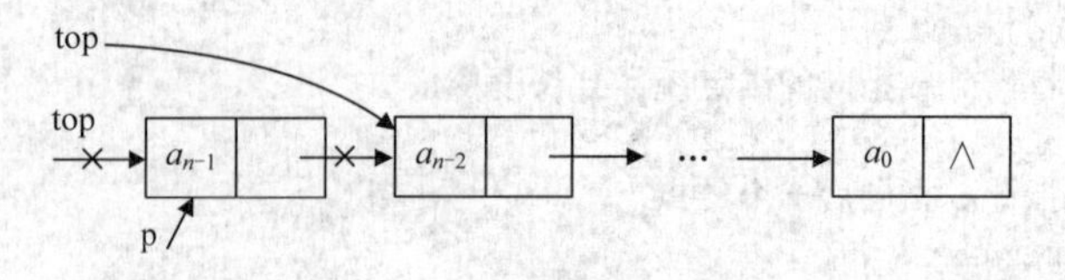

图 3.7　链栈的出栈操作示意图

【算法步骤】若栈为空，则返回空值，否则，将原栈顶指针 top 暂存到指针 p（为最后返回栈顶值做准备）；修改栈顶指针 top，指向原来栈顶结点的后继结点（新的栈顶结点）；返回原来的栈顶结点的值（p.data）。

【算法描述】

```
public Object pop() {
    if (isEmpty())                  //若栈为空
        return null;                //则返回空值
    else {                          //否则
        //1.将原栈顶指针 top 暂存到指针 p
        Node p=top;
        //2.修改栈顶指针 top，指向原来栈顶结点的后继结点（新的栈顶结点）
        top=p.next;
        //3.返回原来的栈顶结点的值(p.data)
        return p.data;
    }
}
```

【算法分析】显然上述算法的时间复杂度均为 $O(1)$。

（7）输出。从栈顶（链栈的第一个结点）开始，用指针变量 p 依次指向各个结点，输出链栈的各元素值。

【算法描述】

```
public void display() {
    //输出栈中结点的值（按照从栈顶到栈底的次序）
    //1.指针 p 指向栈顶结点(top)
    Node p=top;
    //2.当 p 指向的结点存在，循环
    while(p!=null){
        //输出当前 p 指向的结点的数据域
        System.out.print(p.data+" ");
        //指针 p 指向后一个结点
        p=p.next;
    }
    //3.换行
    System.out.println();
}
```

【算法分析】本算法的主要运算是访问每个元素，循环输出，时间复杂度为 $O(n)$，与栈中元素的个数成正比。

4）链栈测试类的设计

为了测试链栈类的正确性，需要设计一个测试类 TestLinkStack.java，在 main 方法中，调用其构造方法创建一个链栈，然后入栈若干元素，再调用链栈的各种成员方法，对其进行功能测试。

【编程实现】

```
package 链栈;
public class TestLinkStack {
    public static void main(String[] args) throws Exception {
        //1.创建一个空链栈——构造方法
        LinkStack stk=new LinkStack();
        //2.连续入栈 4 个元素 2、4、6、8——push
        for (int i=1; i<=4; i++)
            stk.push(2*i);
        //3.输出栈长度——length
        System.out.println("栈的长度: "+stk.length());
        //4.输出栈元素——display
        stk.display();
        //5.输出栈顶元素——peek
        System.out.println("栈顶元素: "+stk.peek());
        //6.连续出栈两次——pop
        System.out.println("两次出栈的元素: "+stk.pop()+","+stk.pop());
        //7.输出栈元素
        stk.display();
        //8.判空
        System.out.println("栈是否为空: "+stk.isEmpty());
        //9.清空
        stk.clear();
        //10.判空
        System.out.println("栈是否为空: "+stk.isEmpty());
    }

}
```

运行结果：

```
栈的长度: 4
8 6 4 2
栈顶元素: 8
两次出栈的元素: 8,6
4 2
栈是否为空: false
栈是否为空: true
```

参考程序

3.1.2 任务实施

1. 栈 ADT 的接口描述

步骤 1：打开 Eclipse，创建一个 Java 项目，命名为“数据结构 Unit03”，在其中创建包，命名为“顺序栈”。

步骤 2：在包中创建一个栈接口，命名为 IStack.java，在其中定义 7 个栈的基本操作（抽象方法）。

2. 顺序栈类的实现与测试

步骤 1：打开 Eclipse，进入“数据结构 Unit 03”项目，找到包“顺序栈”。在包中创建一个顺序栈类，命名为 SqStack.java，设置其实现 IStack.java 接口，在类中定义 2 个属性和 1 个构造方法。

步骤 2：在 SqStack.java 中实现接口的 7 个成员方法。

① clear、isEmpty、length 这 3 个方法的实现，主要是要清楚 top 变量的意义。

② peek 方法，取栈顶元素值并返回，注意和 pop 方法的区别。

③ push 方法，入栈前要先判断栈空间是否已满，入栈后要修改栈顶指针 top 的值。

④ pop 方法，出栈前要先判断栈是否已空，出栈后要修改栈顶指针 top 的值。

⑤ display 方法，要注意显示的顺序是从栈顶到栈底的顺序。

步骤 3：在包中创建一个主类，命名为 TestSqStack.java，在其 main 方法中先以单行中文注释写出测试程序的算法步骤，将算法步骤转化为代码实现，编程并调试。再实现顺序栈对象的创建、初始化以及 7 个成员方法的功能测试。

任务 3.2 队列的定义和实现

任务描述

认识队列的定义和特点，掌握队列的逻辑结构和基本操作，学习用 Java 接口描述队列的 ADT；了解队列的存储结构，学习链队列的实现。

3.2.1 知识准备

认识队列

1. 队列的定义

队列是一种先进先出（first in first out，FIFO）的线性表，即插入在表的一端进行，而删除在表的另一端进行，把允许插入的一端叫队尾（rear），把允许删除的一端叫队头（front）。如图 3.8 所示是一个有 5 个元素的队列，该队列入队的顺序依次为 a_0、a_1、a_2、a_3、a_4，出队时的顺序将依然是 a_0、a_1、a_2、a_3、a_4。

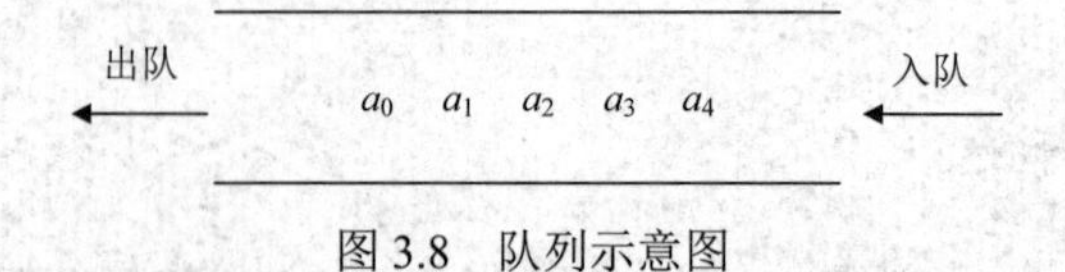

图 3.8 队列示意图

显然，队列也是一种操作受限制的线性表，又叫先进先出表。

队列在现实生活中处处可见，例如，人在食堂排队买饭、人在车站排队上车、汽车排队进站等。这些排队都有一个规则就是按先后顺序，后来的只能在队列的最后排队，先来的先处理先离开，不能插队。在产品生产中也有队列的应用，例如，生产计划的调度就是根据一个生产任务队列进行的。队列也经常应用于计算机领域中，例如，操作系统中存在各种队列，有资源等待队列、作业队列等。

在程序设计中，常常需要队列这样的数据结构，使得在使用数据时的顺序与保存这些数据的顺序相同，起到缓冲、暂存的作用。

2. 队列的ADT及接口描述

队列的数据元素之间的逻辑关系是线性关系，基本操作有7种。根据队列的逻辑结构和基本操作，其ADT定义如下：

```
ADT Queue
{
    数据对象：
        D={a_i | 0≤i≤n-1, n≥0, a_i为Object类型}
    数据关系：
        R={<a_i,a_i+1> | a_i∈D,i=0,1,2,…,n-2 }
    基本操作：
    清空clear()：将一个已经存在的队列置空。
    判空isEmpty()：判断队列是否为空，为空则返回true；否则，返回false。
    求长length()：求队列中的数据元素个数并返回其值。
    取值peek()：取队首元素值并返回。
    入队offer(x)：将数据元素x入队列，该元素进入队尾。
    出队poll()：删除并返回队首数据元素。
    输出display()：输出队列中各个数据元素的值（按照从队首到队尾的顺序）。
}
```

队列的ADT可以用Java接口描述如下：

```
public interface IQueue {
    public void clear();
    public boolean isEmpty();
    public int length();
    public Object peek();
    public void offer(Object x) throws Exception;
    public Object poll();
    public void display();
}
```

3. 队列的存储结构

与线性表一样，队列也有顺序存储和链式存储两种存储结构。

采用顺序存储结构实现的队列称为顺序队列，与顺序表相似，它用数组单元来按顺序保存队列中各元素，元素之间的逻辑相邻关系通过数组单元的位置相邻来体现。

采用链式存储结构实现的队列称为链队列，与单链表相似，它将每个队列元素保存在一个结点的数据域内，结点的指针域保存其后继结点的地址，元素之间的逻辑相邻关系靠结点之间的链接关系来保存。

4. 链队列的实现与测试

链队列及其实现

队列的链式存储结构称为链队列，它需要结点类Node的支持，是通过不带头结点的单链表来实现的。链队列被定义为实现队列接口 IQueue 的 LinkQueue 类（即链队列类）。类中的成员变量实现链队列数据元素及其逻辑关系的存储，构造方法实现链队列的创建，成员方法实现链队列的基本操作（即 IQueue 接口中的 7 个成员方法）。

LinkQueue 类的基本框架如下：

```
package 链队列;
public class LinkQueue implements IQueue {
    /* 成员变量——实现链队列的存储结构 */
    public Node front,rear;    //front 指针和 rear 指针，分别指向队首和队尾结点
    /* 构造方法——实现链队列的初始化 */
    public LinkQueue(){
        front=rear=null;                   //创建一个空队列
    }
    /* 成员方法——实现链队列的基本操作 */
    //7 个成员方法
    public void clear() {…}                //清空队列
    public boolean isEmpty() {…}           //判空队列
    public int length() {…}                //求长——返回队列中元素结点的个数
    public Object peek() {…}               //取值——返回队首元素值
    public void offer(Object x) throws Exception {…}//入队
    public Object poll() {…}               //出队
    public void display() {…}              //输出
}
```

下面介绍链队列类 LinkQueue.java 的设计实现。

1）链队列类的成员变量

队列的链式存储结构可以用不带头结点的单链表来实现，也需要结点类的支持。关于结点类，请参照本书单元 2 第 2.3.1 小节第 2 部分（结点类的设计）。

为了便于实现入队和出队操作，需要引用两个指针 front 和 rear 来分别指向队首元素和队尾元素的结点。图 3.9（a）所示为空队列的链式存储结构图，队首和队尾指针都为空值（null）；图 3.9（b）所示为非空队列的链式存储结构图，在 n 个元素的队列（$a_0,a_1,\cdots,a_{n-1}$）中，队首指针指向 a_0 结点，队尾指针指向 a_{n-1} 结点。

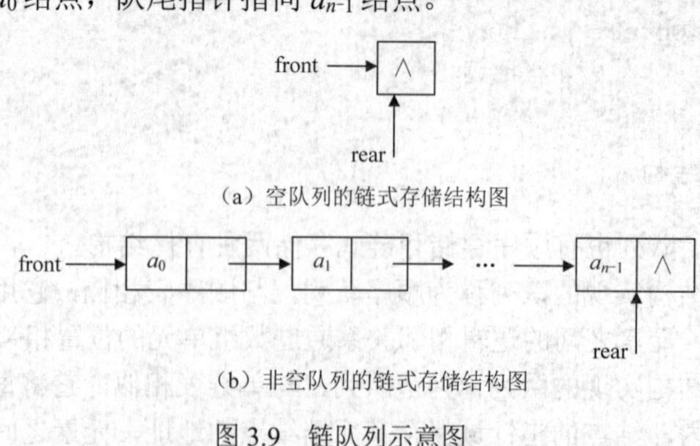

（a）空队列的链式存储结构图

（b）非空队列的链式存储结构图

图 3.9　链队列示意图

队列的链式存储结构以链队列类 LinkStack 中的成员变量描述如下：

```
public class LinkQueue implements IQueue {
    /* 成员变量——实现链队列的存储结构 */
    public Node front,rear;    //front 指针和 rear 指针，分别指向队首和队尾结点
```

```
    /* 构造方法——实现链队列的初始化 */
    …
    /* 成员方法——实现链队列的基本操作 */
    …
}
```

2）链队列类的构造方法

创建一个空的链队列，只需将队首和队尾指针都初始化为空，因为队列中不存在元素结点。

【算法步骤】将队首指针和队尾指针都置为null。

【算法描述】

```
public LinkQueue(){
    front=rear=null;
}
```

3）链队列类的成员方法

（1）清空。将队列设置为空队列，即将队首和队尾指针都置为空值，表示队列中不存在元素结点。

【算法步骤】将队列的队首和队尾指针都设置为空值。

【算法描述】

```
public void clear() {
    front=rear=null;
}
```

【算法分析】该算法的时间复杂度为$O(1)$。

（2）判空。队首指针指向第一个结点，若为空值则表示队列不存在第一个结点，为空队列（只需判断队首指针是否为空值即可判断链队列是否为空）。

【算法步骤】判断当前队首指针值是否为null，为null则是空队列，返回true；否则，不是空队列，返回false。

【算法描述】

```
public boolean isEmpty() {
    return front==null;
}
```

【算法分析】该算法的时间复杂度为$O(1)$。

（3）求长。从队首到队尾遍历链表，统计结点个数，即为当前队列的长度。此操作的基本思想与求单链表的长度相同，即用一个指针变量依次指向每个结点；同时用一个长度变量进行计数。

【算法步骤】定义指针p，指向队首结点（front的值）。定义长度变量length，初值为0。只要p指向的结点存在（队列非空或p未到队尾），则循环：长度length+1，指针p指向下一结点。返回长度length。

【算法描述】

```
public int length() {
    Node p=front;           //1.定义指针p，指向队首结点
    int length=0;           //2.定义长度变量，初值为0
    while(p!=null){         //3.只要p指向的结点存在（p未到表尾），则循环
        length++;           //长度+1
```

```
        p=p.next;            //指针 p 向后移动一位
    }
    return length;           //4.返回长度
}
```

【算法分析】该算法主要是遍历队列链表的循环，时间复杂度为 $O(n)$，与队列实际长度成正比。

（4）取队首值。返回当前队首元素的值。由于 front 指针指向队首，在队列非空时队首结点可以通过 front.data 直接得到。

【算法步骤】若队列为空，返回空值；否则，返回当前队首元素的值。

【算法描述】

```
public Object peek() {
    if (isEmpty())                  //若队列为空，则返回空值
        return null;
    else                            //否则，返回当前队列首元素的值
        return front.data;
}
```

【算法分析】该算法的时间复杂度为 $O(1)$。

（5）入队。将数据域值为 x 的新结点插入链队列的队尾，使其成为新的队尾结点，同时修改队尾指针指向它。

一般来说，队列从队尾入队，入队时将新结点链接到原来队尾结点的后面，并且只需要修改 rear 指针。但队列若在空队列时入队一个结点，则这个结点即是队首结点也是队尾结点，此时 front 指针也要修改。链队列的入队操作示意图如图 3.10 所示。

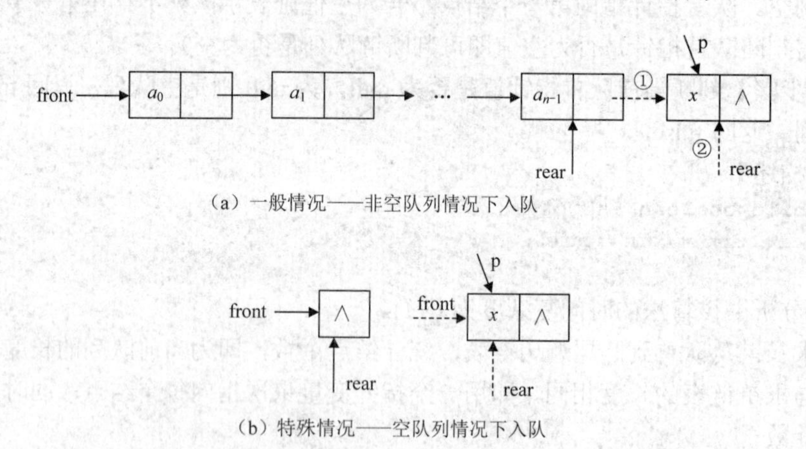

图 3.10 链队列的入队操作示意图

【算法步骤】创建一个结点 p，数据域为 x（指针域为空）。若原队列非空，则修改尾结点的指针域，指向新结点 p，修改尾指针，指向新尾结点 p；否则，空队列插入，同时修改队首指针和队尾指针，队首指针和队尾指针都指向唯一的结点 p。

【算法描述】

```
public void offer(Object x) throws Exception {
    Node p=new Node(x);           //1.创建一个结点 p，数据域为 x（指针域为空）
    if (!isEmpty()){              //2.若原队列非空，则
        rear.next=p;              //修改尾结点的指针域，指向新结点 p
```

```
        rear=p;                 //修改尾指针，指向新尾结点 p
    }
    else                        //否则，空队列插入，同时修改队首指针和队尾指针
        front=rear=p;           //队首指针和队尾指针都指向唯一的结点 p
}
```

【算法分析】该算法的时间复杂度为 $O(1)$。

（6）出队。将队首结点从链队列中移除，同时修改队首指针指向新的队首结点，并返回原队首结点的数据值。出队操作首先要判断队列是否为空，若队列为空，则返回空值；若队列不为空，一般来说，从队首出队，先将 front 指针暂存（为了后续返回原队首结点值），然后只需要修改 front 指针指向该结点的后继结点（新的队首结点），再返回原来队首结点值即可。

当原队列中只有 1 个结点时，删除这个结点之后队列为空，此时除了修改队首指针之外，还需要修改队尾指针，使 rear 指针指向空值。

链队列的出队操作示意图如图 3.11 所示。

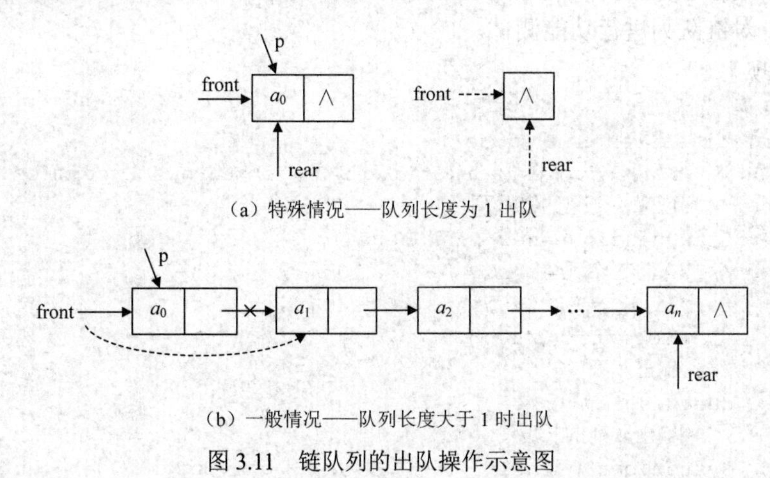

图 3.11　链队列的出队操作示意图

【算法步骤】若队列为空，则返回空值。否则，暂存队首指针到 p（原来的队首结点）；修改队首指针，指向后一个结点（新的队首结点）；若删除的是队列中唯一的结点，则修改 rear 指针为空值（此时队列为空，front 和 rear 都要修改为空值）。返回原队首结点的数据域。

【算法描述】

```
public Object poll() {
    if (isEmpty())              //若队列为空
        return null;            //则返回空值
    else {                      //否则
        Node p=front;           //暂存队首指针到 p（原来的队首结点）
        front=front.next;       //修改队首指针，指向后一个结点（新的队首结点）
        if (p==rear)            //若删除的是队列中唯一的结点，则
            rear=null;          //修改 rear 指针为空值（此时队列为空）
        return p.data;          //返回原队首结点的数据域
    }
}
```

【算法分析】该算法的时间复杂度为 $O(1)$。

（7）输出。从队首到队尾，依次遍历链队列中的各个元素，并输出其数据值。

【算法步骤】定义指针 p，指向队首结点（front）。只要 p 指向的结点存在，则循环：输出当前 p 指向结点的数据域，修改 p，指向下一个结点。输出换行。

【算法描述】

```
public void display(){
    Node p=front;                           //1.定义指针 p，指向队首结点
    while(p!=null){                         //2.只要 p 指向的结点存在，则循环
        System.out.print(p.data+" ");       //输出当前 p 指向结点的数据域
        p=p.next;                           //修改 p，指向下一个结点
    }
    System.out.println();                   //3.输出换行
}
```

【算法分析】本算法主要是遍历链表的每个元素，循环输出，时间复杂度为 $O(n)$。

4）链队列测试类的设计

为了测试链队列类的正确性，需要设计一个测试类 TestLinkQueue.java，在 main 方法中，调用其构造方法创建一个链队列，然后入队若干元素，再调用链队列的各种基本操作（成员方法），对链队列进行功能测试。

【编程实现】

```
package 链队列;
public class TestLinkQueue {
    public static void main(String[] args) throws Exception {
        //1.创建一个空的链队列
        LinkQueue que=new LinkQueue();
        //2.入队 5 个元素：2、4、6、8、10
        for (int i=1; i<=5; i++){
            que.offer(2*i);}
        //3.输出队列
        que.display();
        //4.输出队列的长度
        System.out.println("队列长度为："+ que.length());
        //5.出队两次并显示
        System.out.println("第一次出队："+ que.poll());
        System.out.println("第二次出队："+ que.poll());
        //6.返回当前队首元素并显示
        System.out.println("队首元素为："+ que.peek());
        //7.清空
        que.clear();
        //8.判空
        System.out.println("队列是否为空："+ que.isEmpty());
    }
}
```

运行结果：

```
2 4 6 8 10
队列长度为：5
第一次出队：2
第二次出队：4
队首元素为：6
队列是否为空：true
```

参考程序

3.2.2 任务实施

1. 队列 ADT 的接口描述

步骤 1：打开 Eclipse，进入“数据结构 Unit03”项目创建包，命名为“链队列”。

步骤 2：在包中创建一个队列接口，命名为 IQueue.java，在其中定义 7 个队列的基本操作（抽象方法）。

2. 链队列类的实现与测试

步骤 1：在包中创建一个结点类，命名为 Node.java，在类中定义 2 个属性（数据域 data 和指针域 next）和 3 个构造方法。

步骤 2：在包中创建一个链队列类，命名为 LinkQueue.java，设置其实现 IQueue.java 接口，在类中定义 2 个属性和 1 个构造方法。

步骤 3：在 LinkQueue 中，实现接口的 7 个成员方法。

① clear、isEmpty 方法比较简单，主要是要清楚空队列时 front 指针和 rear 指针变量的状态。

② peek 方法，取栈顶元素值并返回，注意和 pop 方法的区别。

③ length 方法，采用遍历链表结点的同时对结点进行计数的方法实现。

④ offer 方法，入队后要链接队尾结点，同时要修改队尾指针 rear 的值，也可能会修改队首指针。

⑤ poll 方法，出队前要先判断队列是否已空，出队后要修改队首指针 front 的值，也可能会修改队尾指针 rear，注意暂存原队首指针以便能返回出队结点的数据值。

⑥ display 方法，要注意显示的顺序是从队首到队尾。

步骤 4：在包中创建一个主类，命名为 TestLinkQueue.java，在其 main 方法中先以单行中文注释写出测试程序的算法步骤，将算法步骤转化为代码实现，编程并调试。再实现链队列的创建、初始化，以及 7 个成员方法的功能测试。

任务 3.3 栈和队列的应用

任务描述

了解栈和队列的特点以及它们各自的应用场合；分析实际问题，应用栈和队列来解决。

3.3.1 知识准备

1. 栈与队列的比较

栈与队列既是两种重要的线性结构，又是两种操作受限的特殊线性表。为了让读者能够更好地掌握它们的使用特点，下面对栈和队列做一个比较。

（1）栈与队列的相同点。

- 都是线性结构，即数据元素之间具有“一对一”的逻辑关系。
- 插入操作都是限制在表尾进行的。
- 都能够在顺序存储结构和链式存储结构上实现。
- 在时间代价上，插入与删除操作都需要常数时间；在空间代价上，情况也相同。

（2）栈与队列的不同点。

① 删除数据元素操作的位置不同：

- 栈的删除操作控制在表尾进行。
- 队列的删除操作控制在表头进行。

② 两者的应用场合不同：

- 具有后进先出（或先进后出）特性的应用需求，可使用栈式结构进行管理。例如，递归调用中现场信息、计算的中间结果和参数值的保存；图与树的深度优先搜索遍历都采用栈式存储结构加以实现。
- 具有先进先出（后进后出）特性的应用需求，则要使用队列结构进行管理。例如，消息缓冲器的管理；操作系统中对内存、打印机等各种资源进行管理，都使用了队列，并且可以根据不同优先级别的服务请求，按优先类别将服务请求组成多个不同的队列；队列也是图和树在广度搜索遍历过程中采用的数据结构。

栈的应用

2. 栈的应用举例

栈是各种软件系统中应用最广泛的数据结构之一，只要涉及先进后出的处理特征的问题都可以使用栈式结构。例如，方法（函数）递归调用中的地址和参数值的保存、文本编辑器中 undo 序列的保存、网页访问历史的记录保存、在编译软件设计中的括号匹配及表达式求值等问题。下面讨论几个具体例子来说明栈在解决实际问题中的运用。

【例 3.2】 数制转换：将一个十进制正整数转换为二进制数。

计算机底层计算采用的是二进制，计算机的数据存储也采用的是二进制，在网络上，设备与设备之间的通信最终还是要通过二进制比特流来实现。

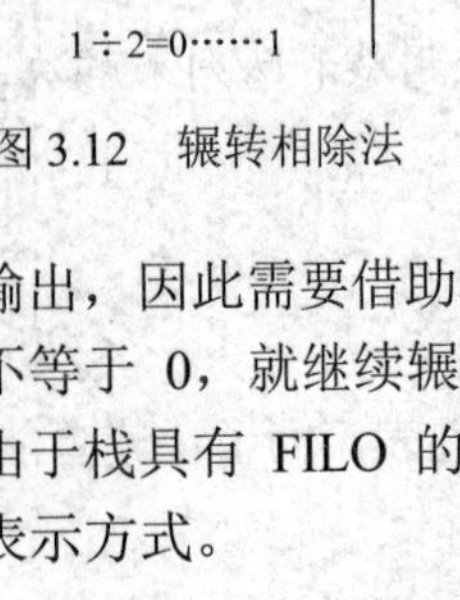

98÷2=49……0
49÷2=24……1
24÷2=12……0
12÷2=6……0
6÷2=3……0
3÷2=1……1
1÷2=0……1
逆序输出

图 3.12　辗转相除法

当人们使用计算机中的计算器计算 98+56 时，计算机先把十进制的 98 和 56 转换成二进制，然后再进行计算。

【问题分析】十进制数转换为二进制数可以使用辗转相除法，即用十进制数 n 除以 2 取其余数，再用除以 2 所得的商继续除以 2 取其余数，如此循环，直到商为 0 时结束。例如，对十进制数 98 运用辗转相除法，再通过栈将余数逆序输出，得到 98 的二进制数为 1100010，如图 3.12 所示。

在每次辗转相除的循环中，可以先求解出 $n\%2$ 的结果（余数），余数是从二进制的低位开始的转换结果，由于需要从高位到低位输出，因此需要借助栈来存储余数；然后将 $n÷2$ 的商作为下一个循环的被除数 n，只要 n 不等于 0，就继续辗转相除。循环结束后，可以依次弹出栈中存储的结果直到栈空为止，由于栈具有 FILO 的特性，出栈的二进制数位就是从高位到低位的顺序，符合二进制数的表示方式。

【编程实现】

```
package 栈的应用;
import java.util.Scanner;
public class DecToBin {
    public static void main(String[] args) throws Exception {
        System.out.println("请输入一个十进制整数：");//1.提示用户输入一个十进制数
        int num= new Scanner(System.in).nextInt();//2.获取用户输入 num
        int n=num;                                //3.定义除数 n，初始化为 num
        SqStack stk= new SqStack(100);            //4.创建一个空栈
        do {                          //5.循环求商取余，只要 n 不等于 0，循环继续
            stk.push(n%2);                        //n 除以 2 的余数，入栈
            n=n/2;                                //n 除以 2 的商迭代 n
        } while(n!=0);
        System.out.println("十进制数"+num+"转换的二进制数为：");
        while(!stk.isEmpty())                     //6.当栈非空，则循环
            System.out.print((int)stk.pop()+ " "); //出栈 1 位数，并输出
    }
}
```

运行结果：

```
请输入一个十进制整数：
190
十进制数 190 转换的二进制数为：
1 0 1 1 1 1 1 0
```

思考：按辗转相除的原理，利用栈，你能写出十进制正整数转换为十六进制数的程序吗？

【例 3.3】 括号匹配。

Java 程序中的括号有圆括号、方括号、花括号 3 类，表达形式（… […] …（…））或 […（… […] … […])] 为正确的格式；表达形式 […（…] …）或（…（…）…）…]）或（… […（…）…] 为不正确的格式。

【问题分析】这个问题可用“需要的急迫程度”这个概念来描述。例如，考虑下列括号序列：[( ]) 或 ((　　))]) 或 ([( )]。

分析可能出现的不匹配的情况：

① 到来的右括号与正在等待匹配的左括号类型不匹配，如{ 与]。

② 到来的右括号并非是所需要的右括号（右括号多余了）。

③ 直到结束，也没有到来所需要的右括号（右括号少了）。

这 3 种情况对应到栈的操作即为：

① 与栈顶的左括号不相匹配（当前右括号类型与栈顶左括号类型不匹配）。

② 栈中并没有左括号等在那里（栈已空，已经没有左括号与当前右括号匹配）。

③ 栈中还有左括号没有等到和它相匹配的右括号（结束时，栈中剩下了左括号）。

【基本思想】依次检查语句的每个字符：

① 凡出现左括号，则入栈。

② 凡出现右括号，首先检查栈是否空，若栈空，则表明该“右括号”多余；否则，和

栈顶元素比较括号类型是否匹配，若相匹配（左右括号是同类括号），则“左括号出栈”，否则表明不匹配。

③ 表达式检验结束时，若栈空，则表明表达式中匹配正确；否则，表明“左括号”多余。

【编程实现】

```
package 栈的应用;
import java.util.Scanner;
/**
 * 分隔符匹配——圆、中、大括号
 * 基本思想——遇到（三种之一）左括号，入栈；遇到右括号，判断栈顶左括号是否是与之同
类的左括号，若是同类则出栈一个匹配的左括号。
 */
public class Match2 {
    public static void main(String[] args) throws Exception {
        //1.提示用户输入字符串
        System.out.println("请输入字符串：");
        //2.获取用户输入字符串 str
        String str= new Scanner(System.in).nextLine();
        //3.创建一个空栈
        SqStack stk= new SqStack(100);
        //4.得到字符串的长度 length
        int length= str.length();
        //5.循环字符串中的每个字符
        for (int i=0; i<length; i++){
            //获取第 i 号字符 ch
            char ch= str.charAt(i);
            //若 ch 为三种之一左括号，则入栈；
            if (ch=='(' || ch=='[' || ch=='{')
                stk.push(ch);
            //若 ch 为三种之一右括号
            else if (ch==')' ||ch==']' ||ch=='}'){
                //若栈为空（没有与之匹配的左括号），则
                if (stk.isEmpty()){
                    //提示错误"左括号不足！"，退出
                    System.out.println("左括号不足！");
                    return;
                }
                //否则
                else {
                    //得到栈顶的左括号 ch2
                    char ch2=(char) stk.peek();
                    //若 ch2 与 ch 是同类括号，则
                    if (ch2=='('&&ch==')' || ch2=='['&&ch==']'
                                                || ch2=='{'&&ch=='}')
                        //将栈顶左括号出栈
                        stk.pop();
                    //否则
```

```
                        else {
                            //提示"括号类型不匹配！"
                            System.out.println("括号类型不匹配！");
                            //退出
                            return;
                        }
                    }
                }
                //若 ch 为其他字符，不做处理
                else;
            }
            //6.若栈非空，则提示错误"右括号不足！"，退出
            if (!stk.isEmpty())    System.out.println("右括号不足！");
            //否则，提示"分隔符匹配正确"，退出
            else  System.out.println("分隔符匹配正确");
        }
    }
```

【例 3.4】 后缀表达式求值。

【问题分析】在计算机中，表达式有如下 3 种标识方法。设表达式 Exp = S1 OP S2（S1 和 S2 是操作数，OP 是运算符），则称

OP S1 S2 为前缀表示法

S1 OP S2 为中缀表示法

S1 S2 OP 为后缀表示法

表 3.1 所示为中缀表达式对应的后缀表达式举例。

表 3.1 中缀表达式对应的后缀表达式

中缀表达式	后缀表达式
3+7-5	37+5-
3+(7-5)	375-+
3+7*5	375*+
3*4+7*5	34*75*+
3*(4+7)-5	347+*5-
3*(4*5-6)+9*2	345*6-*92*+

后缀表达式与中缀表达式的比较如下。

（1）操作数之间的相对次序不变。

（2）运算符的相对次序不同。

（3）中缀表达式丢失了括号信息，致使运算的次序不确定。

（4）后缀表达式的运算规则为：运算符在式中出现的顺序恰好是表达式的运算顺序；每个运算符和在它之前出现且紧靠它的两个操作数构成一个最小表达式。

从（4）可以看出，当遇到一个操作符后，要立即寻找最靠近它的两个操作数，这两个操作数是最近（最后）输入的两个操作数，这反映了后输入的操作数要先处理的特点，刚好与栈的后进先出特性相对应，用栈来保存操作数是一个合适的选择。

后缀表达式求值的基本思路如下。

（1）设立一个操作数栈。

（2）从左到右依次读入后缀表达式中的字符：

① 若当前字符是操作数，则压入操作数栈。

② 若当前字符是运算符，则依次出栈两个操作数参与运算，再将运算结果入栈。

例如，有中缀表达式 9+(3−1)*3+10/2，下面看它是如何通过对应的后缀表达式求出结果 20 的。

首先，转换得到它对应的后缀表达式 9 3 1−3*+ 10 2/+。然后创建一个空栈，按照从左到右的顺序遍历表达式的每个数字和符号，遇到是数字就入栈，遇到是符号，就让处于栈顶的两个数字出栈，进行运算，运算结果入栈，一直到最终获得结果。

下面是详细的求解过程。

（1）初始化一个空栈，此栈用来对要运算的数字进出使用。

（2）依次扫描后缀表达式中的每个字符，前 3 个都是数字，因此 9、3、1 入栈，如图 3.13 所示。

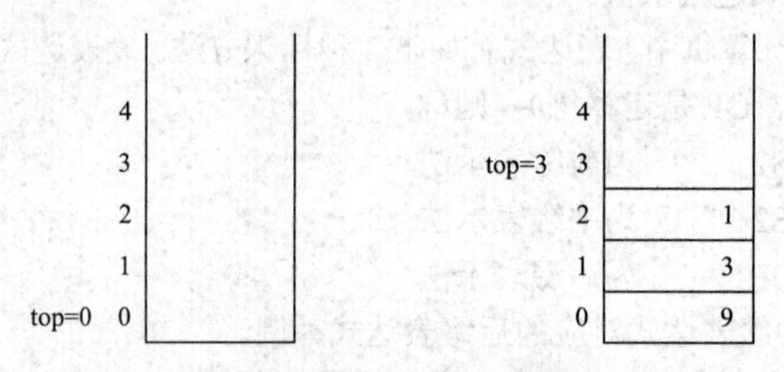

图 3.13　数字 9、3、1 入栈

（3）接下来是运算符减号“−”，因此将栈中的 1 出栈作为减数，3 出栈作为被减数，并运算 3−1 得到 2，再将 2 入栈。

（4）接着是数字 3 入栈，如图 3.14 所示。

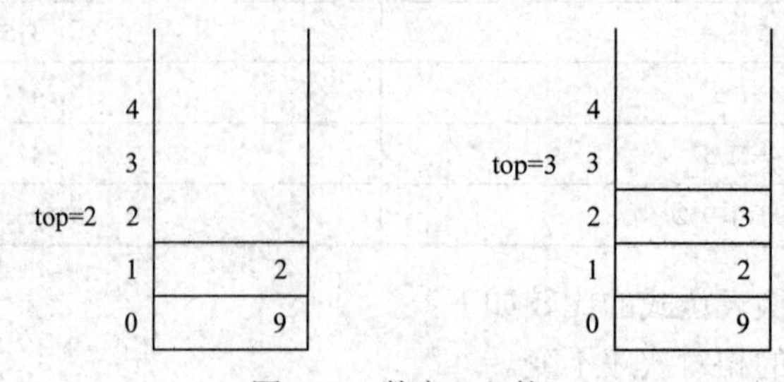

图 3.14　数字 3 入栈

（5）后面是运算符乘号“*”，也就意味着栈中 3 和 2 出栈，2 与 3 相乘，得到 6，并将 6 入栈。

（6）下面是运算符加号“+”，因此 6 和 9 出栈，9 与 6 相加，得到 15，将 15 入栈，如图 3.15 所示。

（7）接着是 10 和 2 两数字入栈。

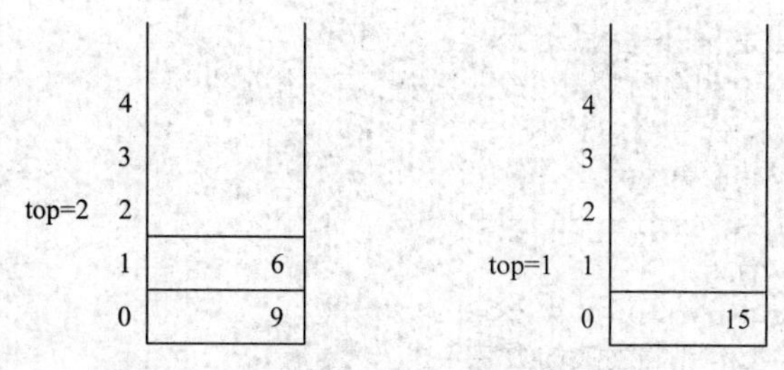

图 3.15 数字 15 入栈

（8）接下来是运算符除号“/”，因此 2 和 10 出栈，10 与 2 相除，得到 5，将 5 入栈，如图 3.16 所示。

（9）最后一个是运算符加号“+”，因此 15 和 5 出栈并相加，得到 20，将 20 入栈。

（10）最终结果是 20 出栈，栈变为空，如图 3.17 所示。

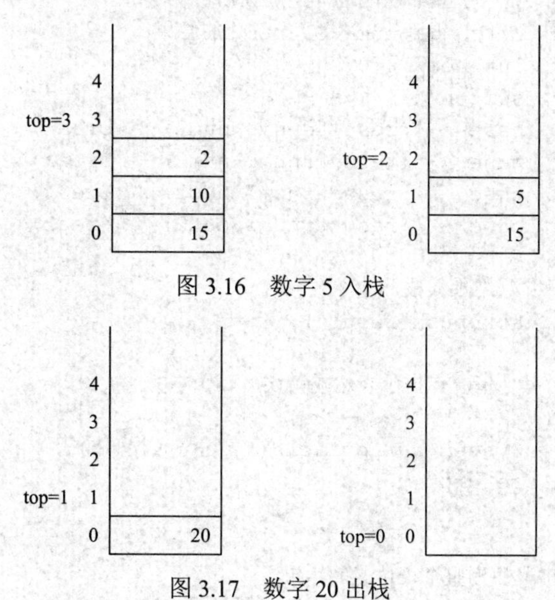

图 3.16 数字 5 入栈

图 3.17 数字 20 出栈

注意：关于后缀表达式 9 3 1−3*+ 10 2/+如何通过中缀表达式 9+(3−1)*3+10/2 转换而来，有兴趣的读者可参阅相关书籍。

【编程实现】

```
package 栈的应用;
import java.util.Scanner;
public class Expression {
    public static void main(String[] args) throws Exception {
        //1.提示用户输入后缀表达式字符串
        System.out.println("请输入后缀表达式：");
        String str=new Scanner(System.in).nextLine();
        //2.获取字符串的长度
        int length=str.length();
        //3.创建一个空顺序栈
```

```
        SqStack stk=new SqStack(100);
        //4.从左到右扫描表达式的每个字符，循环
        for (int i=0; i<length; i++){
            //获取第 i 号字符 c
            char c=str.charAt(i);
            //若 c 为数字字符，
            if (c>='0' && c<='9')
                //则将对应的数字入栈
                stk.push(c-'0');
            //否则，若 c 为运算符（四种之一），则
            else if (c=='+'||c=='-'||c=='*'||c=='/'){
                //出栈一次，作为操作数 num2
                int num2=(int) stk.pop();
                //出栈一次，作为操作数 num1
                int num1=(int) stk.pop();
                //计算得到 num1 OP num2 的结果
                int result=0;
                switch(c){
                case '+':result=num1+num2;    break;
                case '-':result=num1-num2;    break;
                case '*':result=num1*num2;    break;
                case '/':result=num1/num2;    break;
                }
                //结果入栈
                stk.push(result);
            }
            //其他情况，提示表达式错误
            else{
                System.out.println("表达式有误！");
                return;
            }
        }
        //5.出栈即为整个表达式的结果
        System.out.println("表达式结果："+stk.pop());
    }
}
```

思考：本题只解决 1 位十进制整数的后缀表达式计算，如果是多位十进制整数的后缀表达式计算，程序应如何修改？

3. 队列的应用举例

队列的应用

由于队列是一种具有先进先出特性的线性表，因此在现实世界中，当需要求解具有先进先出特性的问题时可以使用队列。例如，操作系统中各种数据缓冲区的先进先出管理，应用系统中各种任务请求的排队管理，软件设计中对树的层次遍历和对图的广度遍历过程等，都需要使用队列。队列的应用非常广泛，下面只通过讨论舞伴配对的模拟问题来说明队列在解决实际问题中的应用。

【例 3.5】 舞伴配对的模拟。

假设在周末舞会上，男士和女士进入舞厅时各自排成一队。跳舞开始时，依次从男队和女队的队头上各出一人配成舞伴。若两队初始人数不相同，则较长的那一队中未配对者等待下一轮舞曲。写一算法模拟上述舞伴配对问题。

【问题分析】先入队的男士或女士亦先出队配成舞伴。因此，该问题具有典型的先进先出特性，可用队列作为算法的数据结构。在该算法中，假设男士和女士的记录存放在两个队列中，依次将两队当前的队头元素出队配成舞伴，直至某队列变空为止。此时，若某队仍有等待配对者，他（或她）将是下一轮舞曲开始时第一个可获得舞伴的人。

【编程实现】

```
package 队列的应用;
public class Partener {
    public static void main(String[] args) throws Exception {
        //1.定义男士、女士的人数，舞曲总数
        int men=7;
        int women=5;
        int music=4;
        //2.创建男士和女士两个空队列
        LinkQueue mQ=new LinkQueue();
        LinkQueue wQ=new LinkQueue();
        //3.男士入队、女士入队
        for (int i=1; i<=men; i++)
            mQ.offer("第"+i+"号男士");
        for (int i=1; i<=women; i++)
            wQ.offer("第"+i+"号女士" );
        //4.对每支舞曲，循环
        for (int i=1; i<=music; i++){
            //输出提示信息
            System.out.println("第"+i+"支舞曲开始: ");
            //得到较短队列的人数
            int n=men>women?women:men;
            //对较短队列人数配对，循环:
            for (int j=n; j>0; j--){
                Object m=mQ.poll();                 //男士出队 1 人
                Object w=wQ.poll();                 //女士出队 1 人
                System.out.println(m+"-"+w);        //输出配对信息
                mQ.offer(m);                        //男士归队
                wQ.offer(w);                        //女士归队
            }
        }
    }
}
```

运行结果：

```
第 1 支舞曲开始:
第 1 号男士-第 1 号女士
第 2 号男士-第 2 号女士
第 3 号男士-第 3 号女士
第 4 号男士-第 4 号女士
```

```
第 5 号男士-第 5 号女士
第 2 支舞曲开始:
第 6 号男士-第 1 号女士
第 7 号男士-第 2 号女士
第 1 号男士-第 3 号女士
第 2 号男士-第 4 号女士
第 3 号男士-第 5 号女士
第 3 支舞曲开始:
第 4 号男士-第 1 号女士
第 5 号男士-第 2 号女士
第 6 号男士-第 3 号女士
第 7 号男士-第 4 号女士
第 1 号男士-第 5 号女士
第 4 支舞曲开始:
第 2 号男士-第 1 号女士
第 3 号男士-第 2 号女士
第 4 号男士-第 3 号女士
第 5 号男士-第 4 号女士
第 6 号男士-第 5 号女士
```

参考程序

3.3.2 任务实施

1. 用栈解决数制转换的编程问题

步骤 1：打开 Eclipse，在“数据结构 Unit03”项目中找到“顺序栈”包，并在其中创建 DecToBin.java 类，类中包含 main 方法。

步骤 2：在 main 方法中，以单行注释完成算法步骤的描述。

步骤 3：将算法步骤的描述转换成 Java 代码，完成程序设计。

2. 用队列解决舞伴配对的编程问题

步骤 1：打开 Eclipse，在“数据结构 Unit03”项目中找到“链队列”包，并在其中创建 Partener.java 类，类中包含 main 方法。

步骤 2：在 main 方法中，以单行注释完成算法步骤的描述。

步骤 3：将算法步骤的描述转换成 Java 代码，完成程序设计。

知识拓展：链栈、循环顺序队列、优先级队列

阅读材料

中国计算机事业的先驱——夏培肃

在中国，有这样一位“计算机之母”：她是我国计算机事业奠基人之一，参加了我国第一个计算技术研究所的筹建，成功研制出我国第一台自行设计的通用电子数字计算机，为我国计算技术的起步和发展做出了重要贡献，她就是夏培肃。

夏培肃1923年生于重庆，在她的中学时期，艰苦的生活和抗日战争时日本人的暴行让她下定决心学工科，以求工业救国。1940年，夏培肃高中毕业，考入当时的国立中央大学电机系，两年后，夏培肃考入英国爱丁堡大学电机系，1950年获博士学位。这为后来她从事计算机电路研究和设计工作奠定了坚实的基础。

1951年10月，夏培肃满怀建设祖国的热情，登上了回国的远洋客轮。1953年年初，我国第一个计算机科研小组成立，当时，国内计算机方面的资料奇缺，夏培肃和同行们克服重重困难，编写了国内第一本计算机原理讲义。1956～1962年，她在中国科学院计算技术研究所举办了4届计算机训练班，为全国各行各业，包括高等学校、研究所、国防和工业等部门培养了700多名计算机方面的专业人才。1960年，我国第一台自行设计的通用电子数字计算机——107计算机设计试制成功。在当时中国有限的科研条件下，107计算机的诞生被视为一个传奇，标志着中国的计算机从模仿到自主设计的跨越。

在这之后，夏培肃一直研究如何提高计算机的运算速度，探索实现高性能计算机的技术，并负责研制成功多台高性能计算机。夏培肃多次以书面的形式向领导部门建议中国应开展高性能处理器芯片的设计，建议国家大力支持通用CPU芯片及其产业的发展，否则，中国在高性能计算技术领域将永远受制于人。2001年3月，夏培肃的学生胡伟武主动请缨组建CPU设计队伍，这支队伍很快研发出了国产“龙芯”CPU。

夏培肃一生取得了丰硕的科研成果。她淡泊名利，为人低调，除了专注于科研，就是教书育人，传播计算机科学，她在中国计算机科技发展史上留下的印迹灿烂夺目。我们要学习和继承夏培肃等老一辈计算机科学家身上默默奉献、自强不息的科学精神，争做新时代强国青年。

单元小结

本单元介绍了两种特殊的线性表——栈和队列。栈的插入和删除操作限制在表尾一端进行，无论是在栈中插入数据元素还是删除栈中的数据元素，都只能固定在线性表的表尾进行。通常将进行插入和删除操作的这一端称为“栈顶”，另一端称为“栈底”。栈是一种具有“后进先出”或“先进后出”特性的线性表。队列的插入操作只限制在表尾进行，删除操作只限制在表头进行。通常将允许进行插入操作的一端称为“队尾”，将允许进行删除操作的一端称为“队首”。

栈和队列是两种重要且应用非常广泛的数据结构。常见的栈的应用包括括号匹配问题的求解、表达式的转换和求值、函数调用和递归实现、深度优先搜索遍历等。凡是遇到对数据元素的读取顺序与处理顺序相反的问题时，都可以考虑使用栈将读取到而又未处理的数据元素保存在栈中。常见的队列的应用包括计算机系统中各种资源的管理、消息缓冲器的管理和广度优先搜索遍历等。凡是遇到对数据元素的读取顺序与处理顺序相同的问题时，都可以考虑使用队列来保存读取到而未处理的数据元素。

习　题

一、选择题

1. 栈是一种操作受限的线性结构，其操作的主要特征是（　　）。
A. 先进先出　　B. 后进先出　　C. 进优于出　　D. 出优于进

2. 栈与一般线性表的主要区别是（　　）。
A. 元素个数不同　　B. 逻辑结构不同
C. 元素类型不同　　D. 插入和删除元素的位置不同

3. 下列关于顺序栈的叙述中，正确的是（　　）。
A. 入栈操作需要判断栈满，出栈操作需要判断栈空
B. 入栈操作不需要判断栈满，出栈操作需要判断栈空
C. 入栈操作需要判断栈满，出栈操作不需要判断栈空
D. 入栈操作不需要判断栈满，出栈操作不需要判断栈空

4. 栈顶的位置是随着（　　）操作而变化的。
A. 入栈　　B. 出栈　　C. 入栈和出栈　　D. 取栈顶元素

5. 假设元素只能按 *a*、*b*、*c*、*d* 的顺序依次入栈，且得到的出栈序列中的第 1 个元素为 *c*，则可能得到的出栈序列为（　　）。
A. *cabd*　　B. *cadb*　　C. *cdab*　　D. *cdba*

6. 若以 S 和 X 分别表示入栈和出栈操作，则对初始状态为空的栈可以进行的栈操作系列是（　　）。
A. SXSSXXXX　　B. SXXSXSSX　　C. SXSXXSSX　　D. SSSXXSXX

7. 队列操作数据的原则是（　　）。
A. 先进先出　　B. 后进先出　　C. 先进后出　　D. 不分顺序

8. 队列和栈的主要区别是（　　）。
A. 逻辑结构不同　　B. 存储结构不同
C. 限定插入和删除的位置不同　　D. 所包含的元素个数不同

9. 栈和队列都是（　　）。
A. 限制存取位置的线性结构　　B. 顺序存储的线性结构
C. 链式存储的线性结构　　D. 限制存取位置的非线性结构

10. 下列关于队列的叙述中，错误的是（　　）。
A. 队列是一种先进先出的线性表
B. 队列是一种后进后出的线性表
C. 在循环队列中进行出队操作时要判断队列是否为空
D. 在链队列中进行入队操作时要判断队列是否为满

二、填空题

1. 栈是一种操作受限的特殊线性表，其特殊性体现在其插入和删除操作都限制在

_______进行。允许插入和删除操作的一端称为________，另一端称为________。栈具有_______的特点。

2. 队列也是一种操作受限的线性表，与栈不同的是，队列中所有的插入操作均限制在表的一端进行，而所有的删除操作都限制在表的另一端进行，允许插入的一端称为_____，允许删除的一端称为_______。队列具有_______的特点。

3. 由于队列的删除和插入操作分别在队首和队尾进行，因此，在链式存储结构描述中分别需要设置两个指针分别指向______和______，这两个指针又分别称为______和______。

三、分析题

编号为1、2、3、4的4辆列车，顺序开进一个栈式结构的站点，问开出车站的顺序有多少种可能？请具体写出所有可能的出栈序列。

四、算法设计题

假设以一个数组实现两个栈：一个栈以数组的第一个存储单元作为栈底，另一个栈以数组的最后一个存储单元作为栈底，这种栈称为顺序双向栈。编写一个顺序双向栈类DuSqStack，类中要求编写以下3个方法：一是构造方法DuSqStack(int maxSize)，此方法实现构造一个容量为maxSize的顺序双向空栈；二是实现入栈操作的方法push(Object X,int i)，此方法完成将数据元素X压入到第i（i=0或1）号栈中的操作；三是实现出栈操作的方法pop(int i)，此方法完成第i号栈的栈顶元素出栈的操作。

五、上机实训题

编写一个程序，用队列模拟患者在医院等待就诊的情况，主要模拟两件事：一是患者到达诊室，将病历交给护士，排到等待队列中候诊；二是护士从等待队列中取出下一位患者的病历，该患者进入诊室就诊。

程序采用菜单方式，其选项及功能说明如下。

（1）排队：输入排队患者的病历号（随机产生），加入到就诊患者排队队列中。

（2）就诊：患者队列中最前面的病人就诊，并将其从队列中删除。

（3）查看：从队首到队尾列出所有排队患者的病历号。

（4）下班：退出运行。

递 归

知识目标

- 了解递归的基本概念及递归程序执行的过程。
- 掌握递归问题的建模。
- 掌握递归模型到递归程序的转换方法。

能力目标

- 能够判断哪些问题适合递归解决。
- 能够分析递归程序执行的过程。
- 能够根据问题定义递归模型并编写递归程序。

素质目标

- 培育精益求精、严谨细致的工匠精神。
- 树立正确的职业道德观。

任务 4.1 认识递归

任务描述

了解递归的定义和特点，知道在哪 3 种情况下递归可以简化问题的求解过程，学习用递归算法来求解一些简单的数学问题。

4.1.1 知识准备

认识递归

1. 什么是递归

所谓递归是指如果在一个方法（或函数）或数据结构定义的内部有直接或间接出现定义本身的应用，则称它们是递归的，或者是递归定义的。

【例 4.1】 求 sum=2+4+6+…+2n 的和。

把 sum 看作从 2 开始的连续 n 个偶数相加，最容易想到按循环迭代的操作编写一个方法，这个方法是循环 n 次（令循环次数变量 i 从 1～n 依次取值），每次将一个偶数（2i）加入 sum 中。

```
//方法 1：循环迭代法
public static int sumOfEven1(int n){
```

```
        int sum=0,data;                  //sum 保存求和结果，data 保存每次累加的偶数
        int i=1;                         //循环次数
        while(i<=n){                     //n 次循环迭代
            data=2*i;                    //计算得到本次要累加的偶数 2*i
            sum=sum+data;                //累加到求和变量
            i++;                         //循环次数+1，准备下一次循环
        }
        return sum;                      //返回 2+4+…+2n 的 n 个连续偶数累加结果
    }
```

除此办法之外，从题目还可以看出以下事实：当参数 n 为 0 时，累加和为 0；当参数 n 不为 0 时，n 个连续偶数的累加和=前 $n-1$ 个连续偶数的累加和+$2n$，而且等式左右的两个累加和形式完全一样，只是参数值相差 1 而已，这符合递归的特征。Java 语言支持递归程序设计，则递归编程如下：

```
    //方法 2：递归算法
    public static int sumOfEven2(int n){
        if (n==0)                                  //如果 n 为 0
            return 0;                              //则直接返回 0，退出
        else                                       //否则，继续调用本方法
            return sumOfEven2(n-1)+2*n;            //先计算前 n-1 个连续偶数的累加和
                                                   //再加最后一个偶数 2n 即得
    }
```

递归分为直接递归和间接递归两类：直接递归是指一个方法内部直接调用了自身；间接递归是指在方法 p 内部调用了另一个方法 q，而方法 q 内部又调用了方法 p。

在很多算法设计中经常需要利用递归的方法求解，尤其是本书后面的树和二叉树、图、排序和查找等内容会大量出现递归算法。递归是计算机科学中一项重要的工具，很多程序设计语言（如 C、Java）支持递归程序设计。用递归可以将非常复杂的问题描述得简明、清晰。递归算法也比非递归算法更容易设计，尤其是当数据结构本身是递归时，使用递归设计算法更合适。

2. 何时使用递归

以下 3 种情况常常要用到递归方法。

1）问题的定义是递归的

有许多数学公式、数列等的定义是递归的。例如，求 $n!$和 Fibonacci 数列等。对于这些问题的求解可以将其递归定义直接转化为对应的递归算法。

【例 4.2】 求 $n!$可以转化为例 4.1 的递归算法。

数学中对 n 的阶乘定义如下：

- $n!=1$ （当 $n=1$ 时，1 的阶乘值为 1）
- $n!= n(n-1)!$ （当 $n>1$ 时，n 的阶乘值=$(n-1)$的阶乘值$\times n$）

在对 n 的阶乘的定义中，用到了 $n-1$ 的阶乘，即用到了阶乘定义本身，这就是在定义的内部直接出现了定义本身的应用。在这种情况下，可以直接根据定义来编写递归程序：

```
    public static int fun(int n){
        if (n==1)     return 1;
        else      return n*fun(n-1);
    }
```

注意到，在方法 fun 的内部，含有 fun(n-1)，这又是对 fun 这个方法本身的调用。这就是递归程序最明显的特点——在方法定义的内部存在对自身的调用语句。

2）数据结构是递归的

有些数据结构是递归的，如单元 2 中介绍的单链表的结点类就是一种递归数据结构，其结点类型声明如下：

```
public class Node     //结点类
{
    Object data;      //数据域
    Node next;        //指针域，其中 Node 类型是正在定义的结点类
    …
};
```

其中，在定义结点类 Node 时用到了它自身，其指针域 next 是一种指向 Node 类型结点的指针（在 Node 定义尚未完成时就开始使用 Node 这种数据类型了，即在定义自身的过程中使用自身），因此它是一种递归数据结构。

单元 2 中学习了带头结点的单链表，本单元介绍一种非常适合使用递归算法处理的无头结点单链表（图 4.1），两者的差别在于：这种链表没有头结点，头指针 head 指向第一个元素结点（也称首结点或首元结点），当链表为空时，head 的值为空值；而对于带头结点的单链表，head 指针永远指向头结点，头结点的指针域存放首结点的地址，当链表为空时，头结点的指针域为空值。

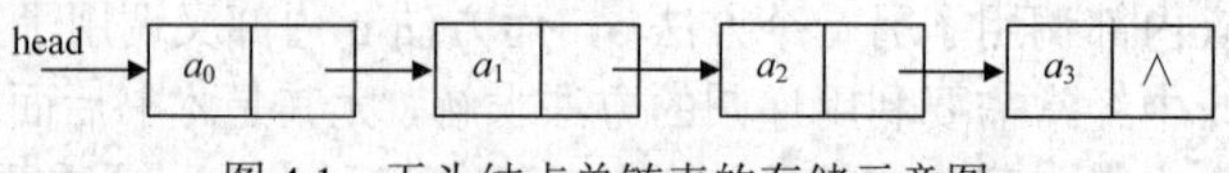

图 4.1　无头结点单链表的存储示意图

无头结点单链表本身也是一个递归结构，可以看作一个结点链接上另一个（结点数少的）单链表。

对于这类递归的数据结构，采用递归的方法编写算法既方便又有效。例如，输出一个无头结点单链表的所有结点数据的问题，后续会介绍这个问题的递归解法。

3）问题的求解方法是递归的

递归的强大功能使得许多问题有非常简单的解决办法。

【例 4.3】 汉诺（Hanoi）塔问题求解。

喜欢玩智力游戏的人很久以来一直着迷于汉诺塔问题：传说布拉马圣殿（Temple of Brahma）的教士有一黄铜浇铸的平台，上立三根金刚石柱子。A 柱上堆放了 64 个金盘子，每个盘子都比其下面的盘子略小一些。当教士们将盘子全部从 A 柱移到 C 柱以后，世界就到了末日。当然，这个问题还有一些特定的条件，那就是在柱子之间一次只能移动一个盘子并且任何时候大盘子都不能放到小盘子上。教士们当然还在忙碌着，因为这需要 $2^{64}-1$ 次移动。如果一次移动需要 1 秒钟，那么全部操作需要 5000 亿年以上的时间。

游戏爱好者会被汉诺塔的问题难住，而计算机科学家则可以用递归迅速解出这道题。下面用带 3 个盘子的柱子演示这个问题：先把 2 个盘子通过 C 柱移到 B 柱上，然后再把最大的盘子移到 C 柱上；最后再将 B 柱上的 2 个盘子通过 A 柱移到 C 柱上即可。

这样，问题就简化为仅将 2 个盘子从 B 柱移到 C 柱。用同样的算法，只需将上面 1 个盘子先移到 A 柱，然后将下面的大盘子从 B 柱移到 C 柱上。这样，需要移动的只剩下将 A

柱上的最后1个盘子移到C柱上。

很显然这是一种递归解法，它将问题分解成若干同类型的小问题。移动一个盘子的简单操作就是递归终止条件（最简单的小问题的解）。

接下来对该问题进行抽象描述：设有3个分别命名为A、B、C的柱子。在A柱上有n个直径各不相同的盘片。从小到大依次编号为1,2,…,n，现要求将A柱上的n个盘片经过B柱移到C柱上并仍按同样的顺序叠放。盘片移动时必须遵守以下规则：每次只能移动一个盘片；盘片可以插在A、B、C中的任一柱上；任何时候都不能将一个较大的盘片放在较小的盘片上。图4.2所示为n=3的汉诺塔问题的求解示意图。

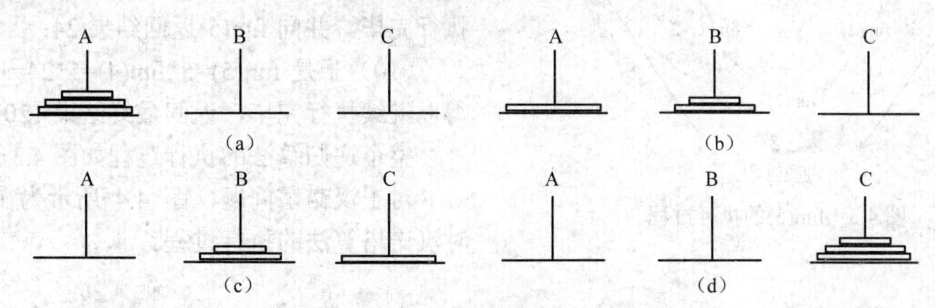

图4.2 汉诺塔求解示意图

下面设计求解该问题的算法：

设hanoi(n,A,B,C)表示将n个盘片从A柱借助B柱移动到C柱上，递归分解如下：

hanoi(n−1, A, C, B);
hanoi(n,A,B,C) ==> move(n, A, C)：将第n个盘片从A直接移到C；
hanoi(n−1, B, A, C)

其含义是首先将A柱上的n−1个盘片借助C柱移动到B柱上；此时，A柱上只有一个盘片，将其直接移动到C柱上；再将B柱上的n−1个盘片借助A柱移动到C柱上。由此得到的汉诺塔递归算法如下：

```
public static void hanoi(int n,char A,char B,char C)
{
    if (n==1)          //只有一个盘片的情况，直接移动到C柱
        System.out.println("将第"+n+ "个盘片从"+A+ "移动到"+C);
    else   {           //有两个或多个盘片的情况，分3步移动
        hanoi(n-1,A,C,B);
        System.out.println("将第"+n+ "个盘片从"+A+ "移动到"+C);
        hanoi(n-1,B,A,C);
    }
}
```

3. 递归算法的执行过程

递归算法的执行过程可以依据方法嵌套调用和返回的先后顺序清晰复现出来。例如，求5!，则n=5的阶乘的递归算法执行过程如下。

（1）首先执行fun(5)，由于fun(5)=5*fun(4)，因此fun(5)暂不能返回；

（2）继续以4为参数调用本方法执行fun(4)；而fun(4)=4*fun(3)，因此fun(4)暂不能返回；

（3）继续以3为参数调用本方法执行fun(3)；而fun(3)=3*fun(2)，因此fun(3)暂不能返回；

（4）继续以 2 为参数调用本方法执行 fun(2)；而 fun(2)=2*fun(1)，因此 fun(2)暂不能返回；

（5）继续以 1 为参数嵌套调用本方法，执行 fun(1)；

（6）fun(1)可以立即执行完毕求出结果为 1，并向 fun(2)返回结果 1；

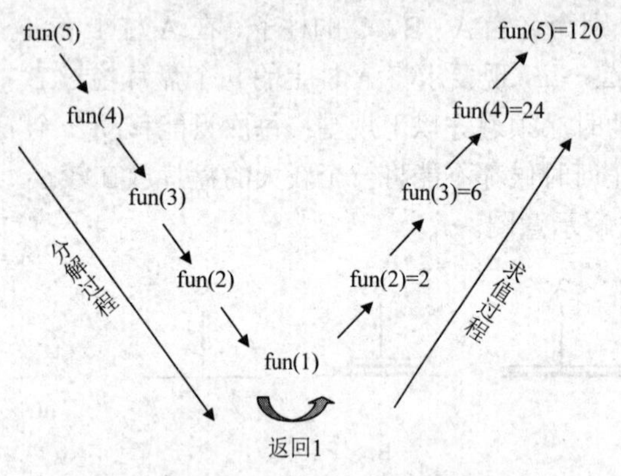

图 4.3　fun(5)的执行过程

（7）于是 fun(2)=2*fun(1)=2 得以继续执行完毕，并向 fun(3)返回结果 2；

（8）于是 fun(3)=3*fun(2)=6 也得以继续执行完毕，并向 fun(4)返回结果 6；

（9）于是 fun(4)=4*fun(3)=24 也得以继续执行完毕，并向 fun(5)返回结果 24；

（10）于是 fun(5)=5*fun(4)=5*24=120 也得以继续执行完毕，返回最终结果 120。

整个递归算法的执行过程如图 4.3 所示。

对于汉诺塔问题，图 4.4 所示为在 n=3 时汉诺塔算法的执行过程。

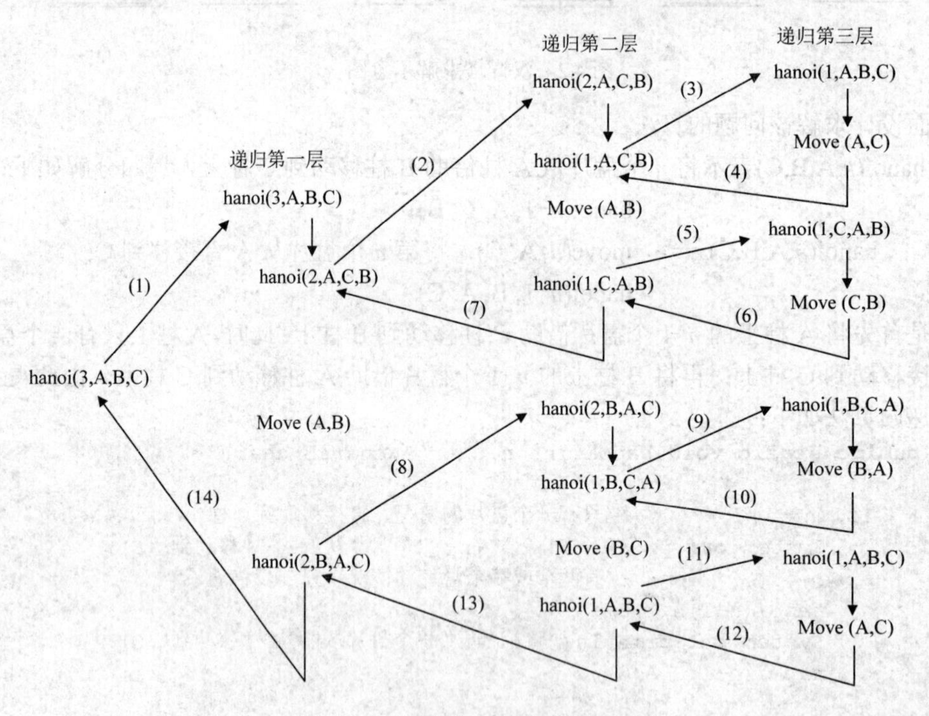

图 4.4　汉诺塔递归算法的执行过程

4.1.2　任务实施

参考程序

汉诺塔问题递归算法的实现步骤如下。

步骤 1： 打开 Eclipse，创建一个 Java 项目，命名为“数据结构 Unit04”，在其中创建包，命名为“汉诺塔问题”。

步骤 2： 在包中创建一个类，命名为 HanoiTower.java，在其中定义一个 public static void hanoi(int n,char A,char B,char C)方法，该方法输出 n 个盘子按照规则由 A 柱经 B 柱移到 C 柱上的操作步骤，设计该递归方法。

步骤 3：在 HanoiTower.java 类中定义一个 main 方法，令参数 n=3，调用递归方法 hanoi(3,'x','y','z')，输出由 x 柱经 y 柱移到 z 柱上的整个移动过程。调试并验证该程序。

任务 4.2 递归算法设计

任务描述

掌握递归问题的描述工具——递归模型，学习将递归模型转换为递归算法，并将递归算法转换为程序的方法。掌握递归数据结构的特点及其递归编程方法，为树结构、图结构、排序和查找算法的学习打下基础。

4.2.1 知识准备

递归算法设计

1. 递归模型的建立

递归模型是递归问题的抽象，它描述了一个递归问题的递归结构。例如，阶乘问题的递归算法对应的递归模型如下：

- $f(n) = 1$　　　　（$n = 1$ 时）
- $f(n) = n * f(n-1)$　（$n > 1$ 时）

其中，第一个式子给出了递归的终止条件，第二个式子给出了 $f(n)$的值与 $f(n-1)$的值之间的关系。把第一个式子称为递归出口，把第二个式子称为递归体。

一般情况下，一个递归模型由递归出口和递归体两部分组成。递归出口确定递归到何时结束，即指出明确的递归结束条件。递归体确定递归求解时的递推关系。

实际上，递归思路是把一个不能或不好直接求解的大问题转化成一个或几个“小问题”来解决，再把这些“小问题”进一步分解成更小的“小问题”来解决，如此分解，直到每个“小问题”都可以直接解决（此时分解到递归出口）。但递归分解不是随意的分解，递归分解要保证“大问题”与“小问题”相似，即求解过程与环境都相似。

一旦遇到递归出口，分解过程结束，开始求值过程，因此分解过程是“量变”过程。也就是说原来的“大问题”在慢慢变小，但尚未解决（方法的嵌套调用，但尚未返回），遇到递归出口后便发生“质变”，即原递归问题便转化成直接问题（方法层层返回，直到最顶层方法求得结果）。

图 4.3 中 fun(5)的计算过程就是这样，左边是分解过程，直到 fun(1)；右边是合并求值过程，每层计算的结果返回到上一层计算，直到 fun(5)得到最终结果。因此，递归的执行过程由分解和求值两部分构成，分解部分就是用递归体将“大问题”分解成“小问题”，直到递归出口为止，然后进行求值过程，即已知“小问题”后计算“大问题”。

在递归算法执行中最长的递归调用的链长称为该算法的递归调用深度。例如，求 n!对应的递归算法在求 fun(5)时递归调用的深度是 5。

由此得出获取求解问题递归模型（简化递归模型）的步骤如下。

（1）对原问题$f(s_n)$进行分析，假设出合理的小问题（s_n即规模为n的问题）。

（2）假设小问题是可解的，在此基础上确定大问题的解，即给出$f(s_n)$与$f(s_{n-1})$之间的关系，也就是确定递归体。

（3）确定一个特定情况（如$f(1)$或$f(0)$）的解，以此作为递归出口。

2. 递归算法设计举例

【例 4.4】 采用递归算法求实数数组$a[0..n-1]$中的最小值。

假设求数组元素$a[0..i-1]$（共i个元素）中的最小值，即数组a中前i个元素的最小值。当i=0 时，此时求前 1 个元素的最小值，就是它本身，有$f(a,0)=a[0]$；假设前i-1 个元素的最小值$f(a,i-1)$已求出，显然前i个元素的最小值就是前i-1 个元素的最小值$f(a,i-1)$和第i个元素值$a[i]$的较小者，有$f(a,i) = \min(f(a,i-1),a[i])$，其中 min( )为求两个值中较小值的方法。因此得到以下递归模型：

- $f(a,i) =a[0]$　　当$i = 0$时，数组只有 1 个元素$a[0]$，它本身就是最小值
- $f(a,i) =\min(f(a,i-1),a[i])$　其他，前i-1 个数的最小值与$a[i]$比较，较小者为前i个数的最小值

由此得到以下递归求解算法：

```
public static double min(double a[],int i)
{
    double m;                        //保存前 i-1 个数的最小值
    if (i==0) return a[0];           //若 i 为 0，数组只有一个数 a[0]，就是最小值
    else {
        m= min(a,i-1);               //先求前 i-1 个数的最小值
        if (m> a[i] )                //若前 i-1 个数的最小值比 a[i]大
            return(a[i]);            //则 a[i]最小
        else return m;               //否则，前 i-1 个数的最小值也就是前 i 个数的最小值
    }
}
```

例如，若一个实数数组为 double a[]={9.2,5.5,3.8,7.1,6.5}，调用 min(a,4)返回最小元素 3.8。

3. 基于递归数据结构的递归算法设计

具有递归特性的数据结构称为递归数据结构。递归数据结构通常是采用递归方式定义的。在一个递归数据结构中总会包含一个或多个递归运算。

例如，正整数的定义为：1 是正整数，若n是正整数则n+1 也是正整数。从定义中可以看出，正整数就是一种递归数据结构。显然，若n是正整数，$m=n-1$也是正整数，也就是说，对于大于 1 的正整数n，$n-1$是一种递归运算。

因此，在求n!的算法中，递归体$f(n) = n \times f(n-1)$是可行的。因为对于大于 1 的n，n和$n-1$都是正整数。

实际上，递归算法设计步骤中的第 2 步用于确定递归模型中的递归体。在假设从原问题$f(s)$中分解出合理的小问题$f(s')$时需要考虑递归数据结构的递归运算。

例如，在设计无头结点的单链表的递归算法时，通常设问题s为以p为首结点指针的

整个单链表，“小问题”s'为除首结点以外余下结点构成的单链表（由 p.next 标识，该运算是递归运算）。

【例 4.5】 假设有一个不带头结点的单链表p，设计一个算法输出其所有结点的数据值。

要显示p指向的结点为首结点的链表，可以这样看：如果p非空，先显示p指向的结点值，再继续调用本方法显示p的后继结点为首的子链表；如果p为空，则返回（空链表不用显示），display(Node p) 递归模型如下：

- 不做任何事　　　　　　　　　　　当p为空时（递归出口）
- 先显示 p.data，再 display(p.next)　当p非空时（递归体）

display 递归算法编程实现如下：

```
public static void display(Node p)
{
    if (p==null)  return ;
    else {
          System.out.print(p.data + " ");//输出当前结点的值
          display(p.next);//输出后继结点为首的（少一结点的）子链表
    }
}
```

程序完整实现如下：

```
package 无头单链表显示问题;
class Node{
    Object data;
    Node next;
    public Node(Object data){
        this.data=data;
        this.next=null;
    }
}
public class NHLinkList {
    public static void main(String[] args) {
        //创建无头单链表： 9—5—8—7
        Node p;                //定义指针 p
        Node n0=new Node(9);  //创建 4 个结点
        Node n1=new Node(5);
        Node n2=new Node(8);
        Node n3=new Node(7);
        n0.next=n1;   n1.next=n2;   n2.next=n3;     //建立链接关系
        p=n0;                  //创建无头单链表，p 指向第一个元素结点
        display(p);            //调用递归方法，输出 p 指向的无头单链表结点的数据
    }
    //基于递归数据结构的递归算法——输出 p 指向为首结点的无头结点单链表
    public static void display(Node p)
    {
        if (p==null)    return ;
        else {
            System.out.print(p.data + " ");   //先输出当前结点的值
```

```
                display(p.next);   //再输出后继结点为首的（少一结点的）子链表
            }
        }
    }
```

程序执行结果：

```
9 5 8 7
```

说明：在对单链表设计递归算法时通常采用不带头结点的单链表。例 4.5 中的 p.next 表示的单链表一定是不带头结点的单链表，也就是说“小问题”的单链表是不带头结点的单链表，因此“大问题”（即整个单链表）也应设计成不带头结点的单链表。

因此在设计递归算法时，如果处理的数据是递归数据结构，需要对该数据结构及其递归运算进行分析，从而设计出正确的递归体。再假设一种特殊情况，得到递归出口。

参考程序

4.2.2 任务实施

无头结点单链表输出的递归算法实现步骤如下。

步骤 1： 打开 Eclipse，进入“数据结构 Unit04”项目中创建包，命名为“无头结点单链表操作”。

步骤 2： 在包中创建一个类，命名为 Node.java，在其中定义 2 个成员变量和 1 个构造方法。

步骤 3： 在包中创建一个类，命名为 NHLinkList.java，定义一个静态的方法 public static void display(Node p)，在其中将前面的递归模型转换为递归算法的代码。

步骤 4： 在类 NHLinkList.java 中定义一个 main 方法，先创建 4 个元素结点，其数据值分别为 9、5、8、7，建立其单链表的链接关系（9-5-8-7），并定义指针变量 p 指向数值为 9 的结点，即首结点。然后以 p 为参数调用 display( )方法，从头到尾输出链表数据值。

知识拓展：栈与递归

阅读材料

“汉字激光照排之父”——王选

2001 年，中国工程院颁发“二十世纪我国重大工程技术成就”评选结果，“汉字信息处理与印刷革命”仅以一票之差位居“两弹一星”之后，而列次席。这项被称为影响汉字传承乃至中华文明进程的重大科研工程与一个名字紧紧联系在一起，他就是北京大学的王选教授。王选被称为“当代毕昇”“汉字激光照排之父”，于 2002 年获得国家最高科学技术奖，在 20 世纪 80 年代掀起了中国印刷技术的第二次革命。

早期计算机的存储是很小的，当时国产计算机的内存只有 64KB，而汉字那么多，还有各种字体与字号的变化，印刷用汉字字模数多达数十万个。而且，汉字的点阵密度要求明显高于英文字母和数字。这样一来，制作点阵式汉字字模库，至少要解决高达上百亿字节的信息存储问题。这在当时的半导体集成电路加工条件下很难实现。

1975年，在不少人认为西方发达国家科研人员已经先行一大步的情况下，汉字信息压缩和还原方案不可能成功，王选认识到了这项事业的巨大意义，他深信自己的能力，并选择了这条荆棘遍布之路，全力以赴投入汉字电子照排系统的研发中。

1975年5月底，王选写出了“全电子照排系统的建议手稿”。后来最终决定采用数字式汉字字模方案。经过数年的努力，1985年5月，新型“计算机-激光汉字编辑排版系统”（王选后来将其命名为华光Ⅱ型）顺利通过国家经济贸易委员会（2003年改为国家发展和改革委员会）主持的国家级鉴定，随后新华社的激光照排中间试验工程也顺利通过了国家验收。王选成功了。在王选的持续改进中，1985年11月，华光Ⅲ型系统正式面世；1987年12月，历尽千辛万苦改造而成的华光Ⅲ型系统顺利通过了电子部组织的鉴定；1988年华光系统完成一系列的升级改造，整体竞争力明显优于国外同类产品。

“科学研究必须要创新，要走自己的路，敢于走自己的路，敢于走别人没有走过的路”，王选教授的这句话，将永远激励着为祖国科技事业而拼搏奋斗的人们。

单元小结

递归不仅是一种数学概念，也是程序设计的一种重要算法。对于某些问题，递归方式的求解比一般的求解方式更加简洁、逻辑性强、易于理解。

本单元介绍了递归的概念及递归算法适用的各种场合，通过对递归执行过程的模拟，可以对递归的原理有更深的理解。用递归解决问题的关键在于找到递归模型，有了它对递归的描述，递归程序设计就容易多了。

链表这类数据结构天然具有递归的性质，递归算法是解决这类问题的理想工具。在下一单元学习树结构时，会深刻体会到这一点。

递归算法并非完美无缺，虽然它具有易于设计和易于理解的优点，但在某些时候，递归层数太深会影响算法的执行效率，此时需要考虑将递归算法改写为非递归算法。

习 题

一、分析题

设有以下递归算法可用于计算x^n：

```
//递归算法power，计算x的n次方（设n≥0）
public static int power(int x,int n){
    if (n==0)
        return 1;
    else
        return x*power(x,n-1);
}
```

绘图分析 power(2,5)的递归执行过程。

二、算法设计题（要求：先写出递归模型，再转换为递归算法）

1. 已知 $a[0..n-1]$为整数数组，设计递归算法求这 n 个元素的最大值、最小值和平均值。

2. 上楼可以一步上一阶，也可以一步上两阶，设计一个递归算法，计算 n 级台阶共有多少种不同的走法。

3. 设计一个输出如下形式数值的递归算法。

n　n　n　…　n

⋮

3　3　3

2　2

1

三、上机实训题

设计一个不带表头结点的单链表 list，并初始化若干个结点值（p 指向首结点）。

（1）设计一个递归算法：count(p)求以 p 为首结点指针的单链表的结点个数。

（2）设计两个递归算法：traverse(p)正向输出单链表 p 的所有结点值，traverseR(p)反向输出单链表 p 的所有结点值。

在单链表 list 中测试上述算法的正确性。

单元 5 树和二叉树

知识目标

- 了解树和二叉树的定义和基本性质。
- 理解二叉树的逻辑结构和基本操作。
- 了解二叉树的链式存储结构及相关操作的实现。
- 掌握二叉树的遍历算法及其相关应用。

能力目标

- 能够定义二叉树的 ADT 并用 Java 接口描述。
- 能够实现二叉树的链式存储结构。
- 能够编程实现二叉树的遍历算法及其他重要算法。
- 能够应用二叉树结构解决实际编程问题。

素质目标

- 培养勇于创新和严谨细致的工作作风。
- 培养实事求是的科学态度。

任务 5.1 认识树和二叉树

任务描述

了解树的定义、基本术语、逻辑结构和表示方法；了解二叉树的定义和性质、二叉树的逻辑结构和基本操作；掌握二叉树的 ADT 及 Java 接口描述。

5.1.1 知识准备

前面讨论的数据结构都属于线性结构，线性结构主要描述具有单一前驱和后继关系的数据。树结构是一种比线性结构更复杂的数据结构，适合描述具有层次关系的数据，如祖先—后代、上级—下属、整体—部分以及其他类似的关系。树结构在计算机领域有着广泛的应用，例如，操作系统中用目录树来表示文件的位置，编译程序中用语法树来表示源程序的语法结构，数据挖掘中用决策树来进行数据分类等。

树的基本概念和术语

1. 树的定义

树是 n（$n \geqslant 0$）个具有相同类型的数据元素的有限集合。树中的数据元素叫作结点。$n=0$ 的树称为空树；对于 $n>0$ 的任意非空树 T：

（1）有且仅有一个特殊的结点称为树的根结点，根没有前驱结点。

（2）若 $n>1$，则除根结点外，其余结点被分成了 m（$m>0$）个互不相交的集合 $T_1,T_2,\cdots,T_m$，其中每一个集合 T_i（$1 \leqslant i \leqslant m$）本身又是一棵树。树 $T_1,T_2,\cdots,T_m$ 称为这棵树的子树。

由树的定义可知，树是递归的，可以用树来定义树。因此，树的许多算法都使用了递归。

树的形式定义为：树简记为 T，是一个二元组，表示为

$$T=(D, R)$$

其中，D 为结点的有限集合；R 为结点之间关系的有限集合。

图 5.1 是一棵具有 10 个结点的树，即 $T=\{A,B,C,D,E,F,G,H,I,J\}$。结点 A 是树 T 的根结点，根结点 A 没有前驱结点。除 A 之外的其余结点分成了 3 个互不相交的集合：$T_1=\{B,E,F,G\}$，$T_2=\{C,H\}$，$T_3=\{D,I,J\}$，分别形成了 3 棵子树，B、C 和 D 分别成为这 3 棵子树的根结点，因为这 3 个结点分别在这 3 棵子树中没有前驱结点。

从树的定义和图 5.1 的示例可以看出，树具有以下两个特点。

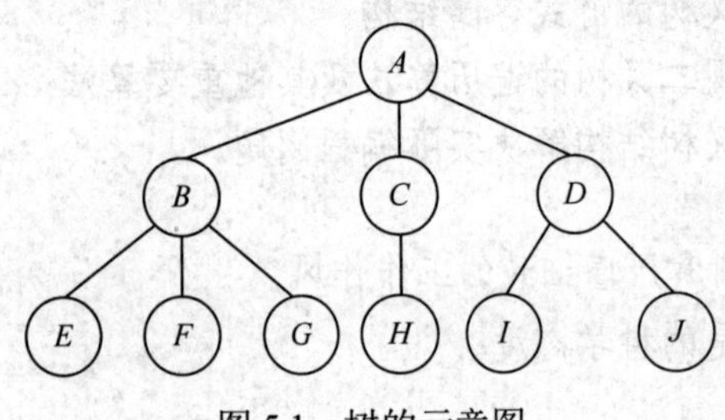

图 5.1　树的示意图

（1）树的根结点没有前驱结点，除根结点之外的所有结点有且只有一个前驱结点。

（2）树中的所有结点都可以有零个或多个后继结点。

实际上，特点（1）表示的就是树结构的“一对多”关系中的“一”，特点（2）表示的是“多”。

由此特点可知，图 5.2 所示的 3 个示意图都不是树。

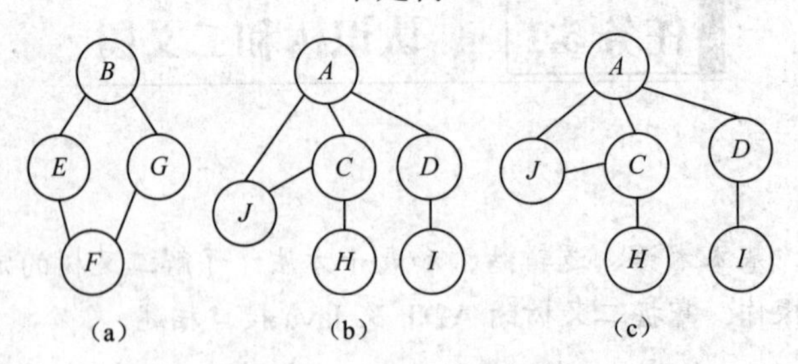

图 5.2　非树结构示意图

2. 树的基本术语

1）结点

结点表示树中的数据元素，由数据项和数据元素之间的关系组成。在图 5.1 中，共有 10 个结点。

2）结点的度

结点的度是指结点所拥有的子树的个数。在图 5.1 中，结点 A 的度为 3。

3）树的度

树的度是指树中各结点度的最大值。在图5.1中，树的度为3。

4）叶子结点

叶子结点是指度为0的结点，也叫终端结点。在图5.1中，结点*E*、*F*、*G*、*H*、*I*、*J*都是叶子结点。

5）分支结点

分支结点是指度不为0的结点，也叫非终端结点或内部结点。在图5.1中，结点*A*、*B*、*C*、*D*是分支结点。

6）孩子

孩子是指结点子树的根。在图5.1中，结点*B*、*C*、*D*是结点*A*的孩子。

7）双亲

结点的上层结点是该结点的双亲，也称父结点。在图5.1中，结点*B*、*C*、*D*的双亲是结点*A*。

8）祖先

祖先是指从根到该结点所经分支上的所有结点。在图5.1中，结点*E*的祖先是*A*和*B*。

9）子孙

子孙是指以某结点为根的子树中的任一结点。在图5.1中，除*A*之外的所有结点都是*A*的子孙。

10）兄弟

同一双亲的孩子称为兄弟。在图5.1中，结点*B*、*C*、*D*互为兄弟。

11）结点的层次

从根结点到树中某结点所经路径上的分支数称为该结点的层次。根结点的层次规定为1，其余结点的层次等于其双亲结点的层次加1。

3. 树的逻辑表示

树的逻辑表示方法很多，这里只讲几种常见的表示方法。

1）直观表示法

直观表示法中的树就像日常生活中的树木一样，整个图就像一棵倒立的树，从根结点出发不断扩展，根结点在最上层，叶子结点在最下层，如图5.3（a）所示。

2）凹入表示法

每个结点对应一个矩形，所有结点的矩形都右对齐，根结点用最长的矩形表示，同一层的结点的矩形长度相同，层次越高，矩形长度越短，图5.1所示树的凹入表示法如图5.3（b）所示。

3）广义表表示法

广义表表示法中根结点排在最前面，用一对圆括号把它的子树结点括起来，子树结点用逗号隔开。图5.1所示树用广义表表示法表示为（*A*（*B*（*E*，*F*，*G*），*C*（*H*），*D*（*I*，*J*）））。

4）嵌套表示法

嵌套表示法类似数学中所说的文氏图表示法，如图5.3（c）所示。

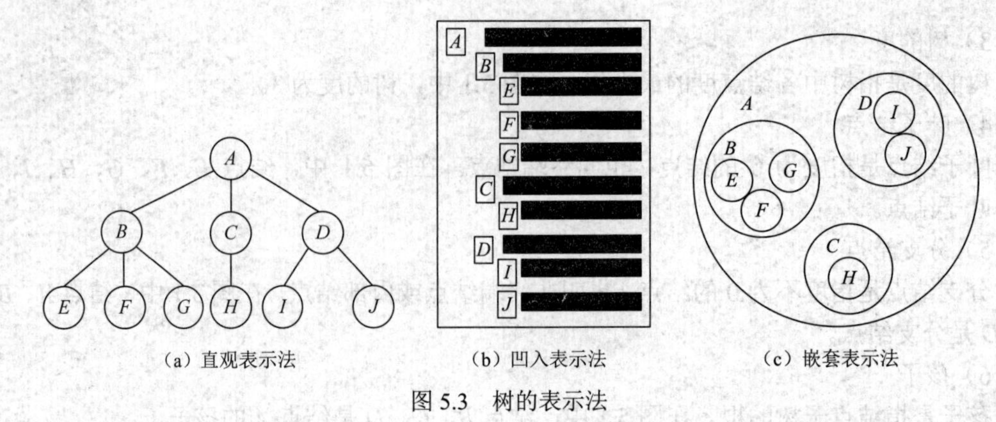

（a）直观表示法　（b）凹入表示法　（c）嵌套表示法

图 5.3　树的表示法

4. 二叉树的定义和性质

1）认识二叉树

认识二叉树

二叉树是 n（$n \geqslant 0$）个具有相同类型的结点的有限集合。n=0 的二叉树称为空二叉树；对于 n>0 的任意非空二叉树：

（1）有且仅有一个特殊结点称为二叉树的根结点，根结点没有前驱结点。

（2）若 n>1，则除根结点外，其余结点被分成了两个互不相交的集合 TL 和 TR，而 TL、TR 本身又是一棵二叉树，分别称为这棵二叉树的左子树和右子树。

二叉树的形式定义：二叉树简记为 BiTree，是一个二元组，有

$$\text{BiTree}=(D, R)$$

其中，D 为结点的有限集合；R 为结点之间关系的有限集合。

由树的定义可知，二叉树是另外一种树结构，并且是有序树，它的左子树和右子树有严格的次序，若将其左、右子树颠倒，就成为另外一棵不同的二叉树。因此，图 5.4（a）和（b）所示是不同的二叉树。

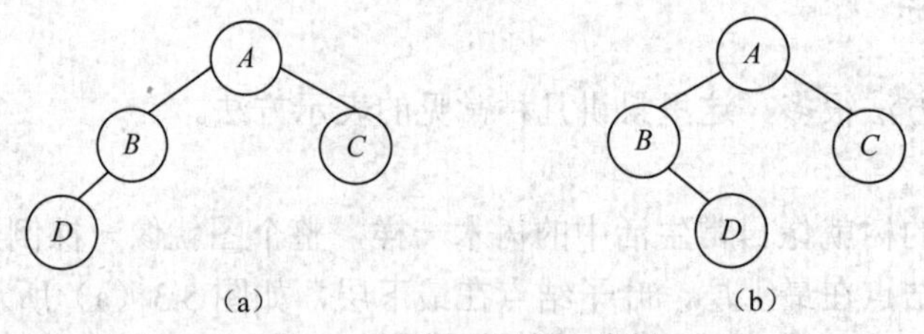

图 5.4　两棵不同的二叉树

二叉树的形态共有 5 种：空二叉树、只有根结点的二叉树、右子树为空的二叉树、左子树为空的二叉树和左、右子树非空的二叉树。二叉树的 5 种形态如图 5.5 所示。

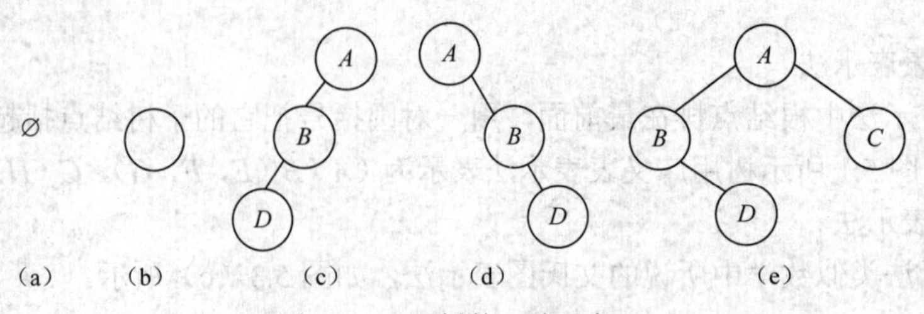

图 5.5　二叉树的 5 种形态

下面介绍两种特殊的二叉树。

（1）满二叉树：如果一棵二叉树只有度为 0 的结点和度为 2 的结点，并且度为 0 的结点在同一层上，则这棵二叉树为满二叉树，如图 5.6（a）所示。由定义可知，对于深度为 k 的满二叉树的结点个数为 2^k-1。

（2）完全二叉树：深度为 k、有 n 个结点的二叉树，当且仅当其每一个结点都与深度为 k、有 n 个结点的满二叉树中编号从 1～n 的结点一一对应时，称为完全二叉树，如图 5.6（b）所示。完全二叉树的特点是叶子结点只可能出现在层次最大的两层上，并且某个结点的左分支下子孙的最大层次与右分支下子孙的最大层次相等或多 1 层。

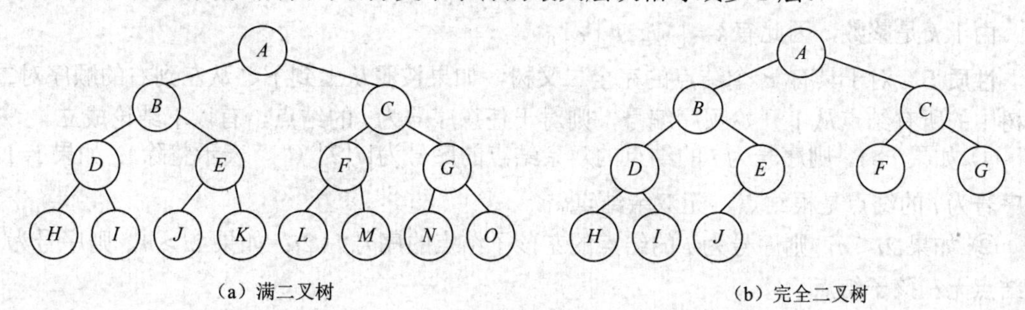

（a）满二叉树　　（b）完全二叉树

图 5.6　特殊二叉树

二叉树中每个结点最多只有两个孩子结点，即结点的度不大于 2；并且子树有左右之分，子树的次序（位置）不能颠倒。

2）二叉树的性质

性质 1　一棵非空二叉树的第 i 层上最多有 2^{i-1} 个结点（$i \geqslant 1$）。

该性质可由数学归纳法证明。证明略。

性质 2　一棵深度为 k 的二叉树最多有 2^k-1 个结点。

设第 i 层的结点数为 $x_i(1 \leqslant i \leqslant k)$，深度为 k 的二叉树的结点数为 M，x_i 最多为 2^{i-1}，则有

$$M=\sum_{i=1}^{k} x_i \leqslant \sum_{i=1}^{k} 2^{i-1}=2^k-1$$

性质 3　对于一棵非空的二叉树，如果叶子结点数为 n_0，度为 2 的结点数为 n_2，则有

$$n_0=n_2+1$$

设 n 为二叉树的结点总数，n_1 为二叉树中度为 1 的结点数，则有

$$n=n_0+n_1+n_2 \tag{5.1}$$

在二叉树中，除根结点外，其余结点都有唯一的一个进入分支。设 B 为二叉树中的分支数，那么有

$$B=n-1 \tag{5.2}$$

这些分支是由度为 1 和度为 2 的结点发出的，一个度为 1 的结点发出一个分支，一个度为 2 的结点发出两个分支，因此有

$$B=n_1+2n_2 \tag{5.3}$$

综合式（5.1）～式（5.3）可以得到

$$n_0=n_2+1$$

性质 4　具有 n 个结点的完全二叉树的深度 k 为 $\lfloor \log_2 n \rfloor + 1$[①]。

根据完全二叉树的定义和性质 2 可知，当一棵完全二叉树的深度为 k、结点个数为 n 时，有

$$2^{k-1} - 1 < n \leqslant 2^k - 1$$

或

$$2^{k-1} \leqslant n < 2^k$$

对不等式取对数，有

$$k - 1 \leqslant \log_2 n < k$$

由于 k 是整数，因此有 $k = \lfloor \log_2 n \rfloor + 1$。

性质 5　对于具有 n 个结点的完全二叉树，如果按照从上到下、从左到右的顺序对二叉树中的所有结点从 1 开始顺序编号，则对于任意序号为 i 的结点，有以下结论成立。

① 如果 $i>1$，则序号为 i 的结点的双亲结点的序号为 $\lfloor i|2 \rfloor$（“|”表示整除）；如果 $i=1$，则序号为 i 的结点是根结点，无双亲结点。

② 如果 $2i \leqslant n$，则序号为 i 的结点的左孩子结点的序号为 $2i$；如果 $2i > n$，则序号为 i 的结点无左孩子结点。

③ 如果 $2i+1 \leqslant n$，则序号为 i 的结点的右孩子结点的序号为 $2i+1$；如果 $2i+1>n$，则序号为 i 的结点无右孩子结点。

此外，若对二叉树的根结点从 0 开始编号，则相应的第 i 号结点的双亲结点的编号为 $(i-1)/2$，左孩子结点的编号为 $2i+1$，右孩子结点的编号为 $2i+2$。

此性质可采用数学归纳法证明。证明略。

5. 二叉树的 ADT 及接口描述

根据对二叉树的逻辑结构及基本操作的认识，得到二叉树的 ADT。

```
ADT BiTree {
    数据元素：具有相同元素（结点）类型的数据集合。
    数据关系：二叉树由一个根结点和两棵不相交的左、右子树构成，结点具有层次关系。
    基本操作：
    ① 先序遍历二叉树：按“根-左子树-右子树”的顺序遍历二叉树的全部结点。
    ② 中序遍历二叉树：按“左子树-根-右子树”的顺序遍历二叉树的全部结点。
    ③ 后序遍历二叉树：按“右子树-左子树-根”的顺序遍历二叉树的全部结点。
    ④ 层次遍历二叉树：按从上到下、从左到右的顺序遍历二叉树的全部结点。
    ⑤ 统计结点数：返回二叉树结点总数。
    ⑥ 求深度：返回二叉树的深度。
    ⑦ 判相等：判断两棵二叉树是否相等。
    ⑧ 查结点：在二叉树中查找数据元素与某个结点元素相同的结点。
}
```

注意：关于基本操作的具体含义，将在后面详述。

二叉树的 Java 接口描述 IBiTree.java（BiTNode 是二叉树元素结点的类型）的具体程序如下：

---

① 符号 $\lfloor x \rfloor$ 表示不大于 x 的最大整数；反之，$\lceil x \rceil$ 表示不小于 x 的最小整数。

```
public interface IBiTree {
    void preRootTrav(BiTNode T);       //先序遍历二叉树的递归算法
    void inRootTrav(BiTNode T);        //中序遍历二叉树的递归算法
    void postRootTrav(BiTNode T);      //后序遍历二叉树的递归算法
    void levelTrav();                  //层次遍历二叉树的算法(从上到下、从左到右)
    int countNode(BiTNode T);          //统计结点的数目
    int getDepth(BiTNode T);           //求二叉树的深度
    boolean isEqual(BiTNode T1, BiTNode T2);//比较两棵二叉树是否相等
    BiTNode searchNode(BiTNode T, Object x);//在二叉树T中查找值为x的结点
}
```

5.1.2 任务实施

参考程序

二叉树的ADT的接口描述步骤如下。

步骤1：打开Eclipse，创建一个Java项目，命名为“数据结构Unit05”，在其中创建包，命名为“二叉树”。

步骤2：在包中创建一个二叉树接口，命名为IBiTree.java，在其中定义8个二叉树的基本操作（抽象方法）。

任务5.2 二叉树的实现

任务描述

了解二叉树的几种存储结构；掌握二叉链表存储结构；实现基于二叉链表存储结构的二叉树结点类和二叉树类。

5.2.1 知识准备

1. 二叉树的存储结构及实现

二叉树的存储结构

二叉树主要有顺序和链式两类存储结构。下面对这两类存储结构以及链式存储结构的实现进行介绍。

1）二叉树的顺序存储结构

对于一棵完全二叉树，由性质5可计算得到任意结点i的双亲结点序号、左孩子结点序号和右孩子结点序号。因此，完全二叉树的结点可按从上到下、从左到右的顺序存储在一维数组中，其结点间的关系可由性质5计算得到，这就是二叉树的顺序存储结构。例如，图5.6（a）所示的满二叉树的顺序存储结构如图5.7所示。

1	2	3	4	5	6	7	8	9	10	11	12	13	14	15
A	*B*	*C*	*D*	*E*	*F*	*G*	*H*	*I*	*J*	*K*	*L*	*M*	*N*	*O*

图5.7 满二叉树的顺序存储结构

但是，对于一棵非完全二叉树，不能简单地按照从上到下、从左到右的顺序存放在一维数组中，因为数组下标之间的关系不能反映二叉树中结点之间的逻辑关系。因此，应该对一棵非完全二叉树进行改造，增加空结点使其成为一棵完全二叉树，然后顺序存储在一维数组中。图 5.8（a）所示为图 5.5（e）的完全二叉树形态，图 5.8（b）所示为图 5.8（a）的顺序存储示意图。

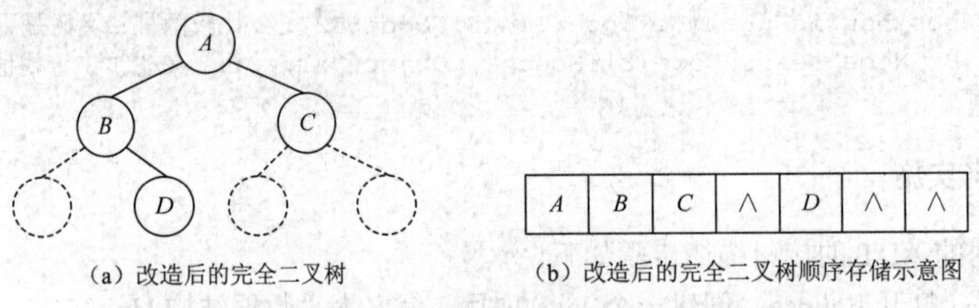

（a）改造后的完全二叉树　（b）改造后的完全二叉树顺序存储示意图

图 5.8　一般二叉树的改造及其顺序存储示意图

很显然，顺序存储对于需要增加很多空结点才能改造为一棵完全二叉树并不适合，因为会造成空间的大量浪费。实际上，采用顺序存储结构是对非线性的数据结构线性化，用线性结构来表示二叉树的结点之间的逻辑关系，需要增加大量空间。一般来说，有大约一半的空间被浪费。最差的情况是右单支树，如图 5.9 所示，一棵深度为 k 的右单支树只有 k 个结点，却需要分配 2^k-1 个存储单元。

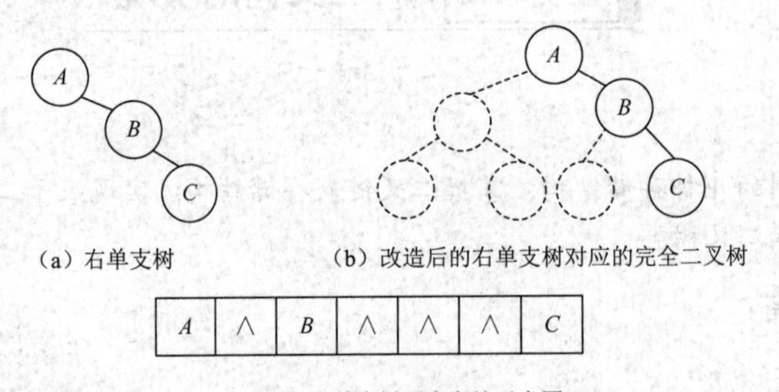

（a）右单支树　（b）改造后的右单支树对应的完全二叉树

（c）改造后的右单支树顺序存储示意图

图 5.9　右单支树及其顺序存储示意图

2）二叉树的链式存储结构

二叉树的链式存储结构可以较好地解决存储空间浪费的问题。二叉树的链式存储结构有多种，这里重点介绍二叉链表存储结构。

二叉树的二叉链表存储结构是指二叉树的结点有 3 个域：一个数据域和两个指针（引用）域。其中，数据域存储数据，两个指针域分别存放其左、右孩子结点的地址。当左孩子或右孩子结点不存在时，相应域为空，用符号∧表示。二叉树结点存储结构如图 5.10 所示。

lChild	data	rChild

图 5.10　二叉树结点存储结构

图 5.11 所示为图 5.8（a）所示的二叉树的二叉链表示意图。图 5.11（a）所示为不带头结点的二叉链表，图 5.11（b）所示为带头结点的二叉链表。本书采用不带头结点的二叉链

表结构，即头引用（指针）直接指向根结点。

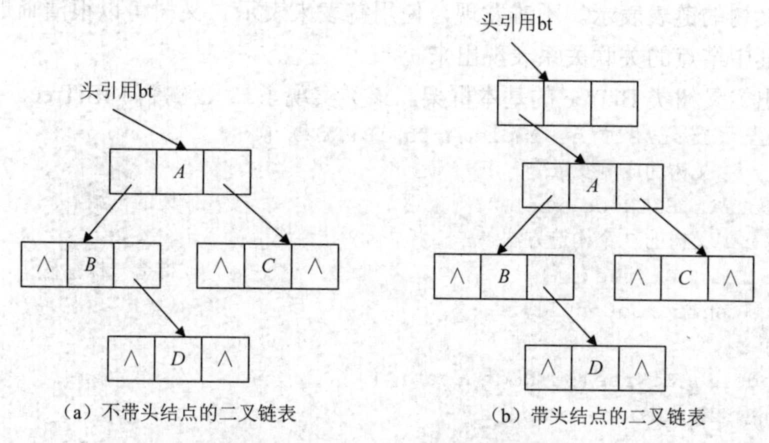

（a）不带头结点的二叉链表　　（b）带头结点的二叉链表

图 5.11　二叉树的二叉链表示意图

图 5.11 所示的二叉树有 4 个结点，每个结点中有两个指针，共有 8 个指针，其中 3 个指针被使用，5 个指针是空的。由性质 4 可知：由 n 个结点构成的二叉链表中，只有 $n-1$ 个指针域被使用，还有 $n+1$ 个指针域是空的。

3）二叉树链式存储结构的实现

要实现二叉树的链式存储结构，首先要实现二叉树链表的结点类 BiTNode.java，按照其要求定义如下：

```
//二叉链表的结点类BiTNode.java
public class BiTNode {
    //2个成员变量
    public Object data;               //数据域
    public BiTNode lchild,rchild;//左子指针域lchild,右子指针域rchild
    //3个构造方法
    public BiTNode(){                 //创建一个数据域和两个指针域都为空的树结点
        this(null,null,null);
    }
    public BiTNode(Object x){         //创建一个指定数据域但两个指针域都为空的树结点
        this(x,null,null);
    }
    //创建一个指定数据域和两个指针域的树结点
    public BiTNode(Object x,BiTNode l,BiTNode r){
        this.data=x;
        this.lchild=l;
        this.rchild=r;
    }
}
```

完成了结点类的设计，那么使用链表来组织树结构就不是一件困难的事了。整个二叉树被保存在一个线性链表中，并通过一个指向根结点的表头指针来获得对于整个二叉树对象的访问入口。链表中的每个结点都由 3 个区域组成，这点前面已经做过介绍。如果一棵树的某个结点仅有左孩子结点，而无右孩子结点，那么它的左孩子区域存储的是该结点的左孩子结点的指针，右孩子区域存储的则是一个空指针，它不指向任何元素，反之亦然。

如果一个结点是叶子结点，那么它的左孩子区域和右孩子区域都为空。图 5.11（b）所示为一棵二叉树的链表表示。不难发现，使用链表来表示二叉树可以很清晰地将树结构的层次关系和其中结点的关联关系表现出来。

下面给出二叉树类 BiTree 的基本框架，该类实现了二叉树接口 IBiTree。

```
public class BiTree implements IBiTree {
    /* 二叉树的成员变量 */
    public BiTNode root;                              //树的根结点
    /* 二叉树的 3 个构造方法 */
    public BiTree() {                                 //构造一棵空树
        this.root=null;
    }
    public BiTree(BiTNode root) {                     //构造一棵树
        this.root=root;
    }
    //由标明空子树的先序遍历序列建立一棵二叉树
    private static int index=0;                       //用于记录 preStr 的索引值
    public BiTree(String preStr) {
        //取出字符串索引为 index 的字符，且 index 增 1
        char c=preStr.charAt(index++);
        if (c!='#') {                                 //字符不为#
            root=new BiTNode(c);                          //建立树的根结点
            root.lchild=new BiTree(preStr).root;          //建立树的左子树
            root.rchild=new BiTree(preStr).root;          //建立树的右子树
        } else
            root = null;
    }
    /* 二叉树的 8 个成员方法 */
    //先根遍历二叉树基本操作的递归算法
    public void preRootTrav(BiTNode T) {
        //…
    }
    //中根遍历二叉树基本操作的递归算法
    public void inRootTrav(BiTNode T) {
        //…
    }

    //后根遍历二叉树基本操作的递归算法
    public void postRootTrav(BiTNode T) {
        //…
    }

    //层次遍历二叉树基本操作的算法(自左向右)
    public void levelTrav() {
        //…
    }
    //统计结点的数目
```

```
    public int countNode(BiTNode T) {
        //…
    }
    //后根遍历求二叉树的深度
    public int getDepth(BiTNode T) {
        //…
    }
    //先根遍历比较二叉树
    public boolean isEqual(BiTNode T1,BiTNode T2) {
        //…
    }
    //在根结点为T的二叉树中查找值为x的结点并返回
    public BiTNode searchNode(BiTNode T,Object x) {
        //…
    }
}
```

其中，第3个构造方法public BiTree(String preStr)是由标明空子树的先根遍历序列建立的一棵二叉树。通过学习后面的遍历内容，就能看懂该方法的实现。

2. 二叉树的遍历

二叉树的遍历是指按照某种顺序访问二叉树中的每个结点，使每个结点被访问一次且仅被访问一次。

二叉树的遍历

遍历是二叉树中经常要用到的一种操作，非常重要。在实际应用问题中，常常需要按一定顺序对二叉树中的每个结点逐个进行访问，查找具有某一特点的结点，然后对这些满足条件的结点进行处理。可以说，与单链表一样，链式存储结构的二叉树的很多操作都是基于遍历的。

通过一次完整的遍历，可以使二叉树中的结点信息从非线性排列变为某种意义上的线性排列。也就是说，遍历操作使非线性结构线性化。

由二叉树的定义可知，一棵二叉树由根结点、根结点的左子树和根结点的右子树3部分组成。因此，只要依次遍历这3部分，就可以遍历整棵二叉树。若以D、L、R分别表示访问根结点、遍历根结点的左子树、遍历根结点的右子树，则二叉树的遍历方式有6种：DLR、LDR、LRD、DRL、RDL和RLD。它们的含义如下：

	先左后右	先右后左
先序	DLR	DRL
中序	LDR	RDL
后序	LRD	RLD

如果限定先左后右，则只有前3种方式，即DLR（“根-左子树-右子树”，称为先序遍历）、LDR（“左子树-根-右子树”，称为中序遍历）和LRD（“左子树-右子树-根”，称为后序遍历）。

下面以图5.12所示的二叉树为例来讨论3种遍历方式。由于二叉树链表是递归的数据结构，因此采用递归算法实现遍历是最简洁的。

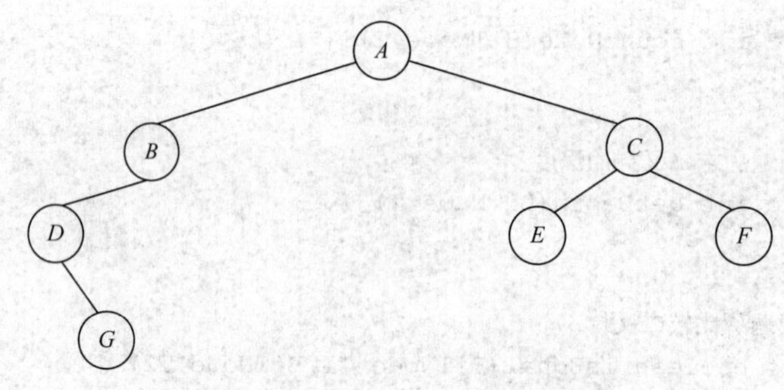

图 5.12　二叉树

1）先序遍历

先序遍历的递归模型如下。

二叉树遍历的应用

【算法步骤】若二叉树（根结点）非空，则访问根结点，先序遍历根结点的左子树，先序遍历根结点的右子树；否则，返回，遍历结束。

【算法描述】

```
// 先序遍历二叉树基本操作的递归算法
public void preRootTrav(BiTNode T) {
    if (T != null) {                        //若二叉树根结点非空，则
        System.out.print(T.data);           //访问根结点
        preRootTrav(T.lchild);              //先序遍历左子树
        preRootTrav(T.rchild);              //先序遍历右子树
    }                                       //否则，返回，遍历结束
}
```

对于图 5.12 所示的二叉树，首先访问根结点 *A*，然后移动到 *A* 结点的左子树。*A* 结点的左子树的根结点是 *B*，于是访问 *B*。移动到 *B* 的左子树，访问左子树的根结点 *D*。现在 *D* 没有左子树，因此移动到它的右子树，它的右子树的根结点是 *G*，因此访问 *G*。现在就完成了对根结点 *A* 和左子树 *B* 的遍历。以类似的方法遍历根结点 *A* 的右子树 *C*。遍历完成后，按先序遍历所得到的结点序列为 *ABDGCEF*，如图 5.13 所示。

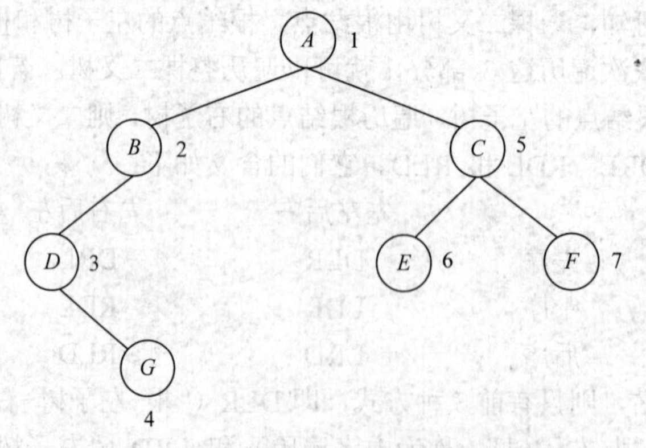

图 5.13　图 5.12 所示二叉树的先序遍历示意图

2）中序遍历

中序遍历的递归模型如下。

【算法步骤】若二叉树（根结点）非空，则中序遍历根结点的左子树，访问根结点，中

序遍历根结点的右子树；否则，返回，遍历结束。

【算法描述】

```
// 中序遍历二叉树基本操作的递归算法
public void inRootTrav(BiTNode T) {
    if (T!=null) {                          //若二叉树根结点非空，则
        inRootTrav(T.lchild);               //中序遍历左子树
        System.out.print(T.data);           //访问根结点
        inRootTrav(T.rchild);               //中序遍历右子树
    }                                       //否则，返回，遍历结束
}
```

对于图 5.12 所示的二叉树，在访问树的根结点 A 之前，必须遍历 A 的左子树，因此移到 B。在访问 B 之前，必须遍历 B 的左子树，因此移动到 D。在访问 D 之前，必须遍历 D 的左子树，但 D 的左子树是空的，因此就访问 D。在访问 D 之后，必须遍历 D 的右子树，因此移动到 G。在访问 G 之前，必须访问 G 的左子树，因为 G 没有左子树，因此就访问 G。在访问 G 之后，必须遍历 G 的右子树，因为 G 的右子树是空的，现在遍历 B 的右子树，也为空，现在 A 的左子树就访问完了。那么就访问 A，接着遍历 A 的右子树，因此移动到 C。在访问 C 之前，必须访问 C 的左子树 E，然后访问 C，再访问 F。遍历完成后，按中序遍历所得到的结点序列为 $DGBAECF$，如图 5.14 所示。

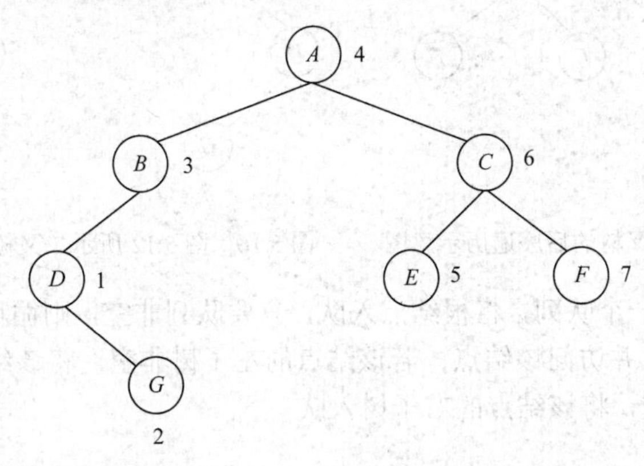

图 5.14　图 5.12 所示二叉树的中序遍历示意图

3）后序遍历

后序遍历的递归模型如下。

【算法步骤】若二叉树（根结点）非空，则后序遍历根结点的左子树，后序遍历根结点的右子树，访问根结点；否则，返回，遍历结束。

【算法描述】

```
// 后序遍历二叉树基本操作的递归算法
public void postRootTrav(BiTNode T) {
    if (T!=null) {                          //若二叉树根结点非空，则
        postRootTrav(T.lchild);             //后序遍历左子树
        postRootTrav(T.rchild);             //后序遍历右子树
        System.out.print(T.data);           //访问根结点
    }                                       //否则，返回，遍历结束
}
```

对于图 5.12 所示的二叉树，首先遍历根结点 *A* 的左子树，*A* 的左子树的根结点是 *B*，因此需要进一步移动到它的左子树。*B* 的左子树的根结点是 *D*，*D* 没有左子树，但有右子树，因此移动到它的右子树。*D* 的右子树的根结点是 *G*，*G* 没有左子树和右子树，因此 *G* 是首先访问的结点。

在访问了 *G* 之后，遍历 *D* 的右子树的流程就完成了，因此需要访问 *D*。至此，*B* 的左子树的遍历就完成了。现在可以遍历 *B* 的右子树，因为没有，这样 *A* 的左子树就遍历完成了。以同样的方式访问 *A* 的右子树。遍历完成后，二叉树按后序遍历所得到的结点序列为 *GDBEFCA*，如图 5.15 所示。

4）层次遍历

所谓二叉树的层次遍历，是指从二叉树的第一层（根结点）开始，从上到下逐层遍历，在同一层中，则按从左到右的顺序对结点逐个访问。例如，对于图 5.12 的二叉树，按层次遍历所得到的结果序列为 *ABCDEFG*，如图 5.16 所示。

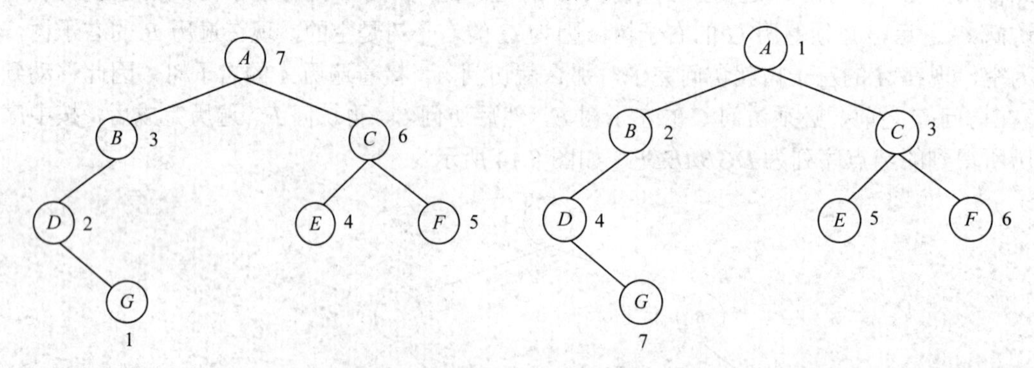

图 5.15　图 5.12 所示二叉树的后序遍历示意图　　图 5.16　图 5.12 所示二叉树的层次遍历示意图

【算法步骤】创建一个队列，将根结点入队，只要队列非空，则循环执行以下 3 步：从队列中取出一个结点，并访问该结点；若该结点的左子树非空，将该结点的左子树入队；若该结点的右子树非空，将该结点的右子树入队。

【算法描述】

```
//层次遍历(从上到下、从左到右)二叉树基本操作的算法
public void levelTrav() {
    BiTNode T=root;
    if (T!=null) {
        LinkQueue L=new LinkQueue();        //创建链队列
        L.offer(T);                         //根结点入队列
        while (!L.isEmpty()) {              //只要队列非空，循环
            T=(BiTNode) L.poll();           //出队 1 个结点
            System.out.print(T.data);       //访问该结点
            if (T.lchild!=null)             //若其左子树非空，入队列
                L.offer(T.lchild);
            if (T.rchild!=null)             //若其右子树非空，入队列
                L.offer(T.rchild);
        }
    }
}
```

3. 二叉树的其他常用操作

在以上讨论的遍历算法中，输出结点数据域信息的语句 System.***out***.print(T.data)可以理解为访问结点的一系列操作。根据具体的问题，可以对二叉树结点数据进行不同的访问操作。下面介绍几个遍历操作的典型应用。

1）统计二叉树结点的个数

由于二叉树中结点的个数等于根结点加上其左、右子树中结点的个数，因此可以运用不同的遍历递归算法统计出二叉树中结点的个数。这里以先序遍历为例。在二叉树的先序遍历算法中，引入一个计数变量 count，count 的初值为 0；将访问根结点的操作视为对结点计数变量加 1 的操作；将遍历左、右子树的操作视为统计左、右子树的结点个数并将其值分别加到结点的计数变量中的操作。

【算法步骤】计数变量 count 赋初值 0。若二叉树非空，则进行如下操作：count 值加 1；统计根结点的左子树的结点个数，并加入 count 变量中；统计根结点的右子树的结点个数，并加入 count 变量中。返回 count 值。

【算法描述】

```
//统计结点的数目
public int countNode(BiTNode T) {
    int count=0;
    if (T!=null) {
        ++count;                            //结点的个数加 1
        count+=countNode(T.lchild);         //加上左子树上结点的个数
        count+=countNode(T.rchild);         //加上右子树上结点的个数
    }
    return count;
}
```

2）求二叉树的深度

要求二叉树的深度，一种方法是先求出左子树的深度，再求出右子树的深度，二叉树的深度就是左子树深度和右子树深度中的最大值加 1。按照这种思路，自然就会想到使用后序遍历算法来解决求二叉树的深度问题。

【算法步骤】若二叉树为空，则返回 0 值；否则，求左子树的深度，求右子树的深度，将左、右子树深度的最大值加 1 并返回其值。

【算法描述】

```
//后序遍历求二叉树的深度
public int getDepth(BiTNode T) {
    if (T!=null) {
        int lDepth=getDepth(T.lchild);//求左子树的深度
        int rDepth=getDepth(T.rchild);//求右子树的深度
        //树的深度为左、右子树深度的最大值+1
        return 1+(lDepth>rDepth?lDepth:rDepth);
    }
    return 0;
}
```

3）判断两棵二叉树是否相等

由于一棵二叉树可以看成由根结点、左子树和右子树 3 个基本单元组成的树结构，因此若两棵树相等，则只有两种情况：一是这两棵二叉树都为空；二是当这两棵二叉树都为非空时，它们的根结点、左子树和右子树都分别对应相等。

所谓根结点相等就是指两棵树根结点的值相等，而左、右子树相等的判断可以用判断二叉树相等的方法来实现，即可用递归调用。

下面以先序遍历的思路为例做判断。

【算法步骤】若两棵二叉树都为空，则两棵二叉树相等，返回 true。若两棵二叉树都非空，则：若根结点的值相等，则判断它们的左子树是否相等；若左子树相等，则判断它们的右子树是否相等；若右子树也相等，则两棵二叉树相等，返回 true。其他任何情况都返回 false。

【算法描述】

```
//先序遍历比较二叉树
public boolean isEqual(BiTNode T1, BiTNode T2) {
    if (T1==null && T2==null)                          //同时为空，必然相等
        return true;
    if (T1!=null && T2!=null)                          //同时非空，进行比较
        if (T1.data.equals(T2.data))                   //比较根结点的值
            if (isEqual(T1.lchild, T2.lchild))         //比较左子树
                if (isEqual(T1.rchild, T2.rchild))     //比较右子树
                    return true;
    return false;
}
```

4）查找值为 x 的数据元素结点

在二叉树中查找结点的操作的要求是：在以 T 为根结点的二叉树中查找值为 x 的结点，若找到，则返回该结点；否则，返回空值。

要实现该查找操作，可在二叉树的先序遍历过程中进行，并且在遍历时将访问根结点的操作视为是将根结点的值与 x 进行比较的操作。

【算法步骤】若二叉树为空，则不存在这个结点，返回空值；否则，将根结点的值与 x 进行比较，若相等，则返回该结点。若根结点的值与 x 不相等，则在左子树中进行查找，若找到，则返回找到的结点。若左子树中没找到值为 x 的结点，则继续在右子树中进行查找，并返回查找结果。

说明：此操作的实现过程在描述时要注意其程序结构与先序遍历算法的不同之处。因为在二叉树上按先根遍历搜索时，只要找到了值为 x 的结点就不必继续进行搜索。也就是说，只有当根结点不是值为 x 的结点时，才需要进入左子树进行查找，而且也只有当左子树仍未查找到值为 x 的结点时，才需要进入右子树继续查找。

【算法描述】

```
//在根结点为 T 的二叉树中查找值为 x 的结点并返回
public BiTNode searchNode(BiTNode T,Object x) {
    if (T!=null) {
        if (T.data.equals(x))// 对根结点判断
            return T;
        else {
            BiTNode lresult=searchNode(T.lchild, x);//查找左子树
            return lresult!=null ? lresult : searchNode(T.rchild, x);
```

```
                    //若在左子树中找到，则返回该结点；否则在右子树中查找并返回结果
        }
    }
    return null;
}
```

5）由标明空子树的先序遍历序列建立一棵二叉树

已知二叉树的先序遍历序列不能唯一确定一棵二叉树。例如，假设先序遍历序列为 *AB*，则其对应两棵不同的二叉树，如图 5.17 所示。

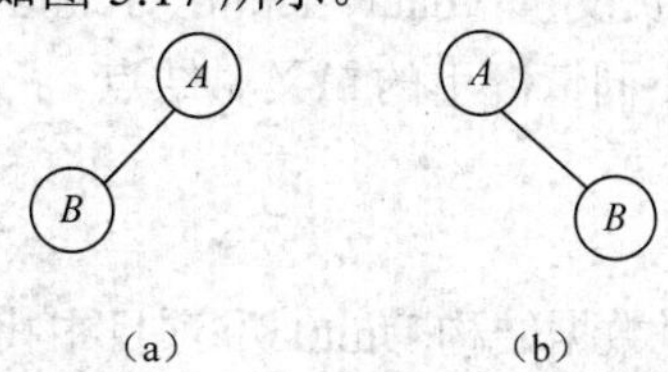

图 5.17　先序遍历序列为 *AB* 的两棵不同的二叉树

如果能够在先序遍历序列中加入每一个结点的空子树信息，则可明确二叉树中结点与双亲、孩子与兄弟之间的关系，因此就可以唯一确定一棵二叉树。例如，图 5.18 所示的是几棵标明空子树“#”的二叉树及其对应的先序遍历序列。

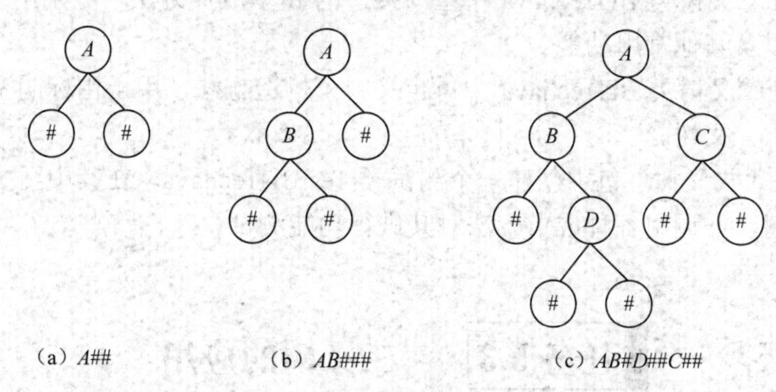

图 5.18　标明空子树“#”的二叉树及其先序遍历序列

【算法步骤】按标明空子树“#”的先序遍历序列建立一棵二叉树的主要操作步骤描述如下：从标明空子树信息的先序遍历序列中依次读入字符，若读入的字符是“#”，则建立空树；否则，进行如下操作：建立根结点；继续建立树的左子树；继续建立树的右子树。

【算法描述】

```
//由标明空子树的先序遍历序列建立一棵二叉树
private static int index = 0;          //用于记录 preStr 的索引值
public BiTree(String preStr) {
    char c=preStr.charAt(index++);     //取出索引为 index 的字符，index 增 1
    if (c!='#') {                      //字符不为#
        root=new BiTNode(c);           //建立树的根结点
        root.lchild=new BiTree(preStr).root;     //建立树的左子树
        root.rchild=new BiTree(preStr).root;     //建立树的右子树
    } else
        root=null;
}
```

5.2.2 任务实施

参考程序

1. 二叉树结点类的定义

步骤 1：打开 Eclipse，在“数据结构 Unit05”项目中找到“二叉树”包，在其中创建一个二叉树结点类 BiTNode.java。

步骤 2：在类中创建 3 个成员变量（data、lchild、rchild）和 3 个构造方法（无参数、1 个参数、3 个参数），对应创建不同情况下的二叉树结点。

2. 二叉树类的实现和测试

步骤 1：打开 Eclipse，在“数据结构 Unit05”项目中找到“二叉树”包，在其中创建一个二叉树类 BiTree.java，令其实现接口 IBiTree。

步骤 2：在二叉树类 BiTree.java 中定义成员变量。

步骤 3：在二叉树类 BiTree.java 中定义前两个构造方法，分别用于构造一棵空二叉树和一棵指定根结点的二叉树。

步骤 4：在二叉树类 BiTree.java 中重写接口的 8 个成员方法，分别用于实现二叉树 4 种方式的遍历以及其他常用功能。

步骤 5：在二叉树类 BiTree.java 中再定义一个构造方法，用于由标明空子树的先序遍历序列建立一棵二叉树。

步骤 6：在“二叉树”包中创建一个测试类 TestBiTree.java，在其中至少通过两种方式创建两棵二叉树，并调用各种成员方法对其进行功能测试。

任务 5.3 二叉树的应用

任务描述

掌握二叉树的结构特点和基本操作，应用二叉树解决实际编程问题。

5.3.1 知识准备

二叉树应用举例

算数表达式通常可以用一棵二叉树来表示。例如，图 5.19 所示为表达式 $3x^2+x-1/x+5$ 的二叉树表示。在表达式的二叉树表示中，每个叶子结点都是操作数，每个非叶子结点都是运算符。对于一个非叶子结点，它的左、右子树分别是它的两个操作数。

对该二叉树分别进行先序、中序和后序遍历，可以得到表达式的 3 种不同表示形式。

前缀表达式：$+-+\times3\times xxx/1x5$

中缀表达式：$3\times x\times x+x-1/x+5$

后缀表达式：$3xx\times\times x+1x/-5+$

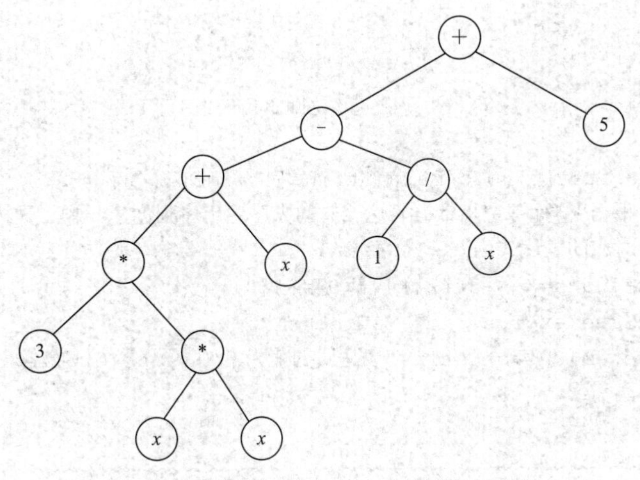

图 5.19 表达式 $3x^2+x-1/x+5$ 的二叉树表示

中缀表达式是经常使用的算术表达式，前缀表达式和后缀表达式分别称为波兰式和逆波兰式，它们在编译程序中有着非常重要的作用。

利用二叉树对算数表达式进行求值有以下两种方案。

方案 1：可以利用二叉树的后序遍历算法得到后缀表达式，再利用栈来实现后缀表达式的求值。

方案 2：由于表达式树是二叉树，是递归的数据结构，利用递归的特性可以对其递归求值。下面的代码就是采用这种方案对算数表达式进行求值。

```
package 二叉树;
/**
 * 表达式树的求值
 */
public class ExpressionTree {
    public static double Value(BiTNode t)
    {
        double lv,rv,v=0;    //lv:左子树的结果; rv:右子树的结果; v:本树的结果
        if (t==null)            //若本树为空树
            return 0;           //则返回结果 0
        if(t.lchild==null && t.rchild==null)      //若本树为叶子
            return (char)t.data-'0'; //则必定是数值结点，返回该结点的值
        lv=Value(t.lchild);    //递归求左子树的值
        rv=Value(t.rchild);    //递归求右子树的值
        switch((char)t.data){ //根据根结点的运算符，计算本树的值
            case '+':
                v=lv+rv;break;
            case '-':
                v=lv-rv;break;
            case '*':
                v=lv*rv;break;
            case '/':
```

```
                v=lv/rv;
            }
            return v;               //返回本树的值
        }
        public static void main(String[] args) {
            //根据（#标识空指针）表达式树的先序遍历序列创建一颗二叉树
            //对应的表达式为(3+2)*4-9/3
            String s="-*+3##2##4##/9##3##";
            BiTree expTree=new BiTree(s);
            System.out.println("表达式的值为："+Value(expTree.root));
        }
    }
```

注意：该类要在“二叉树”包里创建，或导入 BiTree.java 类，它需要二叉树类的支持。

运行结果：

```
表达式的值为：17.0
```

参考程序

5.3.2 任务实施

用二叉树解决表达式树求值的编程问题步骤如下。

步骤 1：打开 Eclipse，在“数据结构 Unit05”项目中找到“二叉树”包，在其中创建一个类 ExpressionTree.java，包含 main 方法，作为主类。

步骤 2：在类 ExpressionTree.java 中定义一个表达式树求值的静态方法 public static double Value(BiTNode t)。在其中编写代码，递归对表达式树（或子树）求值。

步骤 3：在类 ExpressionTree.java 的 main 方法中，定义一个空值标记的先序遍历字符串 s，该字符串是对表达式树（图 5.20）的含空值标记的先序遍历字符序列。

步骤 4：在 main 方法中，以字符串 s 为参数调用二叉树构造方法 BiTree(s)创建一棵表达式二叉树 expTree。

步骤 5：在 main 方法中，以表达式二叉树 expTree 的根指针为参数，调用表达式树求值的递归方法 Value(expTree.root)，并将求值结果输出。

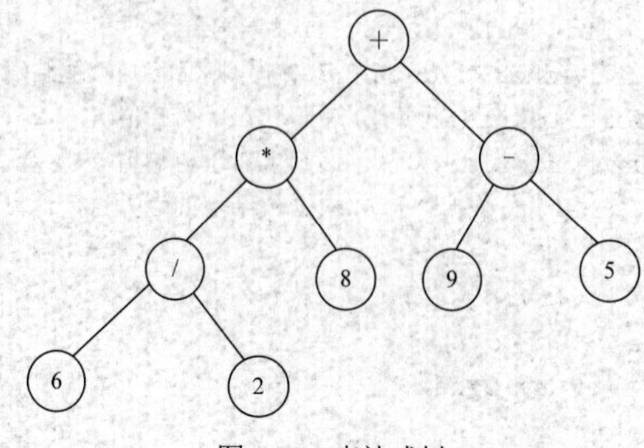

图 5.20　表达式树

知识拓展：线索二叉树、哈夫曼树、树和森林

阅读材料

软件历程——金山 WPS

WPS 是我国金山软件公司开发的一款深受用户青睐、装机率很高的软件产品，从它诞生应用至今已有 30 年的历史。下面简单介绍 WPS 软件和金山软件公司的发展历程。

WPS 是 Word Processing System（字处理系统）的简称，写出这款软件程序的作者是求伯君，他是中国第一代程序员的代表。1988 年 5 月到 1989 年 9 月一年多的时间里，求伯君将自己关在房间内用十几万行代码写出了第一版的 WPS，他希望这款软件可以成为中国市场主流的文字处理软件。到 1994 年，5 年的时间里，WPS 软件在中国市场每年的销量超过了 3 万套，这在当时的国产软件中是个非常优秀的成绩单。

互联网连接到中国的时间是 1994 年，当时的 WPS 软件在中国市场已经占据了大量的市场份额，求伯君也建立了珠海金山电脑公司，这就是金山软件的前身，但没有想到的是随着互联网浪潮的来袭，WPS 也迎来了海外进军中国市场的强劲对手——Microsoft Office。从 1996 年开始，Microsoft Office Word 伴随 Windows 系统的普及在中国迅速打开市场，成为 WPS 强大的竞争对手。

WPS 陷入低谷，但发展并未结束，新的转机来源于金山软件的另一位重要人物——雷军。目前已经创立小米科技的雷军在当时还是金山软件的总经理，面对微软的强势竞争，雷军计划用 3 年的时间耗资 3500 万元重新编写 WPS 软件，为 WPS 产品注入新的活力。重新编写的 WPS 于 2005 年正式上线，在用户界面与使用功能方面与 Microsoft Office 并没有太大差别，甚至在某些技术方面领先 Microsoft Office。至于扩大市场份额的方法，WPS 选择最简单的免费策略，企业用户和专业用户需要支付一定的费用，但个人版的 WPS 将永久免费使用。在逐渐兴起的移动端办公领域中，WPS 推出了无须安装客户端的小程序。WPS 在中国市场已经重新获得较大的市场份额，成为国产办公软件产品的佼佼者。

单 元 小 结

树结构在计算机领域有着广泛的应用。二叉树是一种简化的树结构。任何树都可以方便地转换成二叉树，因此二叉树是本单元学习的重点。

首先要了解关于树和二叉树的基本概念和基本术语，了解二叉树的 5 个重要性质。重点要掌握二叉树的逻辑结构、基本操作，以及基于二叉链表的存储结构的实现。

在二叉树的多种存储结构中，二叉链表结构最为重要。

在二叉树的基本操作中，有 4 种遍历方法：中序遍历、前序遍历、后序遍历和层次遍

历。二叉树遍历的程序框架非常典型，许多二叉树相关操作都可以基于这个程序框架实现。

此外，线索二叉树和最优二叉树（哈夫曼树），以及树的逻辑结构与存储结构的实现，树与二叉树的转换等知识也需要了解。

习　题

一、选择题

1. 以下说法错误的是（　　）。
   A. 树中每个结点都可以有多个直接前驱
   B. 树中每个结点都可以有多个直接后继
   C. 树中有且只有一个结点无前驱
   D. 树中可以有多个结点无后继
2. 二叉树共有（　　）种基本形态。
   A. 3　　B. 4　　C. 5　　D. 6
3. 对一棵深度为 h 的二叉树，其结点的个数最多为（　　）。
   A. $2h$　　B. $2h-1$　　C. 2^{h-1}　　D. 2^h-1
4. 如图 5.21 所示的顺序存储结构表示的二叉树是（　　）。

下标	0	1	2	3	4	5	6	7	8	9	10	11	12
bt	6	*A*	*B*	*C*	∧	*D*	*E*	∧	∧	∧	∧	∧	*F*

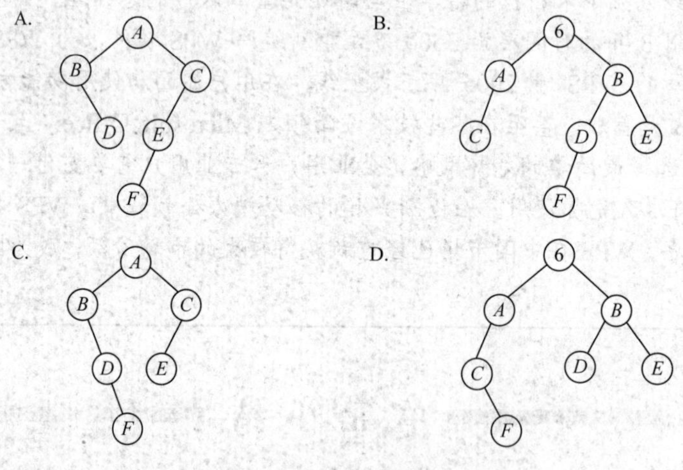

图 5.21　顺序存储结构

5. 如图 5.22 所示二叉树的中序序列是（　　）。
   A. *DHEBAFIJCG*　　B. *DHEBAFJICG*
   C. *DBHEAFCJIG*　　D. *DBHEAFJICG*
6. 如图 5.22 所示二叉树的先序序列是（　　）。
   A. *ABDHECFJIG*　　B. *ABDEHCFGIJ*

C. *ABHDECJIFG*　　D. *ABCDEFGHIJ*

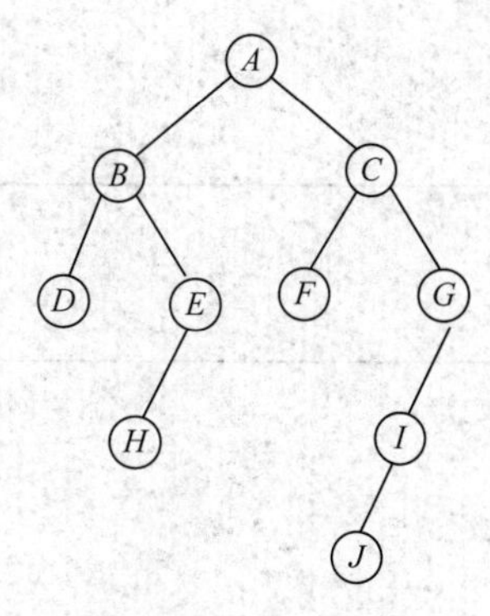

图 5.22 二叉树

7. 如图 5.22 所示二叉树的后序序列是（　　）。

A. *HEDBJIGFCA*　　B. *HDEBJIFGCA*

C. *DEHBFGIJCA*　　D. *DHEBFJIGCA*

8. 在有 n 个结点的二叉树的二叉链表存储结构中有（　　）个空的指针域。

A. $n-1$　　B. n　　C. $n+1$　　D. 0

二、算法设计题

1. 编写一个基于二叉树类的统计叶子结点数目的成员方法。
2. 编写一个基于二叉树类的查找二叉树中值为 x 的结点的成员方法。
3. 编写算法求一棵二叉树的根结点 root 到一个指定结点 p 之间的路径并输出。
4. 编写算法统计二叉树的叶子数目。

三、上机实训题

在本单元实现的二叉树类 BiTree.java 的基础上增加下列功能：

（1）分别统计叶子结点、单分支结点和双分支结点的个数。

（2）交换每个结点的左、右孩子。

（3）输出根结点到每个叶子结点的路径。

编写程序，完成测试。

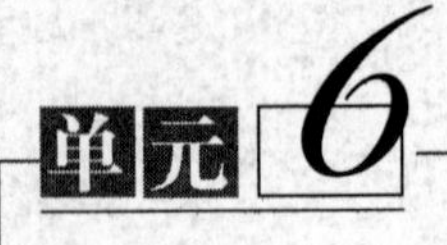

图

知识目标

- 了解图的相关概念、逻辑结构和基本操作。
- 掌握图的邻接矩阵存储结构，了解邻接表存储结构。
- 掌握图的两种遍历算法——深度优先遍历、广度优先遍历。
- 理解两种最小生成树的算法。
- 理解两种最短路径的算法。

能力目标

- 能基于邻接矩阵编程实现图的存储及基本操作。
- 能编程实现图的遍历。
- 能根据图的各类算法描述分析算法的执行过程。
- 能应用图结构解决实际的编程问题。

素质目标

- 培养良好的人际协调和沟通能力。
- 培养理论联系实际、善于发现问题并积极寻求解决方法的能力。

任务 6.1 图的定义和存储

任务描述

理解图的相关概念，掌握图的逻辑结构和基本操作，以及图的 ADT 定义；掌握图的邻接矩阵存储结构。

6.1.1 知识准备

图的概念和术语

1. 图的定义和术语

1）图的定义

图是由非空的顶点集合和一个描述顶点之间关系——边（或者弧）的集合组成的，其

形式化定义为

$$G=(V,E)$$
$$V=\{v_i|\ v_i\in \text{data object}\}$$
$$E=\{(v_i,v_j)|\ v_i,\ v_j\in V\wedge P(v_i,\ v_j)\}$$

其中，G 表示一个图；V 是图 G 中顶点的集合；E 是图 G 中边的集合；$P(v_i,v_j)$表示顶点 v_i 和顶点 v_j 之间有一条直接连线，即偶对(v_i,v_j)表示一条边。

图 6.1 所示为一个图的示例，在该图中，$G_1=(V_1,E_1)$，顶点集合 $V_1=\{v_0,v_1,v_2,v_3,v_4\}$，边的集合 $E_1=\{(v_0,v_1),(v_0,v_3),(v_1,v_2),(v_2,v_3),(v_2,v_4),(v_1,v_4)\}$。

2）图的相关术语

（1）无向图。在一个图中，如果任意两个顶点构成的偶对$(v_i,v_j)\in E$ 是无序的，即顶点之间的连线是没有方向的，则称该图为无向图。如图 6.1 所示是一个无向图 G_1。

（2）有向图。在一个图中，如果任意两个顶点构成的偶对$<v_i,v_j>\in E$ 是有序的，即顶点之间的连线是有方向的，则称该图为有向图。如图 6.2 所示是一个有向图 G_2。

$$G_2=(V_2,E_2)$$
$$V_2=\{v_0,v_1,v_2,v_3\}$$
$$E_2=\{<v_0,v_1>,<v_0,v_2>,<v_2,v_3>,<v_3,v_0>\}$$

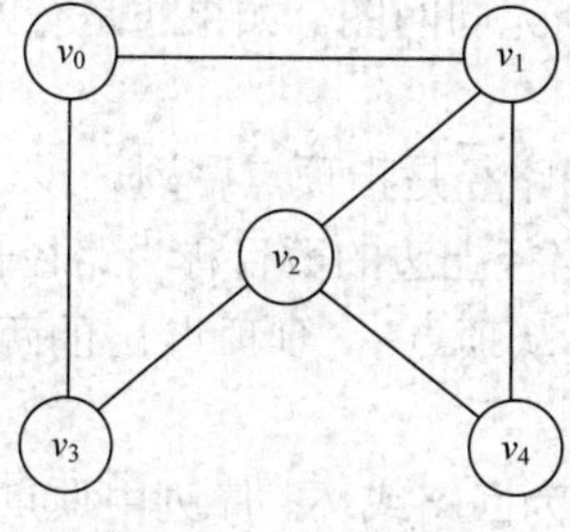

图 6.1 无向图 G_1

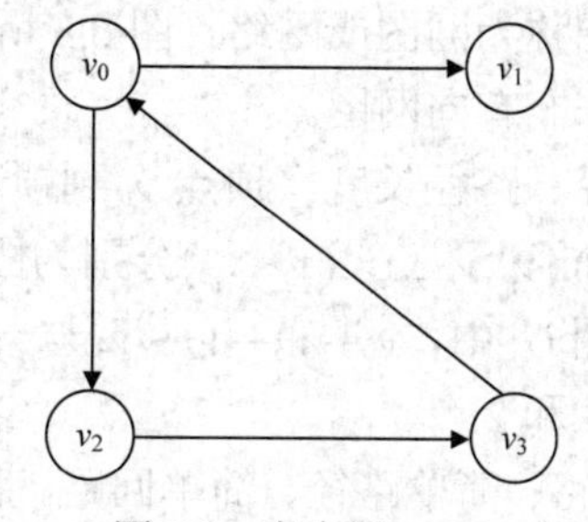

图 6.2 有向图 G_2

（3）顶点、边、弧、弧头、弧尾。在图中，数据元素 v_i 称为顶点；$P(v_i,v_j)$表示在顶点 v_i 和顶点 v_j 之间有一条直接连线，在无向图中称这条连线为边，在有向图中称这条连线为弧。边用顶点的无序偶对(v_i,v_j)来表示，称顶点 v_i 和顶点 v_j 互为邻接点，边(v_i,v_j)依附于顶点 v_i 与顶点 v_j。弧用顶点的有序偶对$<v_i,v_j>$来表示，有序偶对的第一个结点 v_i 被称为始点（或弧尾），在图中就是不带箭头的一端；有序偶对的第二个结点 v_j 被称为终点（或弧头），在图中就是带有箭头的一端。

（4）无向完全图。在一个无向图中，如果任意两个顶点都有一条直接边相连接，则称该图为无向完全图。可以证明，在一个含有 n 个顶点的无向完全图中，有 $n(n-1)/2$ 条边。

（5）有向完全图。在一个有向图中，如果任意两个顶点之间都有方向相反的两条弧相连接，则称该图为有向完全图。在一个含有 n 个顶点的有向完全图中，有 $n(n-1)$条边。

（6）稠密图、稀疏图。若一个图接近完全图，则称为稠密图；边数很少的图为稀疏图。

（7）顶点的度、入度、出度。顶点的度是指依附于某顶点 v 的边数，通常记为 $D(v)$。在有向图中，要区别顶点的入度与出度的概念。顶点 v 的入度是指以顶点为终点的弧的数目，记为 $\mathrm{ID}(v)$；顶点 v 出度是指以顶点 v 为始点的弧的数目，记为 $\mathrm{OD}(v)$。有 $D(v)=\mathrm{ID}(v)+\mathrm{OD}(v)$，顶点 v 的度等于其入度与出度之和。

例如，在图 G_1 中有

$$D(v_0)=2 \quad D(v_1)=3 \quad D(v_2)=3 \quad D(v_3)=2 \quad D(v_4)=2$$

在图 G_2 中有

$$\mathrm{ID}(v_0)=1 \quad \mathrm{OD}(v_0)=2 \quad D(v_0)=3$$

$$\mathrm{ID}(v_1)=1 \quad \mathrm{OD}(v_1)=0 \quad D(v_1)=1$$

$$\mathrm{ID}(v_2)=1 \quad \mathrm{OD}(v_2)=1 \quad D(v_2)=2$$

$$\mathrm{ID}(v_3)=1 \quad \mathrm{OD}(v_3)=1 \quad D(v_3)=2$$

可以证明，对于具有 n 个顶点、e 条边的图，顶点 v_i 的度 $D(v_i)$与顶点的个数以及边的数目满足关系：

$$e=\frac{1}{2}\sum_{i=0}^{n-1}D(v_i)$$

即边数等于各顶点度数之和的一半。

（8）边的权、网图。与边有关的数据信息称为权。在实际应用中，权值可以有某种含义。例如，在一个反映城市交通线路的图中，边的权值可以表示该条线路的长度或者等级；对于一个电子线路图，边的权值可以表示两个端点之间的电阻、电流或电压值；对于反映工程进度的图而言，边的权值可以表示从前一个工程到后一个工程所需要的时间；等等。边上带权的图称为网图或网络，图 6.3 所示就是一个无向网图。如果边是有方向的带权图，则该图就是一个有向网图。

（9）路径、路径长度。顶点 v_p 到顶点 v_q 之间的路径是指顶点序列 $v_p, v_{i_1}, v_{i_2}, \cdots, v_{i_m}, v_q$。其中，$(v_p, v_{i_1}), (v_{i_1}, v_{i_2}), \cdots, (v_{i_m}, v_q)$分别为图中的边。路径上边的数目称为路径长度。在图 6.1 所示的无向图 G_1 中，$v_0 \to v_3 \to v_2 \to v_4$ 与 $v_0 \to v_1 \to v_4$ 是从顶点 v_0 到顶点 v_4 的两条路径，路径长度分别为 3 和 2。

（10）回路、简单路径、简单回路。称 v_i 的路径为回路或环。序列中顶点不重复出现的路径称为简单路径。在图 6.1 中，v_0 到 v_4 的两条路径都是简单路径。除第一个顶点与最后一个顶点之外，其他顶点不重复出现的回路称为简单回路或简单环。例如，图 6.2 中的 $v_0 \to v_2 \to v_3 \to v_0$ 就是一个简单回路。

（11）子图。对于图 $G=(V,E)$，$G'=(V',E')$，若存在 V'是 V 的子集，E'是 E 的子集，则称图 G'是图 G 的一个子图。图 6.4 所示为图 G_2 和 G_1 的两个子图 G'和 G''。

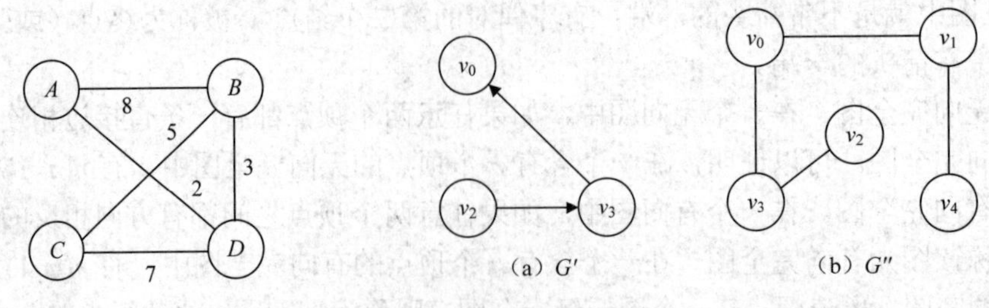

图 6.3　无向网图　　　图 6.4　图 G_2 和 G_1 的两个子图

（12）连通的、连通图、连通分量。在无向图中，如果从一个顶点 v_i 到另一个顶点 $v_j(i \neq j)$ 有路径，则称顶点 v_i 和 v_j 是连通的。如果图中任意两个顶点都是连通的，则称该图是连通图。无向图的极大连通子图称为连通分量。图 6.5（a）有两个连通分量，如图 6.5（b）所示。

（13）强连通图、强连通分量。对于有向图来说，如果图中任意一对顶点 v_i 和 $v_j(i\neq j)$均有从 v_i 到 v_j 的路径，也有从 v_j 到 v_i 的路径，则称该有向图是强连通图。有向图的极大强连通子图称为强连通分量。图 6.2 有两个强连通分量，分别是$\{v_0,v_2,v_3\}$和$\{v_1\}$，如图 6.6 所示。

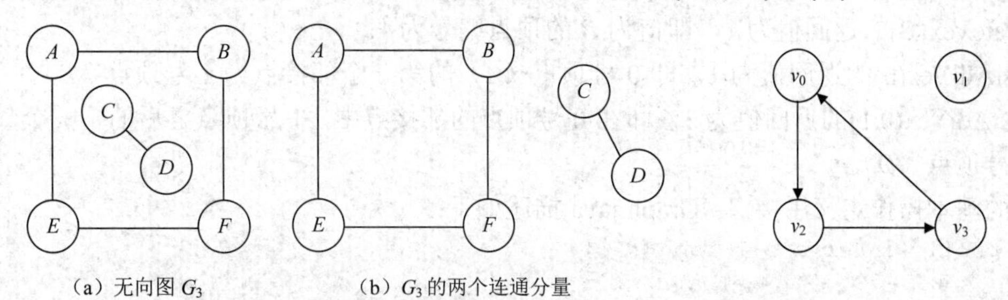

图 6.5　无向图及连通分量　　　　图 6.6　有向图 G_2 的两个强连通分量

（14）生成树。所谓连通图 G 的生成树，是 G 的包含其全部 n 个顶点的一个极小连通子图。它必定包含且仅包含 G 的 n−1 条边。图 6.4（b）G'' 给出了无向图 G_1 的一棵生成树。在生成树中添加任意一条属于原图中的边必定会产生回路，因为新添加的边使其所依附的两个顶点之间有了第二条路径。若生成树中减少任意一条边，则必然成为非连通的。

（15）生成森林。在非连通图中，由每个连通分量都可得到一个极小连通子图，即一棵生成树。这些连通分量的生成树就组成了一个非连通图的生成森林。

2. 图的 ADT 及接口描述

在一个图中，顶点是没有先后次序的，但当采用某一种确定的存储方式存储后，存储结构中顶点的存储次序构成了顶点之间的相对次序，这里用顶点在图中的位置编号 i 表示该顶点的存储顺序，即图的第 i 号顶点。同样的道理，对一个顶点的所有邻接点，采用该顶点的第 j 号邻接点表示与该顶点相邻接的某个顶点的存储顺序，即顶点 v 的第 j 号邻接点。在这种意义下，图的基本操作包括以下几种。

认识图

根据对图的逻辑结构及基本操作的认识，得到图的 ADT 定义如下：

```
ADT Graph {
    数据对象：D=具有相同数据类型的数据元素的集合
    数据关系：R=数据元素之间通过边或弧相互连接
基本操作：
（1）创建图 creatGraph()：输入图 G 的顶点和边，建立图 G 的存储。
（2）查找顶点 getVex(v)：根据顶点的编号 v，查找顶点的数据值（0≤v<vexNum，vexNum 为顶点数）。
（3）定位顶点 locateVex(vex)：根据顶点的值 vex，查找该顶点的编号；若不存在该顶点，则返回-1。
（4）查找第一个邻接点 firstAdjVex(v)：返回第 v 号顶点的第一个邻接点，若 v 没有邻接点，则返回-1，其中，0≤v<vexNum。
（5）查找下一个邻接点 nextAdjVex(v,w)：返回 w 之后的下一个邻接点，若 w 是 v 的最后一个邻接点，则返回-1，其中，0≤v,w<vexNum。
}
```

例如，对于图 6.3 所示的无向网图，顶点集合 $V=\{A,B,C,D\}$，顶点的编号分别为 0、1、

2、3，则图的基本操作结果如下：

creatGraph( )将创建该图的对象（存储结构）。

getVex(0)的返回值为 A，即编号为 0 的顶点值为 A。

locateVex(B)的返回值为 1，即值为 B 的顶点编号为 1。

firstAdjVex(0)的返回值为 1，即 0 号顶点（A）的第一个邻接点为 1 号顶点（B）。

nextAdjVex(0,1)的返回值为 3，即在 0 号顶点的邻接点中，1 号顶点之后的下一个邻接点为 3 号顶点（D）。

图的基本操作定义用接口 IGraph.java 描述如下：

```
public interface IGraph {
    void createGraph();
    Object getVex(int v) throws Exception;
    int locateVex(Object vex);
    int firstAdjVex(int v) throws Exception;
    int nextAdjVex(int v,int w) throws Exception;
}
```

3. 图的存储结构

图是一种结构复杂的数据结构，不仅各个顶点的度千差万别，而且顶点之间的逻辑关系也错综复杂。从图的定义可知，一个图的信息包括两方面，即图中顶点的信息以及描述顶点之间关系的边或弧的信息。因此，无论采用什么方法建立图的存储结构，都要完整、准确地反映这两方面的信息。

图的存储结构

图的常用存储结构主要有两种：邻接矩阵和邻接表。下面重点介绍邻接矩阵。

所谓邻接矩阵存储结构，就是用一维数组存储图中顶点的信息，用矩阵表示图中各顶点之间的邻接关系。假设图 $G=(V,E)$有 n 个确定的顶点，即 $V=\{v_0,v_1,\cdots,v_{n-1}\}$，则表示 G 中各顶点相邻关系为一个 $n\times n$ 的矩阵，矩阵的元素为

$$\text{arcs}[i][j]=\begin{cases}1 & (v_i,v_j)\text{或}<v_i,v_j>\text{是}E(G)\text{中的边或弧}\\ 0 & (v_i,v_j)\text{或}<v_i,v_j>\text{不是}E(G)\text{中的边或弧}\end{cases}$$

若 G 是网图（带权图），则邻接矩阵可定义为

$$\text{arcs}[i][j]=\begin{cases}w_{ij} & (v_i,v_j)\text{或}<v_i,v_j>\text{是}E(G)\text{中的边或弧}\\ 0\text{或}\infty & (v_i,v_j)\text{或}<v_i,v_j>\text{不是}E(G)\text{中的边或弧}\end{cases}$$

其中，w_{ij} 表示边(v_i,v_j)或弧$<v_i,v_j>$上的权值；∞表示一个计算机允许的、大于所有边上权值的数，意味着两个顶点之间权值无穷大，即不相邻接。

用邻接矩阵表示法表示图和网图，如图 6.7～图 6.10 所示。

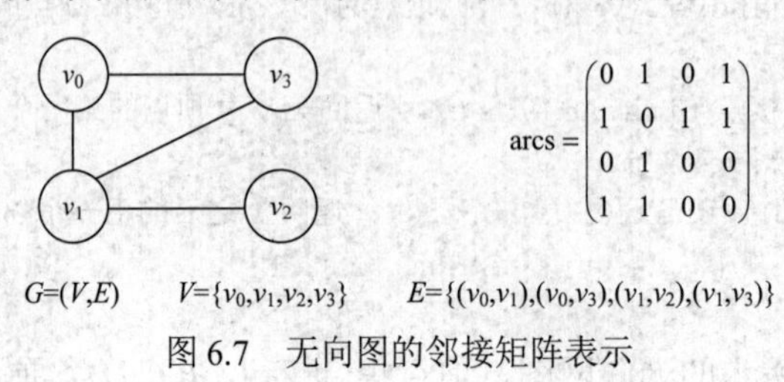

图 6.7　无向图的邻接矩阵表示

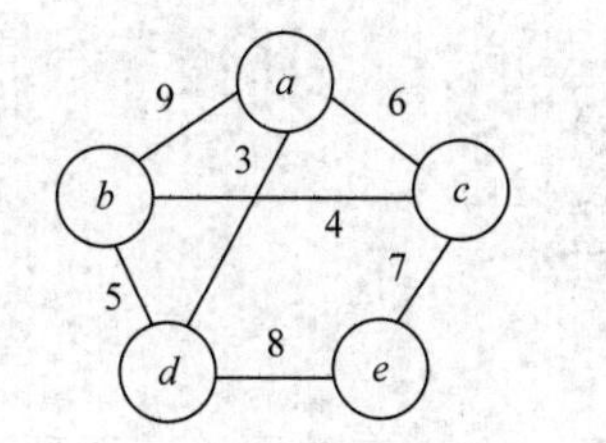

$$\text{arcs}=\begin{pmatrix} \infty & 9 & 6 & 3 & \infty \\ 9 & \infty & 4 & 5 & \infty \\ 6 & 4 & \infty & \infty & 7 \\ 3 & 5 & \infty & \infty & 8 \\ \infty & \infty & 7 & 8 & \infty \end{pmatrix}$$

$G=(V,E)$　　$V=\{a,b,c,d,e\}$　　$E=\{(a,b),(a,c),(a,d),(b,c),(b,d),(c,e),(d,e)\}$

图 6.8　无向网图的邻接矩阵表示

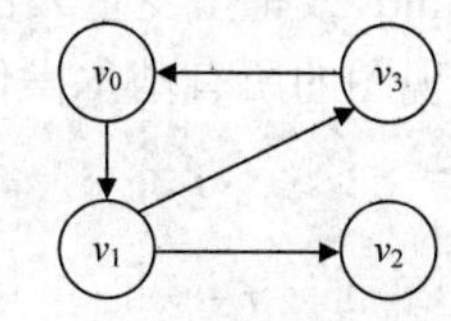

$$\text{arcs}=\begin{pmatrix} 0 & 1 & 0 & 1 \\ 1 & 0 & 1 & 1 \\ 0 & 1 & 0 & 0 \\ 1 & 1 & 0 & 0 \end{pmatrix}$$

$G=(V,E)$　　$V=\{v_0,v_1,v_2,v_3\}$　　$E=\{<v_0,v_1>,<v_1,v_2>,<v_1,v_3>,<v_3,v_0>\}$

图 6.9　有向图的邻接矩阵表示

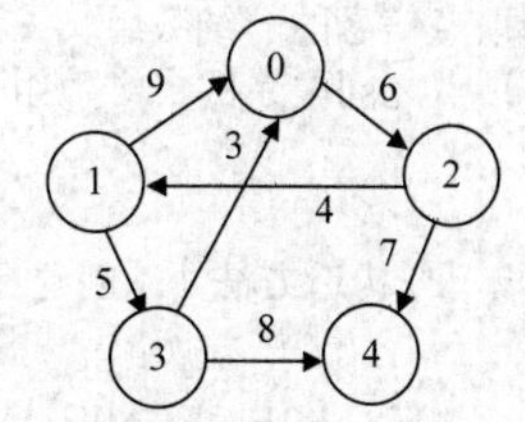

$$\text{arcs}=\begin{pmatrix} \infty & 9 & 6 & 3 & \infty \\ 9 & \infty & 4 & 5 & \infty \\ 6 & 4 & \infty & \infty & 7 \\ 3 & 5 & \infty & \infty & 8 \\ \infty & \infty & 7 & 8 & \infty \end{pmatrix}$$

$G=(V,E)$　　$V=\{0,1,2,3,4\}$　　$E=\{<0,2>,<1,0>,<1,5>,<2,1>,<2,4>,<3,0>,<3,4>\}$

图 6.10　有向网图的邻接矩阵表示

从图的邻接矩阵存储方法容易看出这种表示具有以下特点。

- 无向图的邻接矩阵一定是一个对称矩阵。因此，在具体存放邻接矩阵时只需存放上（或下）三角矩阵的元素即可。
- 对于无向图，邻接矩阵的第 i 行（或第 i 列）非零元素（或非∞元素）的个数正好是第 i 个顶点的度 $D(v_i)$。
- 对于有向图，邻接矩阵的第 i 行（或第 i 列）非零元素（或非∞元素）的个数正好是第 i 个顶点的出度 $\mathrm{OD}(v_i)$（或入度 $\mathrm{ID}(v_i)$）。
- 用邻接矩阵方法存储图，很容易确定图中任意两个顶点之间是否有边相连。但是，用邻接矩阵存储图也有局限性，当需要确定图中有多少条边时，则必须按行、按列对每个元素进行检测，所花费的时间代价很大。

另一种图的存储结构是邻接表。邻接表属于一种顺序存储与链式存储相结合的存储方式，可参阅本单元“知识拓展”部分。

4. 图的基本操作的实现

下面以邻接矩阵为存储结构来实现图的基本操作。

首先需要根据图的 4 种类型定义一个 Java 枚举：

```
//图的种类GraphKind.java枚举定义，包括无向图、有向图、无向网、有向网
public enum GraphKind {
```

```
    UDG,        //无向图（UnDirected Graph）
    DG,         //有向图（Directed Graph）
    UDN,        //无向网（UnDirected Network）
    DN;         //有向网（Directed Network）

}
```

在用邻接矩阵存储图时，除了用一个二维数组 arcs[][]存储用于表示顶点间相邻关系的邻接矩阵外，还需要用一个一维数组 vexs[]存储顶点信息。另外，需要定义图的顶点数 vexNum 和边数 arcNum 两个变量，以及图的类型 kind（枚举型变量）。图的邻接矩阵 MGraph 类的框架如下（该类实现了 IGraph 接口，需要实现图的所有基本操作）：

```
//图的邻接矩阵存储结构 MGraph.java 类的定义
import java.util.Scanner;
public class MGraph implements IGraph {
   public final static int INFINITY=Integer.MAX_VALUE; //权值∞常量
   public GraphKind kind;          //图的种类标识
   public int vexNum, arcNum;     //图的顶点数和图的边数
   public Object[] vexs;          //存储顶点信息的一维数组
   public int[][] arcs;           //存储顶点之间关系的二维数组——邻接矩阵

   public MGraph() {
      this(null, 0, 0, null, null);      //构造方法 1：创建一个空图
   }
   public MGraph(GraphKind kind, int vexNum, int arcNum, Object[] vexs,
         int[][] arcs) {
      this.kind=kind;                         //构造方法 2：创建指定参数的一个图
      this.vexNum=vexNum;
      this.arcNum=arcNum;
      this.vexs=vexs;
      this.arcs=arcs;
   }
   //图的创建
   public void createGraph() { … }
   //创建无向图
   private void createUDG() { … }
   //创建有向图
   private void createDG() { … }
   //创建无向网图
   private void createUDN(){ … }
   //创建有向网图
   private void createDN() { … }
   //给定顶点值，返回顶点在图中的位置编号，若图中不包含此顶点，返回-1
   public int locateVex(Object vex) { … }
   //返回 v 表示的顶点的值 0≤v<vexNum，即查找编号为 v 的顶点信息
   public Object getVex(int v) throws Exception { … }
   //返回 v 的第一个邻接点，若 v 没有邻接点则返回-1，0≤v<vexNum
   public int firstAdjVex(int v) throws Exception { … }
   //查找 v 相对于 w 的下一个邻接点：若存在，则返回其编号；否则，返回-1
   public int nextAdjVex(int v, int w) throws Exception { … }
}
```

下面主要介绍采用图的邻接矩阵作为存储结构时图的创建、顶点的定位、查找第一个邻接点、查找下一个邻接点等操作的实现方法。

1）图的创建

图的类型共有 4 种，以下是在邻接矩阵类 MGraph 上，通过键盘输入顶点、边或弧的信息来创建图的实现框架，并根据图的种类调用具体的创建算法。若 *G* 是无向网图，则调用算法 createUDN()；若 *G* 是有向网图，则调用算法 createDN()（无向图和有向图的创建算法与此相似，更加简单，留作练习）。

【算法描述】图的创建算法。

```
//图的创建
public void createGraph() {
    Scanner sc=new Scanner(System.in);
    System.out.println("请输入图的类型：");
    GraphKind kind=GraphKind.valueOf(sc.next());
    switch (kind) {
    case UDG:
        createUDG();                //创建无向图
        return;
    case DG:
        createDG();                 //创建有向图
        return;
    case UDN:
        createUDN();                //创建无向网图
        return;
    case DN:
        createDN();                 //创建有向网图
        return;
    }
}
//创建无向网图
private void createUDN() {
    Scanner sc=new Scanner(System.in);
    System.out.println("请分别输入图的顶点数、图的边数：");
    vexNum=sc.nextInt();
    arcNum=sc.nextInt();
    vexs=new Object[vexNum];
    System.out.println("请分别输入图的各个顶点：");
    for (int v=0; v < vexNum; v++)
        //构造顶点数组
        vexs[v]=sc.next();
    arcs=new int[vexNum][vexNum];
    for (int v=0; v<vexNum; v++)
        //初始化邻接矩阵
        for (int u=0; u<vexNum; u++)
            arcs[v][u]=INFINITY;
    System.out.println("请输入各边两顶点及其权值：");
    for (int k=0; k<arcNum; k++) {
        int v=locateVex(sc.next());
        int u=locateVex(sc.next());
```

```
            arcs[v][u]=arcs[u][v]=sc.nextInt();
        }
    }
    //创建有向网图
    private void createDN() {
        Scanner sc=new Scanner(System.in);
        System.out.println("请分别输入图的顶点数、图的边数：");
        vexNum=sc.nextInt();
        arcNum=sc.nextInt();
        vexs=new Object[vexNum];
        System.out.println("请分别输入图的各个顶点：");
        for (int v=0; v<vexNum; v++)
            //构造顶点数组
            vexs[v]=sc.next();
        arcs=new int[vexNum][vexNum];
        for (int v=0; v<vexNum; v++)
            //初始化邻接矩阵
            for (int u=0; u<vexNum; u++)
                arcs[v][u]=INFINITY;
        System.out.println("请输入各边两顶点及其权值：");
        for (int k=0; k<arcNum; k++) {
            int v=locateVex(sc.next());
            int u=locateVex(sc.next());
            arcs[v][u]=sc.nextInt();
        }
    }
```

构造一个具有 n 个顶点和 e 条边的网图 G 的时间复杂度为 $O(n^2+en)$，其中邻接矩阵 arcs 的初始化耗费了 $O(n^2)$的时间。

2）顶点的定位

根据顶点信息 vex，取得其在顶点数组中的位置，若图中无此顶点，则返回-1。

【算法描述】

```
    //给定顶点值，返回图中的位置，若图不包含此顶点，返回-1
    public int locateVex(Object vex) {
        for (int v=0; v<vexNum; v++)
            if (vexs[v].equals(vex))
                return v;
        return -1;
    }
```

该算法需要遍历顶点数组。对一个具有 n 个顶点的图 G，其时间复杂度为 $O(n)$。

3）查找第一个邻接点

查找第一个邻接点的基本要求是：已知图中的一个顶点 v，返回 v 的第一个邻接点，若 v 没有邻接点，则返回-1，其中，$0\leqslant v<$vexNum。

【算法描述】

```
    //返回 v 的第一个邻接点，若 v 没有邻接点则返回-1，0≤v<vexNum
    public int firstAdjVex(int v) throws Exception {
        if (v<0||v>=vexNum)
            throw new Exception("第"+v+"个顶点不存在！");
```

```
        for (int j=0; j<vexNum; j++)                //遍历矩阵第 v 行的各个元素
            if (arcs[v][j]!=0&&arcs[v][j] < INFINITY)//查找第一个邻接点 j
                return j;
        return -1;
    }
```

该算法需遍历邻接矩阵 arcs 的第 *v* 行。对一个具有 *n* 个顶点的图 *G*，其时间复杂度为 $O(n)$。

4）查找下一个邻接点

查找下一个邻接点的基本要求是：已知图中的一个顶点 *v*，以及 *v* 的一个邻接点 *w*，返回 *v* 相对于 *w* 的下一个邻接点，若 *w* 是 *v* 的最后一个邻接点，则返回-1，其中，$0 \leqslant v, w < vexNum$。

【算法描述】

```
        //返回 v 相对于 w 的下一个邻接点,若 w 是 v 的最后一个邻接点,则返回-1,0≤v, w<vexNum
        public int nextAdjVex(int v,int w) throws Exception {
            if (v<0||v>=vexNum)
                throw new Exception("第"+v+"个顶点不存在!");
            //遍历矩阵第 v 行的第 w 号元素之后的元素
            for (int j=w+1; j<vexNum; j++)
                //查找 w 后的第一个邻接点 j
                if (arcs[v][j]!=0&&arcs[v][j]<INFINITY)
                    return j;
            return -1;
        }
```

该算法需要从 *w*+1 处遍历邻接矩阵 arcs 的第 *v* 行。对一个具有 *n* 个顶点的图 *G*，其时间复杂度为 $O(n)$。

用邻接矩阵存储图，虽然能很好地确定图中任意两个顶点之间是否有边，但是不论是求任一顶点的度，还是查找任一顶点的邻接点，都需要访问对应的一行或一列中的所有数据元素，其时间复杂度为 $O(n)$。要确定图中有多少条边，则必须按行对每个数据元素进行检测，花费的时间代价较大，其时间复杂度为 $O(n^2)$。从空间上来看，不论图中的顶点之间是否有边，都要在邻接矩阵中保留存储空间，其空间复杂度为 $O(n^2)$，空间效率较低，这也是邻接矩阵的局限性。

参考程序

6.1.2 任务实施

1. 图的邻接矩阵存储结构（MGraph 类）的实现

步骤 1：打开 Eclipse，创建一个 Java 项目，命名为“数据结构 Unit06”，在其中创建包，命名为“图”。

步骤 2：在包中创建一个图的接口，命名为 IGraph.java，在其中定义 7 个图的基本操作（抽象方法）。

步骤 3：打开 Eclipse，在“图”包中创建一个枚举，命名为 GraphKind.java，并定义各种图的类型。

步骤 4：再创建一个类，命名为 MGraph.java，并设置该类实现 IGraph 接口。

步骤 5：在 MGraph.java 中定义邻接矩阵存储结构类的成员变量、构造方法和成员方法。

步骤 6：设计一个测试类 TestMGraph.java，在 main 方法中，创建图 6.10（有向网）的 MGraph 对象，并测试各个方法的正确性。

2. 公路交通网的存储

【问题描述】一个地区由许多城市组成，为实现城市间的高速运输，需要在这些城市间建设高速公路，以达到在任意两个城市间高速运输的目的。经过考察和预算，建设的高速公路交通网如图 6.11 所示。图中，每个顶点代表一个城市，顶点间的连线代表两个城市间铺设的高速公路，线上的数字表示两个城市间的距离（单位：km）。

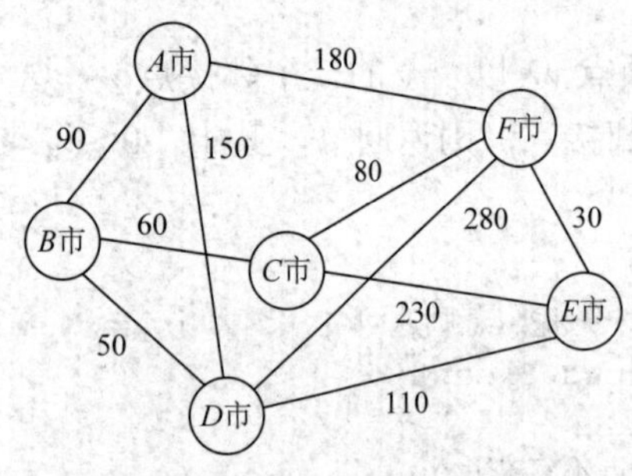

图 6.11 高速公路交通网

编程存储该高速公路交通网的信息。

步骤 1：确定图的类型、顶点数、边数和顶点数组，列出图的邻接矩阵。

步骤 2：在“图”包中创建一个类，命名为 Highway.java，在其中的 main 方法中，首先通过定义二维数组来存储邻接矩阵，然后根据图的类型、顶点数、边数和顶点数组创建一个 MGraph 对象。

步骤 3：调用 MGraph 类的各方法，获取下列信息并显示：

① 图中共有几个城市？每个城市的名字及编号是什么？有多少条城间公路？

② 哪些城市之间有直达公路？公路的里程数是多少？

③ 输入一个城市，查询它能直达的城市以及直达公路的里程数。

任务 6.2 图的遍历

任务描述

了解图的遍历，掌握两种基本的遍历算法——深度优先遍历和广度优先遍历，能根据算法进行实例分析，并掌握两种算法的编程实现。

6.2.1 知识准备

图的遍历操作是指从图中某一顶点出发，沿着某条路径对图中所有的顶点进行访问且每个顶点仅访问一次。图的遍历在概念上和树的遍历类似，但图的遍历比树的遍历复杂，图的遍历算法需要着重考虑以下问题。

（1）图中可能存在回路，从而会造成某些结点被重复访问，因此图的遍历算法必须避免陷入一个死循环。

（2）对于非连通图，从图的某个顶点出发，并不能访问到图的所有顶点，因此图的遍历算法必须解决如何访问图的所有顶点的问题。

（3）图中某些顶点的相邻顶点可能不止一个，因此图的遍历算法必须决定访问相邻顶点的次序。

对于上述问题，可考虑以下解决办法：

对于问题（1）：可以设置一个布尔型数组 visited[]来标记某个顶点是否已经被访问过，初始状态为false（表示未访问）。在图的遍历过程中，如果某顶点 v_i 被访问，就立即置visited[*i*]为 true（表示已被访问），以防止顶点被多次访问。每当要访问某个顶点时，需要先根据对应的 visited[*i*]的值来判断该顶点是否已被访问，若为 true，则不能重复访问。

对于问题（2）：当一次遍历未访问到所有顶点时，只需任意选择未被访问的某一顶点重新出发再次遍历，重复遍历多次，直到所有顶点均被访问为止。

对于问题（3）：根据不同的邻接点遍历次序，图的遍历方法主要分为两种：深度优先遍历与广度优先遍历。

1. 深度优先遍历

图的深度优先遍历类似于树的先序遍历，方法步骤如下。

图的深度优先遍历

（1）假设初始状态图中所有顶点都未被访问，则可从图中某个顶点 *v* 出发，访问该顶点。

（2）依次从 *v* 的未被访问的邻接点出发深度优先遍历图，直至所有与 *v* 有路径相连的顶点都被访问为止。

（3）若此时图中还有顶点未被访问，则选择一个未被访问的顶点作为起点，重复步骤（1），直到图中所有顶点均被访问为止。

该遍历的过程是一个递归过程。例如，图 6.12（a）给出了无向图 *G*，则从顶点 *A* 开始的深度优先遍历过程如下。

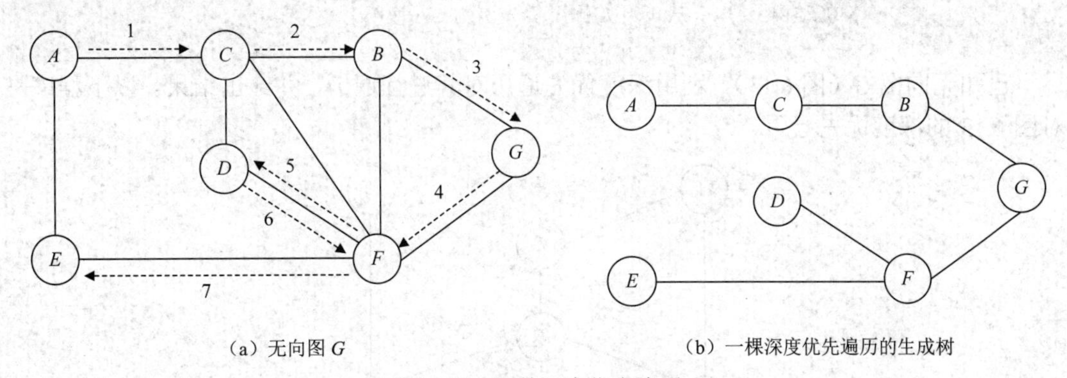

（a）无向图 *G*　　（b）一棵深度优先遍历的生成树

图 6.12　图的深度优先遍历

（1）访问出发顶点 *A*，将其标记为已访问（visited[*i*]=true，*i* 为顶点 *A* 的编号）。

（2）从顶点 *A* 未被访问的邻接点 *C* 出发继续深度优先遍历，访问顶点 *C* 并将其标记为已访问。

（3）从顶点 *C* 未被访问的邻接点 *B* 出发继续深度优先遍历，访问顶点 *B* 并将其标记为已访问。

（4）从顶点 *B* 未被访问的邻接点 *G* 出发继续深度优先遍历，访问顶点 *G* 并将其标记为已访问。

（5）从顶点 G 未被访问的邻接点 F 出发继续深度优先遍历，访问顶点 F 并将其标记为已访问。

（6）从顶点 F 未被访问的邻接点 D 出发继续深度优先遍历，访问顶点 D 并将其标记为已访问。

（7）如果顶点 D 不存在未被访问的邻接点，则回退到上一步刚访问过的顶点 F，从顶点 F 未被访问的邻接点 E 出发继续深度优先遍历，访问顶点 E 并将其标记为已访问。

依次回退到 F、G、B、C、A，若这些顶点均不存在未被访问的邻接点，则一次遍历结束。

由于该图是连通图，一次遍历便可以得到从顶点 A 出发的深度优先遍历序列 A、C、B、G、F、D、E。

在遍历过程中，从出发点开始，由于每访问一个新的顶点，必将经过一条边。这样为访问图中除出发点以外的 $n-1$ 个顶点，将经过 $n-1$ 条不同的边，如果将所访问的 n 个顶点和所经过的 $n-1$ 条边都记录下来，就得到了一棵树（这就是图的“生成树”，称为“深度优先遍历生成树”），如图 6.12（b）所示。

显然，这是一个递归的过程。为了便于在遍历过程中区分顶点是否已被访问，需附设访问标记数组 visited[0..$n-1$]，其初值为 false，一旦某个顶点被访问，则将其相应的分量置为 true。

【算法步骤】初始化无向图 G 的顶点访问标记数组 visited[0..$n-1$]均为 false，表示所有顶点均未访问。

```
dfs(G,v) {
    访问顶点 v，并将 v 标记为已访问
    只要 v 的下一个邻接点 w 存在，循环
        若 w 尚未访问
            则 dfs(G,w) 从 w 开始深度优先遍历 G（递归）
}
```

已知无向图 G（图 6.13），利用深度优先遍历对其进行遍历，并给出结果。以下程序是对图 6.13 的深度优先遍历。

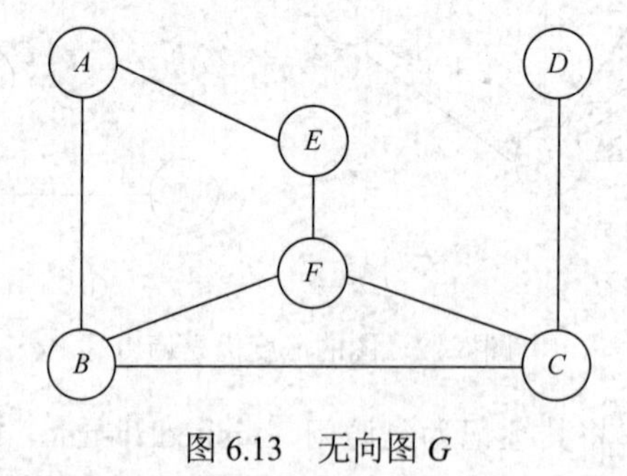

图 6.13　无向图 G

【算法描述】

```
package 图的遍历;
public class DFSTrav {
    private static boolean[] visited;         //顶点的访问标记数组
    //对图 G 从第 v 号顶点开始的深度优先遍历递归算法
    public static void dfs(IGraph G,int v) throws Exception {
        visited[v]=true;                          //标记第 v 号顶点为访问状态
```

```
        System.out.print(G.getVex(v)+" ");    //访问第 v 号顶点
        //循环查找 v 的下一个顶点 w(如 w 存在)
        for (int w=G.firstAdjVex(v); w!=-1; w=G.nextAdjVex(v,w))
            if (!visited[w])                  //如果 w 尚未被访问
                dfs(G, w);                    //从 w 开始进行深度优先遍历
        //循环结束后，此时所有 v 的邻点都已经被深度优先遍历
    }
    public static void main(String[] args) throws Exception{
        //A～F 各顶点的编号分别为 0～5
        Object[] vs=new Object[]{"A","B","C","D","E","F"};
        int[][] as=new int[][]{
            {0,1,0,0,1,0},
            {1,0,1,0,0,1},
            {0,1,0,1,0,1},
            {0,0,1,0,0,0},
            {1,0,0,0,0,1},
            {0,1,1,0,1,0}
        };
        MGraph G=new MGraph(GraphKind.UDG, 6, 8, vs,as); //创建无向图 g
        visited=new boolean[6];
        for (int i=0; i<6; i++)
            visited[i]=false;                 //顶点标记都初始化为未访问
        dfs(g,0);                             //从第一个顶点开始深度优先遍历
    }
}
```

运行结果：

```
A B C D F E
```

分析上述算法可知，在遍历时，对图中每个顶点至多调用一次 dfs 方法，因为一旦某个顶点被标记成已被访问，就不再从它出发进行搜索。因此，遍历图的过程实质上是对每个顶点查找其邻接点的过程，其耗费的时间取决于所采用的存储结构。当用二维数组表示邻接矩阵图的存储结构时，查找每个顶点的邻接点所需的时间为 $O(n^2)$ ，其中 n 为图中的顶点数。当以邻接表作为图的存储结构时，查找邻接点所需的时间为 $O(e)$，其中 e 为无向图中的边数或有向图中的弧数。由此，当以邻接表作为存储结构时，深度优先遍历图的时间复杂度为 $O(n+e)$。

思考： 以上是连通图的深度优先遍历算法，对一个连通图而言，从任意一个结点开始深度优先遍历，都可以访问图的所有顶点。那么，对于非连通图，要深度优先遍历所有顶点，该如何实现呢？

2. 广度优先遍历

图的广度优先遍历

图的广度优先遍历类似于树的层次遍历，该遍历方法步骤如下。

(1) 假设初始状态图中所有顶点都未被访问，则可从图中某个顶点 v 出发，访问该顶点。

（2）依次访问 v 的未被访问过的邻接点 $w_1,w_2,\cdots,w_t$。

（3）分别从 $w_1,w_2,\cdots,w_t$ 出发，依次访问它们各自未被访问过的邻接点，直至图中所有与初始出发点 v 有路径相连的顶点都被访问过为止。

例如，图 6.14（a）给出了无向图 G，则从顶点 A 开始的广度优先遍历过程如下。

（1）访问出发顶点 A，将其标记为已访问。

（2）依次访问 A 的邻接点 C、E，并标上相应的访问标记，进入下一层。

（3）先访问顶点 C 的未被访问的邻接点 B、D、F，再访问顶点 E 的未被访问的邻接点，由于顶点 E 的邻接点均已被访问，因此继续进入下一层。

（4）先访问顶点 B 的未被访问的邻接点 G，此时由于所有顶点均已被访问，因此遍历过程结束。

从顶点 A 出发得到的广度优先遍历序列为 A、C、E、B、D、F、G。类似于图的深度优先遍历过程，若把广度优先遍历过程中所访问的顶点与所经过的边都记录下来，就得到了一棵树（这也是图的“生成树”，称为“广度优先遍历生成树”），如图 6.14（b）所示。

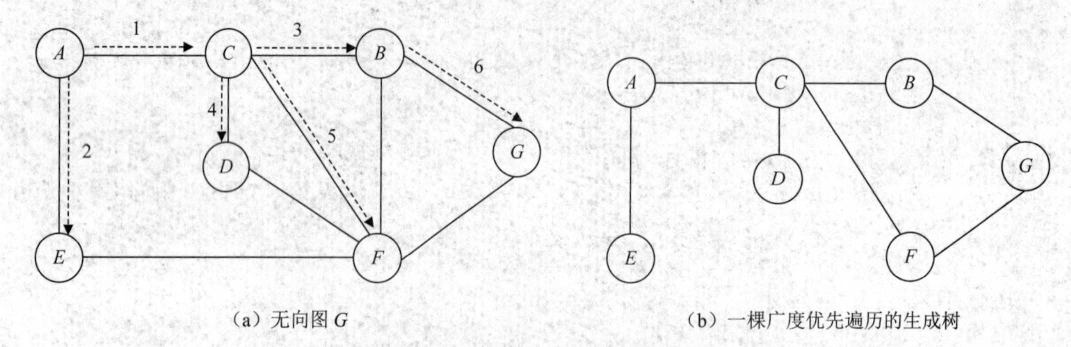

（a）无向图 G （b）一棵广度优先遍历的生成树

图 6.14 图的广度优先遍历

广度优先遍历是一种分层的遍历过程，每向前走一步可能访问一批顶点，不像深度优先遍历那样有往回退的情况。因此，广度优先遍历不是一个递归过程，其算法也不是递归的。

广度优先遍历算法要解决的关键问题是：在进入下一层访问时，如何保证在上一层先被访问的顶点的邻接点“先于”在上一层后被访问的顶点的邻接点被访问。显然，这样的特点适合采用队列。为了实现逐层按序访问，算法中可设置一个队列存储被访问过的顶点，利用队列“先进先出”的特点实现按序逐层访问。为避免重复访问，同样需要一个标记数组 visited[]给已访问过的顶点加上标记。

表 6.1 所示为广度优先遍历时队列状态的变化。

表 6.1 广度优先遍历时队列状态的变化

步骤	队列的状态	队列的操作（顶点 i 入队时，visited[i]设为 true，表示该顶点已被访问）
0		创建队列，初始化为空，从顶点 A 开始广度优先遍历
1	A	先访问顶点 A，然后入队，因队列非空，A 出队
2	C、E	访问 A 未被访问的邻接点 C、E，然后入队，因队列非空，C 出队
3	E、B、D、F	访问 C 未被访问的邻接点 B、D、F，然后入队，因队列非空，E 出队
4	B、D、F	顶点 E 的邻接点（A、F）均已被访问，因队列非空，B 出队

续表

步骤	队列的状态	队列的操作（顶点 i 入队时，visited[i]设为 true，表示该顶点已被访问）
5	*D*、*F*、*G*	访问 *B* 未被访问的邻接点 *G*，然后入队，因队列非空，*D* 出队
6	*F*、*G*	顶点 *D* 的邻接点（*C*、*F*）均已被访问，因队列非空，*F* 出队
7	*G*	顶点 *F* 的邻接点（*B*、*C*、*D*、*E*、*G*）均已被访问，因队列非空，*G* 出队
8		顶点 *G* 的邻接点（*B*、*F*）均已被访问，因队列为空，遍历结束

【算法步骤】初始化 *G* 的顶点访问标记数组 visited[0..n-1]均为 false，表示所有顶点均未访问。访问起始顶点 v，并将其标记为已访问；创建辅助队列；将起始顶点 v 入队；只要队列非空，循环，出队 1 个顶点 u，只要该顶点存在下一个邻接顶点 w，则循环，若顶点 w 尚未被访问，则访问该顶点 w，并将其标记为已访问，将顶点 w 入队。

下面给出了图 6.13 所示无向图的广度优先遍历算法描述，图的存储结构是邻接矩阵。算法中使用了单元 3 定义的链队列。

【算法描述】

```
package 图的遍历;
public class BFSTrav {
    private static boolean[] visited;          //访问标记数组
    //对图 G 从第 v 号顶点开始的广度优先遍历算法
    private static void bfs(IGraph G,int v) throws Exception {
        System.out.print(G.getVex(v).toString()+" ");     //访问 v
        visited[v]=true;                       //将 v 标记为已访问
        LinkQueue Q=new LinkQueue();           //创建辅助队列 Q
        Q.offer(v);                            //v 入队列
        while(!Q.isEmpty()) {                  //只要队列非空，循环
            int u=(Integer) Q.poll();          //出队一个顶点 u
            for (int w=G.firstAdjVex(u); w>=0; w=G.nextAdjVex(u,w))
                if (!visited[w]) {             //w 为 u 的尚未被访问的邻接点
                    System.out.print(G.getVex(w).toString() + " ");//访问 w
                    visited[w]=true;           //将 w 标记为已访问
                    Q.offer(w);                //w 入队
                }
        }
    }
    public static void main(String[] args) throws Exception{
        Object[] vs=new Object[]{"A","B","C","D","E","F"};
        int[][] as=new int[][]{
            {0,1,0,0,1,0},
            {1,0,1,0,0,1},
            {0,1,0,1,0,1},
            {0,0,1,0,0,0},
            {1,0,0,0,0,1},
            {0,1,1,0,1,0}
        };
        MGraph G=new MGraph(GraphKind.UDG, 6, 8, vs,as);//创建无向图 G1
        visited=new boolean[6];              //创建顶点的访问标记数组
```

```
            for (int i=0; i<6; i++)
                visited[i]=false;                    //初始化访问标记
            bfs(g,0);                                //从第一个顶点开始进行广度优先遍历
        }
    }
```

运行结果：

```
A B E C F D
```

分析上述算法可知，每个顶点至多进一次队列。遍历图的过程实质上是通过边或弧找邻接点的过程，因此广度优先遍历图的时间复杂度和深度优先遍历相同，两者的不同之处仅在于对顶点访问的顺序不同。

思考：以上是连通图的广度优先遍历算法，对一个连通图而言，从任意一个结点开始广度优先遍历，都可以访问图的所有顶点。那么，对于非连通图，要广度优先遍历所有顶点，该如何实现呢？

6.2.2 任务实施

参考程序

1. 深度优先遍历算法的实例分析

对于无向网（图 6.11），从 *A* 市出发，用深度优先算法遍历。

步骤 1：列出此图的邻接矩阵。

步骤 2：画出随着每个顶点的访问，程序递归执行的情况。

步骤 3：列出最终的顶点访问顺序。

2. 广度优先遍历算法的实例分析

对于无向网（图 6.11），从 *A* 市出发，用广度优先算法遍历。

步骤 1：画出随着每个顶点的访问，队列的状态变化。

步骤 2：列出最终的顶点访问顺序。

3. 公路交通网的遍历

【问题描述】对于如图 6.11 所示的城市高速公路交通网信息：

（1）从一个指定城市出发，深度优先访问所有城市，给出访问城市的顺序。

（2）从一个指定城市出发，广度优先访问所有城市，给出访问城市的顺序。

步骤 1：创建一个类，命名为 CityTrave，在其中分别定义深度优先遍历算法 void dfs(IGraph G, int v)和广度优先遍历算法 void bfs(IGraph G, int v)，将链队列导入。

步骤 2：定义 main 方法，在其中根据城市高速公路交通网的邻接矩阵及基本信息创建图对象，分别调用 dfs 和 bfs 方法，以两种方式从 *A* 市出发遍历此图并显示结果，将程序输出的结果和上面分析的结果进行对比。

任务 6.3 求最小生成树

任务描述

了解生成树的基本概念，理解求最小生成树的克鲁斯卡尔（Kruskal）算法和普里姆（Prim）算法，能根据算法进行实例分析，掌握普里姆算法的编程实现，并能应用普里姆算法解决实际编程问题。

6.3.1 知识准备

1. 生成树和最小生成树的概念

根据树的特性可知，连通图的生成树包含图中的全部顶点，但只有构成一棵树的边，是图的极小连通子图；同时，生成树又是图的极大无回路子图，它的边集是关联图中的所有顶点而又没有形成回路的边。

图的生成树，根据遍历方法的不同或遍历起始点的不同，可得到不同的生成树。因此，图的生成树不是唯一的。图的一次遍历所经过的边的集合及图中所有顶点的集合就构成了该图的一棵生成树，对连通图采用不同的遍历方式，就可能得到不同的生成树。已知无向连通图 G（图 6.15），图 6.16 所示均为图 6.15 所示的无向连通图的生成树。

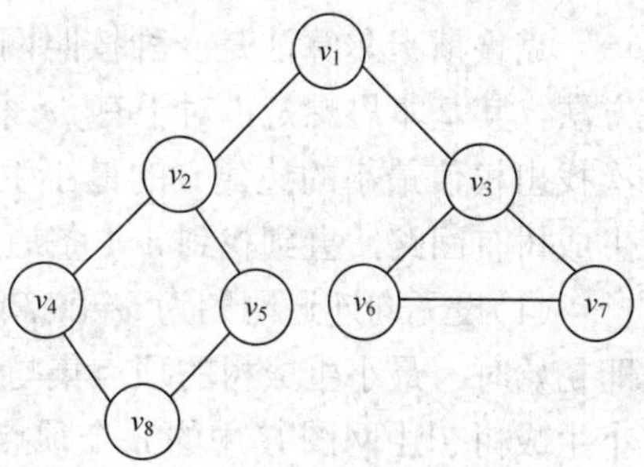

图 6.15 无向连通图 G

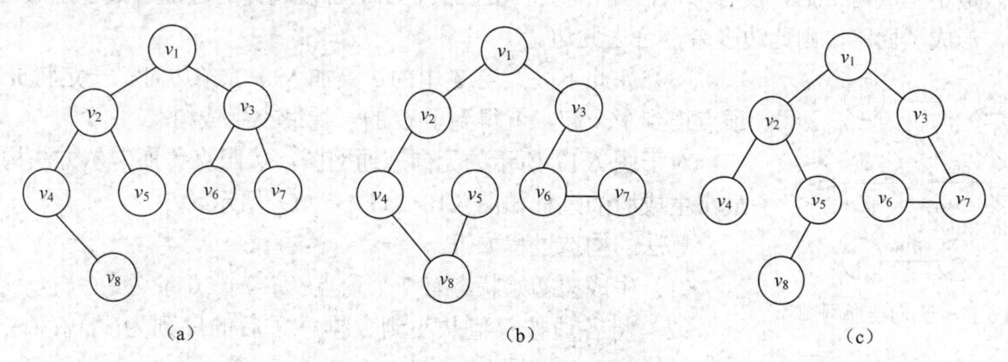

图 6.16 无向连通图的生成树

可以证明，对于有 n 个顶点的无向连通图，无论其生成树的形态如何，所有生成树中都有且仅有 n-1 条边。若有 n 个顶点但少于 n-1 条边，则是非连通图；若多于 n-1 条边，则一定形成了回路。值得注意的是，有 n-1 条边的生成子图并不一定是生成树。

如果无向连通图是一个网图，那么，在一个网图的所有生成树中，各边权值总和最小的生成树称为最小代价生成树，简称最小生成树。

最小生成树的概念可以应用到许多实际问题中。例如，有这样一个问题：以尽可能低的总造价建造城市之间的通信网络，把十个城市联系在一起。在这十个城市中，任意两个城市之间都可以建造通信线路，通信线路的造价依据城市之间的距离不同而不同。可以构造一个通信线路造价网络，在网络中，每个顶点表示城市，顶点之间的边表示城市之间可以构造通信线路，每条边的权值表示该条通信线路的造价。要想使总的造价最低，实际上就是寻找该网络的最小生成树。

根据生成树的定义可知，具有 n 个顶点连通图的生成树，有 n 个顶点和 $n-1$ 条边。因此，构造最小生成树的准则有以下 3 条。

（1）只能使用该图中的边构造最小生成树。

（2）当且仅当使用 $n-1$ 条边来连接图中的 n 个顶点。

（3）不能使用产生回路的边。

需要进一步指出的是，尽管最小生成树一定存在，但不一定是唯一的。

求图的最小生成树的典型的算法有克鲁斯卡尔算法和普里姆算法，下面分别给予介绍。

2. 克鲁斯卡尔算法

最小生成树 Kruskal 算法

克鲁斯卡尔算法是一种按照网中边的权值递增的顺序构造最小生成树的方法，其基本思想是：对于有 n 个顶点的图，根据各边权值递增的方式，依次找出权值最小的边建立的最小生成树，并且规定每次新增的边，不能造成生成树有回路，直到找到 $n-1$ 条边为止。算法步骤如下。

（1）设无向连通网图为 $G=(V,E)$，令 G 的最小生成树为 T，其初态为 $T=(V,TE)$，令 $TE=\{\}$，即初始时，最小生成树的顶点集与原图 G 相同，而最小生成树的边集 TE 为空集，此时最小生成树 T 由网图 G 中的 n 个顶点构成，但顶点之间没有一条边。

（2）按照边的权值从小到大的顺序，依次选择 G 的边集 E 中的各条边：若被选择的边加入最小生成树 T 后，没有形成回路，则将此边加入 TE；若被选择的边加入最小生成树 T 后，形成了回路，则此边多余，舍去此边。

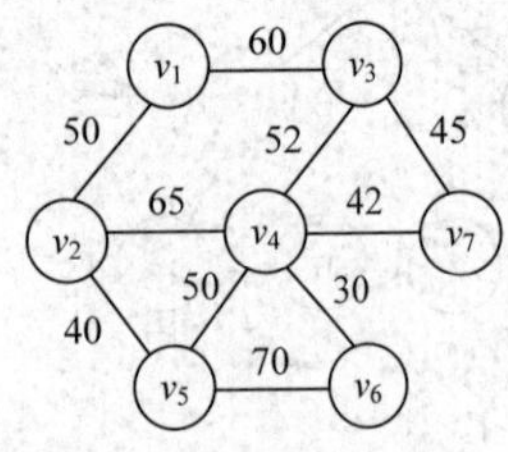

图 6.17 无向连通网图

（3）如此下去，当 T 中的边集加入 $n-1$ 条边时，一定将 n 个顶点连到了一起，就得到了 G 的一棵最小生成树。

对于图 6.17 所示的无向连通网图，按照克鲁斯卡尔方法构造最小生成树的过程如图 6.18（a）～（f）所示。

算法的构造过程如下。

（1）生成树初始状态有 7 个顶点（$n=7$），0 条边。

（2）将各边按权值从小到大排序之后的序列为(v_4,v_6) (v_2,v_5) (v_4,v_7) (v_3,v_7) (v_1,v_2) (v_4,v_5) (v_3,v_4) (v_1,v_3) (v_2,v_4) (v_5,v_6)。

（3）从权值最小的边开始，循环从边的序列中取出边、加入生成树：将边(v_4,v_6)加入生成树，无环路，此时生成树有 1 条边［图 6.18（a）］，边数$<n-1$；将边(v_2,v_5)加入生成树，无环路，此时生成树有 2 条边［图 6.18（b）］，边数$<n-1$；将边(v_4,v_7)加入生成树，无环路，此时生成树有 3 条边［图 6.18（c）］，边数$<n-1$；将边(v_3,v_7)加入生成树，无环路，此时生成树有 4 条边［图 6.18（d）］，边数$<n-1$；将边(v_1,v_2)加入生成树，无环路，此时生成树有 5 条边［图 6.18（e）］，边数$<n-1$；将边(v_4,v_5)加入生成树，无环路，此时生成树有 6 条边

[图 6.18（f）]，边数=n−1。至此，最小生成树创建完毕。

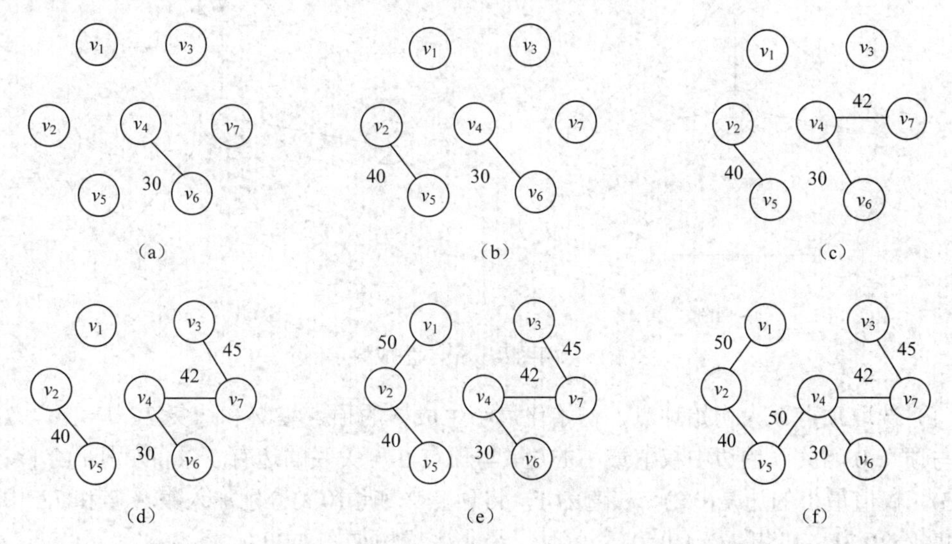

图 6.18　克鲁斯卡尔算法构造最小生成树的过程示意

注意：在某条边加入生成树后，若形成环路，则去掉该边，取下一条边继续判断。

在构造过程中，按照网图中边的权值从小到大的顺序，不断选取当前未被选取的边集中权值最小的边。依据生成树的概念，n 个结点的生成树有 n−1 条边，因此重复上述过程，直到选取了 n−1 条边为止，就构成了一棵最小生成树。

该算法的时间复杂度为 $O(e\log_2 e)$，即克鲁斯卡尔算法的执行时间主要取决于图的边数 e。该算法适用于针对稀疏图的操作。

最小生成树
Prim 算法

3. 普里姆算法

1）普里姆算法的基本思想

普里姆算法是通过将图中的顶点逐个连通的步骤来求最小生成树的。假设 G=(V,E)是一个具有 n 个顶点的连通带权图，T =(V,TE)是 G 的最小生成树，其中 V 是 T 的顶点集合，也是 G 的顶点集合，TE 是 T 的边的集合，V 和 TE 的初值为空集。

普里姆算法首先从图中任意选取一个顶点 v，初始化最小生成树为 v。此时，有 V={ v }。接着选出一条与 v 相关联的边中权值最小的边，设其连接顶点 v 与另一个顶点 w。把顶点 w 加入最小生成树的顶点集合 V 中，边(v,w)加入 T 的边的集合 TE 中。然后选出与 v 或 w 相关联的边中权值最小的一条边，设其连接另一个新顶点，将此边和新顶点添加到最小生成树中。

反复进行这样的处理，每一步都通过选出连接当前已在最小生成树中的某个顶点以及另一个不在最小生成树中的顶点的权值最小的边来扩展最小生成树，直到 n−1 次后就把所有 n 个顶点都加入最小生成树 T 的顶点集合 V 中，TE 中含有 n−1 条边，T 就是最后得到的最小生成树。

对于图 6.19（a）所示的网图，应用普里姆算法求最小生成树的过程如下。

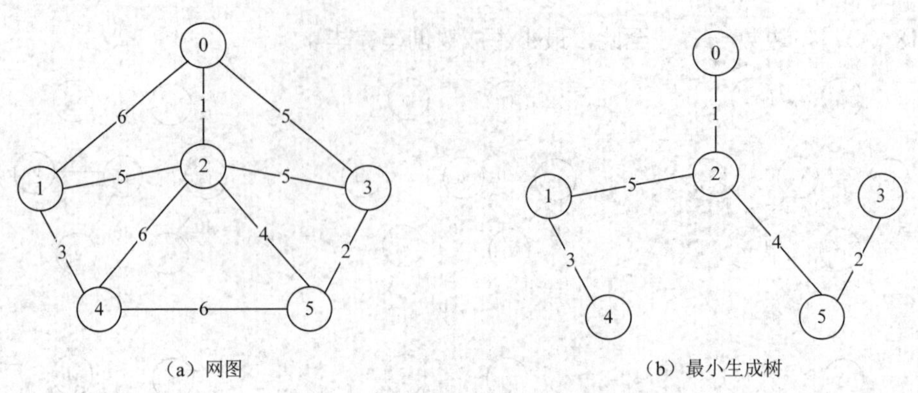

（a）网图　　（b）最小生成树

图 6.19　网图及其最小生成树示例

（1）选取顶点 0 为初始顶点，初始化最小生成树的顶点集 V 和边集 T。V={0}，T={}。选取与顶点 0 相关联的边中权值最小的边，与顶点 0 相关联的边有 3 条，分别是(0,1)、(0,2)和(0,3)，权值最小的边是(0,2)，权值为 1，将顶点 2 和边(0,2)分别加入集合 V 和 TE 中，则顶点集 V={0,2}，边集 TE={(0,2)}。此时，最小生成树如图 6.20 所示。

（2）选取与顶点 0 或顶点 2 相关联的边中权值最小的边，与顶点 0 相关联的边有(0,1)和(0,3)，与顶点 2 相关联的边有(2,1)、(2,3)、(2,4)和(2,5)，这 6 条边中权值最小的边为(2,5)，权值为 4。将顶点 5 和边(2,5)分别加入集合 V 和 TE 中，则顶点集 V={0,2,5}，边集 TE={(0,2),(2,5)}。此时的最小生成树如图 6.21 所示。

（3）选取与顶点 0、2 和 5 相关联的边中权值最小的边，与顶点 0 相关联的边有(0,1)和(0,3)，与顶点 2 相关联的边有(2,1)、(2,3)和(2,4)，与顶点 5 相关联的边有(5,3)和(5,4)，这 7 条边中权值最小的边为(5,3)，权值为 2。将顶点 3 和边(5,3)加入集合 V 和 TE 中，则顶点集 V={0,2,5,3}，边集 TE={(0,2),(2,5),(5,3)}。此时的最小生成树如图 6.22 所示。

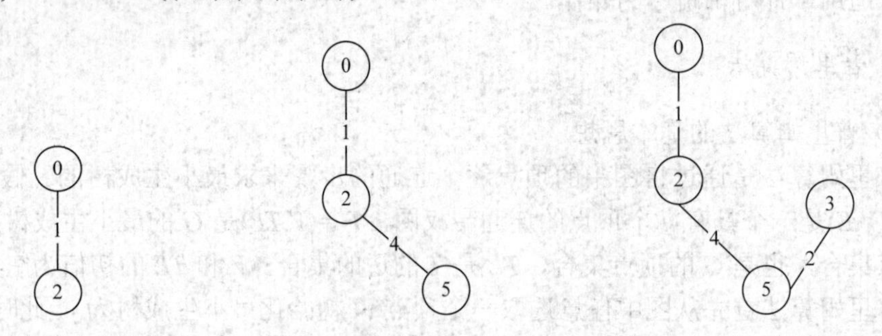

图 6.20　最小生成树（1）　　图 6.21　最小生成树（2）　　图 6.22　最小生成树（3）

（4）选取与顶点 0、2、5 或 3 相关联的边中权值最小的边，与顶点 0 相关联的边有(0,1)，与顶点 2 相关联的边有(2,1)和(2,4)，与顶点 5 相关联的边有(5,4)，这 4 条边中权值最小的边为(2,1)，权值为 5。将顶点 1 和边(2,1)加入集合 V 和 TE 中，则顶点集 V={0,2,5,3,1}，边集 TE={(0,2),(2,5),(5,3),(2,1)}。此时的最小生成树如图 6.23 所示。

（5）选取与顶点 0、2、5、3 和 1 相关联的边中权值最小的边，该边为(1,4)，权值为 3。将顶点 4 和边(1,4)加入集合 V 和 TE 中，则顶点集 V={0,2,5,3,1,4}，边集 TE={(0,2),(2,5),(5,3),(2,1),(1,4)}。此时生成树中已包含图中所有顶点，算法结束。最终的最小生成树如图 6.24 所示。

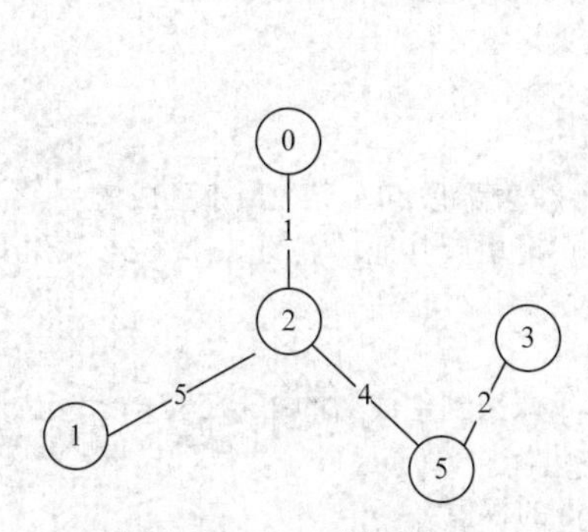

图 6.23 最小生成树（4）

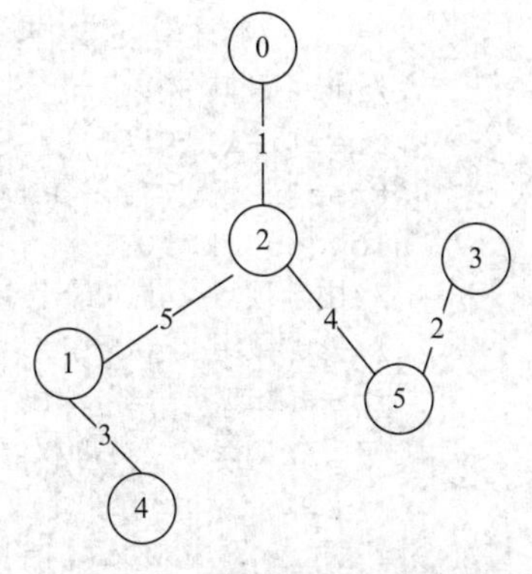

图 6.24 最终的最小生成树

2）普里姆算法的实现

假设网图 G 有 n 个顶点，n 个顶点依次标记为 $0,1,2,\cdots,n-1$。G.arcs[][]表示网图的邻接矩阵。普里姆算法的具体实现如下：定义常量 INF = Integer.MAX_VALUE 大于图中边的权值的最大值。在 main 方法中给出图 6.16（a）所示网图的邻接矩阵，其中 N 为图的顶点个数。

静态方法 prim 实现了普里姆算法，在这个方法中，为了便于选出权值最小的边，引入两个辅助数组 closeVertex 和 lowCost。closeVertex[*i*]表示最小生成树中的某个顶点，该顶点和不是最小生成树中的一个顶点 i 构成的边(closeVertex[*i*],*i*)具有最小的权值。lowCost[*i*]则表示该边(closeVertex[*i*],*i*)的权值。

【算法描述】

```
public class PRIM {
    private static final int INF=Integer.MAX_VALUE;
    //用普里姆算法构造网图 G 的最小生成树 T，返回由生成树边组成的二维数组
    public static int[][] prim(MGraph G) throws Exception {
        final int N=g.vexNum;                //图的顶点总数为 N
        int[][] tree=new int[N-1][2];        //输出的生成树边集
        int[] lowCost=new int[N];            //最小权值数组 lowCost[i]
        int[] closeVertex=new int[N];        //邻接点号数组 lowVertex[i]
        for (int i=1; i<N; i++) {    //初始化，最小生成树从 0 号点开始生长
            lowCost[i]=g.arcs[0][i];//各点到生成树的最小权值为边(0,i)的权值
            closeVertex[i]=0;        //各点到生成树的邻接点号都为 0
        }
        lowCost[0]=0;                        //0 号点加入最小生成树，最小权值为 0
        closeVertex[0]=0;                    //邻接点号为 0

        //循环 N-1 次，加入 N-1 条边
        for (int i=1; i<N; i++) {
            int minCost=INF;                 //将最小代价变量初始化为最大值
            int k=-1;                        //令 k 为顶点 i 邻边的最小权值邻接点号
            //循环 N-1 次，每次为生成树选择一条边
            for (int j=1; j<N; j++){
                //若顶点 j 与邻接点 closeVertex[j]的权值小于最小值且不等于 0
                if (lowCost[j]<minCost&&lowCost[j]!=0) {
                    minCost=lowCost[j];      //当前权值作为最小值
                    k=j;                     //修改最小权值邻接点号
                }
```

```
            }   //循环结束后，两个点集合的最小权值邻接点号在 k 中
            //将 k 及其邻接点加入生成树的边集
            tree[i-1][0]=k;
            tree[i-1][1]=closeVertex[k];
            lowCost[k]=0;                   //表示顶点 k 已在最小生成树中
            //由于顶点 k 加入最小生成树后，可能引起其他顶点的 lowCost 发生变化
            //修改数组 lowCost[]和 closeVertex[]
            for (int j=1; j<N; j++)
                //如果(k,j)的权值小于顶点 j 原来到生成树的 lowCost[j]
                if (g.arcs[k][j]<lowCost[j]) {
                    //lowCost[j]换成(k,j)的权值
                    lowCost[j]=g.arcs[k][j];
                    //修改 closeVertex[j]为 k
                    closeVertex[j]=k;
                }
            }
        return tree;
    }
    public static void main(String[] args) throws Exception{
        Object vexs[]={ "0","1","2","3","4","5" };
        int[][] arcs={
                    {0,6,1,5,INF,INF},
                    {6,0,5,INF,3,INF},
                    {1,5,0,5,6,4},
                    {5,INF,5,0,INF,2},
                    {INF,3,6,INF,0,6},
                    {INF,INF,4,2,6,0}};
        MGraph G=new MGraph(GraphKind.UDG,6,10,vexs,arcs);
        int[][] T=prim(g);              //调用普里姆算法得到最小生成树的边集 T
        for (int i=0; i<T.length; i++)     //输出最小生成树的边集
            System.out.print(T[i][0]+"-"+T[i][1]+"    ");
    }
}
```

运行结果：

```
2-0  5-2  3-5  1-2  4-1
```

【算法分析】普里姆算法的时间复杂度为 $O(n^2)$。该算法与图中的边数无关，适用于稠密图。

3）普里姆算法的执行过程举例

下面给出了用普里姆算法在构造图 6.19（a）所示带权图的最小生成树的过程中，数组 lowCost 和 closeVertex 的变化情况。

初始化数组，此时生成树中只有 0 号顶点，如图 6.25 所示。

	0	1	2	3	4	5
closeVertex	0	0	0	0	0	0
lowCost	0	6	1	5	∞	∞

图 6.25　初始化数组

图 6.25 中的每一列信息代表从当前生成树的 closeVertex[i]号顶点到第 i 号顶点的最短距离为 lowCost[i]。

由于生成树初始状态只有 0 号顶点，因此图 6.25 中的信息可以解释如下：从生成树的 0 号顶点到 0 号顶点的最短距离为 0；从生成树的 0 号顶点到 1 号顶点的最短距离为 6；从生成树的 0 号顶点到 2 号顶点的最短距离为 1；从生成树的 0 号顶点到 3 号顶点的最短距离为 5；从生成树的 0 号顶点到 4 号顶点的最短距离为∞（因为还没找到相连的路径）；从生成树的 0 号顶点到 5 号顶点的最短距离为∞。

下面循环 n−1 次（5 次）为生成树添加 n−1 条边。

第 1 次循环：生成树的顶点集合 V={0}，边集合 T={}，在生成树顶点 0 的各邻接边中，选最小权值 lowCost[2]=1，对应的边为(0,2)，选取顶点 2，同时将它的 lowCost[2]修改为 0（表示顶点 2 加入生成树中）；由于顶点 2 加入生成树，顶点 4、5（通过顶点 2 邻接）到生成树的最短距离更新为 6 和 4，顶点 1（通过顶点 2 邻接）到生成树的最短距离更新为 5，如图 6.26 所示。

	0	1	2	3	4	5
closeVertex	0	2	0	0	2	2
lowCost	0	5	0	5	6	4

图 6.26　第 1 次循环

第 2 次循环：生成树的顶点集合 V={0,2}，边集合 T={(0,2)}，在生成树顶点 0、2 的各邻接边中，选最小权值 lowCost[5]=4，边为(2,5)，选取顶点 5，同时将它的 lowCost[5]修改为 0；由于顶点 5 加入生成树，顶点 3（通过顶点 5 邻接）到生成树的最短距离更新为 2，如图 6.27 所示。

	0	1	2	3	4	5
closeVertex	0	2	0	5	2	2
lowCost	0	5	0	2	6	0

图 6.27　第 2 次循环

第 3 次循环：生成树的顶点集合 V={0,2,5}，边集合 T={(0,2),(2,5)}，在生成树顶点 0、2、5 的各邻接边中，选最小权值 lowCost[3]=2，边为(5,3)，选取顶点 3，同时将它的 lowCost[3]修改为 0；而顶点 3 加入生成树，并未引起剩余顶点到生成树的最短距离发生变化，如图 6.28 所示。

	0	1	2	3	4	5
closeVertex	0	2	0	5	2	2
lowCost	0	5	0	0	6	0

图 6.28　第 3 次循环

第 4 次循环：生成树的顶点集合 V={0,2,5,3}，边集合 T={(0,2),(2,5),(5,3)}，在生成树顶点 0、2、5、3 的各邻接边中，选最小权值 lowCost[1]=5，边为(2,1)，选取顶点 1，同时将它的 lowCost[1]修改为 0；由于顶点 1 加入生成树，顶点 4（通过顶点 1 邻接）到生成树的最短距离更新为 3，如图 6.29 所示。

	0	1	2	3	4	5
closeVertex	0	2	0	5	1	2
lowCost	0	0	0	0	3	0

图 6.29 第 4 次循环

第 5 次循环：生成树的顶点集合 V={0,2,5,3,1}，边集合 T={(0,2),(2,5),(5,3),(2,1)}，在生成树顶点 0、2、5、3、1 的各邻接边中，选最小权值 lowCost[4]=3，边为(1,4)，选取顶点 4，同时将它的 lowCost[4]修改为 0。

至此，lowCost 数组元素的值均为 0，说明所有的顶点都加入了生成树（到生成树的距离为 0）。最小生成树构造完毕。最小生成树的顶点集合 V={0,2,5,3,1,4}，边集合 T={(0,2),(2,5),(5,3),(2,1),(1,4)}，已经包括了图的全部顶点，且各边权值之和为最小，如图 6.30 所示。

	0	1	2	3	4	5
closeVertex	0	2	0	5	1	2
lowCost	0	0	0	0	0	0

图 6.30 第 5 次循环

6.3.2 任务实施

参考程序

1. 普里姆算法的实例分析

对于城市间通信线路图（图 6.31），用普里姆算法求解最小生成树。

步骤 1： 列出此图的邻接矩阵。

步骤 2： 列出数组 closeVertex[]和 lowCost[]的初始状态。

步骤 3： 列出向最小生成树 T 的顶点集合 V 逐个加入每个顶点的过程中，即数组 closeVertex[]和 lowCost[]的变化过程。

步骤 4： 画出最终的最小生成树。

2. 构造最小造价通信网

【问题描述】如图 6.31 所示，假设要在 n 个城市之间建立一个通信网络，且在每两个城市之间架设一条通信线路的成本不尽相同。要连通 n 个城市只需要架设 n−1 条通信线路，请设计一个施工方案使总造价最小。

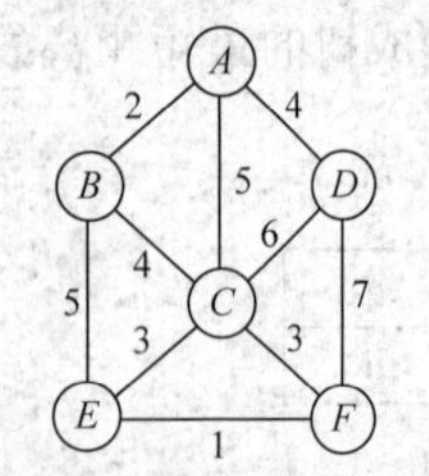

图 6.31 城市间通信线路图

【问题分析】对于该问题，可将每个城市抽象成一个结点元素，城市间的通信线路抽象成结点间的连线，则该问题数据元素间的关系可以抽象成一个图结构。可以用一个无向连通网图来表示 n 个城市以及在它们之间修建通信线路的造价，其中，网图的顶点表示城市，边的权值表示修建通信线路的造价。这样问题求解就变成了求无向网图的最小生成树问题。

本任务可以在普里姆求最小生成树程序的基础上实现。在 PRIM 类中，修改主程序 main 方法（其他成员变量和方法都不需要改变）：首先根据城市示意图的数据创建相应的邻接矩阵图对象，调用普里姆算法求出该图的最小生成树，并输出对应的信息。

【算法描述】

```
public class PRIM {
    private static final int INF = Integer.MAX_VALUE;
    // 用普里姆算法构造图G的最小生成树T，返回由生成树边组成的二维数组
    public static Object[][] prim(MGraph G) throws Exception {…}
    // 主程序
    public static void main(String[] args) throws Exception{
        Object vexs[]={ "城市A","城市B","城市C","城市D",
                        "城市E","城市F" };
        int[][] arcs={
                    { 0,2,5,4,INF,INF },
                    { 2,0,4,INF,5,INF },
                    { 5,4,0,6,3,3 },
                    { 4,INF,6,0,INF,7 },
                    { INF,5,3,INF,0,1 },
                    { INF,INF,3,7,1,0 } };
        MGraph G=new MGraph(GraphKind.UDG,6,10,vexs,arcs);
        int [][] T=prim(g);
        for (int i=0; i<T.length; i++)
            System.out.println("城市"+g.getVex(T[i][0])+"-"
                    +"城市"+g.getVex(T[i][1])+"   ");
    }
}
```

运行结果：

```
城市城市B-城市城市A
城市城市C-城市城市B
城市城市E-城市城市C
城市城市F-城市城市E
城市城市D-城市城市A
```

具体步骤如下。

步骤1：列出图6.31的邻接矩阵。

步骤2：定义PRIM.java类，设计public static Object[][] prim(MGraph G)方法，返回由生成树边组成的二维数组，实现普里姆算法。

步骤3：在main方法中创建图的邻接矩阵对象，调用普里姆算法求出最小生成树并输出其各条边。

任务6.4 寻找最短路径

任务描述

了解最短路径的概念，理解求单源最短路径的迪杰斯特拉（Dijkstra）算法，能根据算法进行实例分析，理解算法的实现，并能应用最短路径算法解决实际编程问题。

6.4.1　知识准备

最短路径问题是图的又一个比较典型的应用问题。例如，某一地区的一个公路网，给定了该网内的 n 个城市以及这些城市之间相通公路的距离，能否找到城市 A 到城市 B 之间一条距离最短的通路呢？如果将城市用点表示，城市之间的公路用边表示，公路的长度作为边的权值，那么，这个问题就可归结为在网图中求点 A 到点 B 的所有路径中，边的权值之和最短的那一条路径。这条路径就是两点之间的最短路径，并称路径上的第一个顶点为源点，最后一个顶点为终点。下面讨论两种常见的最短路径问题。

1. 单源最短路径

单源最短路径问题是指给定一个带权有向图 $G=(V,E)$和源点 v，求从顶点 v 到 G 中其他顶点的最短路径。本节所讨论的最短路径算法假定图中边的权值均非负。

例如，在图 6.32 所示的最短路径示意图中，从顶点 0 到顶点 4 不存在边，从顶点 0 经顶点 1 到顶点 4 的路径长度为 23，从顶点 0 经顶点 2 到顶点 4 的路径长度为 25，从顶点 0 经顶点 1 再经顶点 3 到顶点 4 的路径长度为 21，从顶点 0 经顶点 1 再经顶点 2 到顶点 4 的路径长度为 20。因此，从顶点 0 到顶点 4 的最短路径长度为 20。

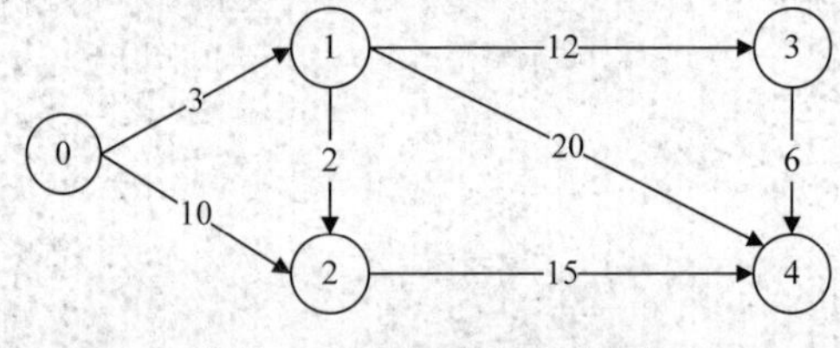

图 6.32　最短路径示意图

单源最短路径
Dijkstra 算法

1）迪杰斯特拉算法的基本思想

荷兰计算机科学家迪杰斯特拉给出了一种按路径长度递增求最短路径的方法，其基本思路是：按源点 u 到其他各个顶点的最短路径的递增顺序，依次求出第一条最短路径，第二条最短路径，……，第 k–1 条最短路径。在求第 k 条最短路径时，需要用到前面已求出的 k–1 条最短路径。

假设按路径长度递增的次序处理了从 u 出发所到达的距离最短的前 k–1 个顶点，这些顶点组成了集合 S。现在求第 k 条最短路径，设该顶点为 v，则从 u 出发到 v 的最短路径只有两种可能性：从 u 直接到达 v；中间经过集合 S 中的顶点到达 v，但决不会经过集合 S 以外的任何其他顶点。

注意：要证实这一点，就得证明，所有位于通往顶点 v 的最短路径上的中间顶点都一定在集合 S 中。可以用反证法：假定这条路径上有一个顶点 x 不在集合 S 中，于是，从 u 到 v 的路径上还有一条从 u 到 x 的路径，这条路径的长度小于从 u 到 v 的路径长度。根据假定，最短路径是按路径长度递增次序生成的，因此由 u 到 x 的较短的路径必定已经生成。因此，从 u 到 v 的最短路径不可能有不在 S 中的中间顶点。

这样，从 u 到 v 的最短路径长度为：从集合 S 中任取顶点 w，计算从 u 到顶点 w 的最短距离，加上 w 到 v 的边的长度之和，取这些和中的最小者。

2）迪杰斯特拉算法的执行过程

设有向图 $G=(V,E)$，G 的 n 个顶点编号为 0～n−1。S 是一个顶点集合（最初只有一个源点 u），其中每个元素表示一个顶点，源点到这些顶点的最短路径已求出。

G.arcs[][]表示 G 的邻接矩阵，G.arcs[i][j]为弧 $<i,j>$ 的权。若不存在有向弧 $<i,j>$，则将 G.arcs[i][j]置成某个值（大于 G 中最大权值的一个数）。若 $i=j$，则 G.arcs[i][j]可置成 0。

（1）迪杰斯特拉算法需要两个辅助数组。

① 标识量数组 s[]：标识当前已经求出了 u 到哪些点的最短距离。数组 s 表示集合 S（已经求出了最短距离的点集），当 s[i]的值为 1 时，表示顶点 i 在 S 中；当 s[i]的值为 0 时，表示顶点 i 不在 S 中，顶点 i 是 V−S 中的元素。

② 最短距离数组 dist[]：记录当前得到的 u 到其他各点最短距离的值。数组 dist 为当前 u 到其他点距离值的集合，最短距离数组 dist[v]记录从源点 u（第 u 号顶点）出发到顶点 v（第 v 号顶点）的当前最短路径长度，其初值为 G.arcs[u][v]。

（2）迪杰斯特拉算法的执行过程如下。

① 顶点集合 S 最初只有源点 u（s[u]=0，其余的标识量数组元素均为 0）。

② 从 S 之外的顶点集合 V−S（不在 S 中的顶点集合）中选出一个顶点 v，使 dist[v]的值（u−v 的距离）最小，把 v 加入集合 S 中（置 s[v]=1），顶点 v 成为 S 中的一员。

③ 由于顶点 v 的加入，这时从 u 出发，中间只经过集合 S 中的顶点并以不在 S 中的一个顶点 w 为终点的最短路径长度可能会减小。也就是说，dist[w]的值可能发生变化。

如果 dist[w]的值发生变化（减小）的原因是存在一条从 u 到 v 再到 w 的路径，且这条路径的长度是 dist[v]+G.arcs[v][w]。那么，接下来要调整 dist 中记录的从源点到 V−S 中每个顶点 w 的最短路径长度，即从原来的 dist[w]和 dist[v]+G.arcs[v][w]中选择较小的值作为新的 dist[w]，使 dist[w]始终是从源点到顶点 w 最短的路径长度。

④ 重复上述②、③步，将其他顶点依次加入集合 S，直到集合 S 中包含 V 中的全部顶点为止。至此，数组 dist[]就记录了从源点到图中其余各顶点的最短路径长度。

3）迪杰斯特拉算法的执行过程举例

下面以图 6.32 所示的带权有向最短路径示意图为例，介绍利用迪杰斯特拉算法求从源点 0 到其余各顶点的最短路径的过程中，标识量数组 s[]和最短距离数组 dist[]的变化情况。

初始时，集合 s 中只有源点 0，源点到其他顶点的最短路径为源点到这些顶点的边上的权。s 和 dist 中的初始内容如图 6.33 所示。

	0	1	2	3	4
s	1	0	0	0	0
dist	0	3	10	∞	∞

图 6.33　s 和 dist 中的初始内容

第 1 次处理：距离源点最近的顶点是 1，其路径长度是 3，把顶点 1 加入集合 S 中。由于顶点 1 的加入，可能会使源点到顶点 2、3、4 的路径长度变短。源点通过顶点 1 到顶点 2 的路径长度变为 5（dist[1]+ matrix [1][2]），比原来源点直接到达顶点 2 的路径长度 10 更近，因此调整顶点 2 的 dist，使其保存当前最短路径长度。同样，顶点 3 和顶点 4 的 dist

分别调整为 15 和 23。*s* 和 dist 内容如图 6.34 所示。

	0	1	2	3	4
s	1	1	0	0	0
dist	0	3	5	15	23

图 6.34　第 1 次处理

第 2 次处理：离源点最近的顶点是 2，中间经过顶点 1，路径长度为 5。将顶点 2 加入集合 *S* 中，由于顶点 2 的加入，使源点到顶点 4 的路径长度变短，由原来的 23 变为 20，源点到顶点 3 的路径长度没有发生变化，仍为 15。*s* 和 dist 内容如图 6.35 所示。

	0	1	2	3	4
s	1	1	1	0	0
dist	0	3	5	15	20

图 6.35　第 2 次处理

第 3 次处理：离源点最近的顶点是 3，路径长度为 15，中间经过顶点 1。将顶点 3 加入集合 *S* 中，由于顶点 3 的加入，使源点到顶点 4 的路径长度变为 21（dist[3]+matrix[3][4]），而源点到顶点 4 的当前最短路径为 20，所以顶点 4 的 dist 不发生变化。*s* 和 dist 内容如图 6.36 所示。

	0	1	2	3	4
s	1	1	1	1	0
dist	0	3	5	15	20

图 6.36　第 3 次处理

第 4 次处理：离源点最近的顶点是 4，路径长度为 20，中间经过顶点 1 和 2。将顶点 4 加入集合 *S* 中，此时集合 *S* 中包含 *V* 中的全部顶点，至此算法结束。*s* 和 dist 内容如图 6.37 所示。

	0	1	2	3	4
s	1	1	1	1	1
dist	0	3	5	15	20

图 6.37　第 4 次处理

以上给出了迪杰斯特拉算法实现过程中数组 *s* 和数组 dist 的变化情况。

4）迪杰斯特拉算法的实现

数组 *s* 表示集合 *S*（已经求出了最短距离的点集），当 *s*[*i*]的值为 1 时，表示顶点 *i* 在 *S* 中，当 *s*[*i*]的值为 0 时，表示顶点 *i* 不在 *S* 中，顶点 *i* 是 *V*−*S* 中的元素。

数组 dist 表示顶点 *u* 到其他点距离值的集合，dist[*i*]表示顶点 *u* 到顶点 *i* 的当前最短距离值。

【算法描述】

```
public class Dijkstra {
    public final static int INF = 999; //为了便于显示，假设 999 代表无穷大∞
    //用迪杰斯特拉算法求解图 G 中从顶点 u 开始到其他顶点的最短路径
    public static int[] dijkstra(MGraph G,int u){
```

```
    //1. 初始化
    int n=g.vexNum;                     //顶点总数n
    int[] dist=new int[n];              //u到各顶点的距离数组
    //集合S的标识量数组（=1已求出最短距离；=0未求出最短距离）
    int[] s=new int[n];
    for (int i=0; i<n; i++){            //初始化各点i的两个数组
        dist[i]=g.arcs[u][i];           //u-i的初始距离为<u,i>的权值
        s[i]=0;                         //u-i的最短距离尚未求出，点i不属于集合S
    }
    dist[u]=0;                          //u-u的最短距离为0
    s[u]=1;                             //u-u的最短距离已知（u属于集合S）
    //2. 循环n-1次，由近到远，依次求得u到其他n-1个点的最短距离
    for (int i=0; i<n-1; i++){
        //①在未求出最短距离的点中，根据数组dist[]，选出当前距u最近的点k
        int min=INF;                //将u到其他点的最短距离min设为一个最大值
        int k=-1;                   //令距u最近的点的编号为k，设为-1
        for (int j=0; j<n; j++){        //依次查看数组dist[]中的元素
            //若j不属于S且dist[j]小于当前最短距离min
            if (s[j]==0 && min>dist[j]){
                min=dist[j];            //修改最短距离min为dist[j]
                k=j;                    //同时，将j看作当前距u最近的点
            }
        }
        //此时距u最近的点就是k，u-k的最短距离已经得到（即dist[k]）
        //②将点k加入集合S
        s[k]=1;
        //③借助u-k的最短距离dist[k]，修改u到其他（不在集合S中的）点的距离
        for (int j=0; j<n; j++){        //对于每个顶点，循环：
            //若该点j不在集合S中，且当前u-j的距离>u-k的最短距离+弧<k,j>的权
            if (s[j]==0 && dist[j]>dist[k]+g.arcs[k][j]){
                //则，将当前u-j的距离修改为u-k的最短距离+弧<k,j>的权
                dist[j]=dist[k]+g.arcs[k][j];
            }
        }
    }
    return dist;
}
//主程序
public static void main(String[] args) {
    Object vexs[]={ "0","1","2","3","4" };
    int[][] arcs={ { 0,     3,     10,    INF,     INF },
                   { INF,   0,     2,     12,      20  },
                   { INF,   INF,   0,     INF,     15  },
                   { INF,   INF,   INF,   0,       6   },
                   { INF,   INF,   INF,   INF,     0   }};
    //创建邻接矩阵图G
    MGraph G=new MGraph(GraphKind.DN,5,7,vexs,arcs);
    //应用迪杰斯特拉算法求解从0号顶点到其他顶点的最短路径
    int[] d=dijkstra(g,0);
    for (int i=1;i<g.vexNum;i++)        //输出所有最短路径
        System.out.println("(0-"+i+":"+d[i]+")");
```

```
        }
    }
```

运行结果：

```
(0 - 1:3)
(0 - 2:5)
(0 - 3:15)
(0 - 4:20)
```

【算法分析】对于有 n 个顶点的图，迪杰斯特拉算法的时间复杂度为 $O(n^2)$。这是因为，算法中外层 for 循环的执行次数为 $n-1$。这个外层循环每执行一次，内层第一个 for 循环中要花费 $O(n)$的时间选出下一个顶点，并在内层第二个 for 循环中花费 $O(n)$的时间调整 dist。因此，for 循环的总计时间为 $O(n^2)$。如果图用邻接表表示，调整 dist 数组的时间可降低为 $O(e)$（e 为图中的边数），选取下一个顶点的时间仍为 $O(n)$，因此总时间仍为 $O(n^2)$。

2. 每对顶点之间的最短路径

最短路径 Floyd 算法

设带权有向图 $G=(V,E)$，对 G 中的任意两个顶点（u,v），求从 u 到 v 的最短路径，这被称为求每对顶点之间的最短路径问题。解决这个问题有以下两种方法。

第 1 种方法就是运行前面介绍的迪杰斯特拉算法 n 次，每次以图中的一个顶点为源点，求出该点到其他各个顶点的最短路径。这种方法的时间复杂度为 $O(n^3)$。

第 2 种方法称为弗洛伊德（Floyd）算法，弗洛伊德算法的时间复杂度也为 $O(n^3)$，与迪杰斯特拉算法相比，弗洛伊德算法显得更简便和清晰，其具体操作如下。

1）弗洛伊德算法的基本思想

设带权有向图 G 有 n 个顶点，这 n 个顶点依次标记为 $0,1,2,\cdots,n-1$。用 g.arcs[][]表示 G 的邻接矩阵。用 g.arcs[i][j]表示有向弧 $<i,j>$ 的权，若不存在有向弧 $<i,j>$，则将 g.arcs[i][j]置成某个最大值 INF（大于图 G 中最大权值的一个数）。若 $i=j$，则 g.arcs[i][j]可置成 0。引入另一个矩阵 A，用于表示每对顶点之间的最短路径。

弗洛伊德算法的基本思想是递推产生矩阵序列 $A_0,A_1,A_2,\cdots,A_n$。

矩阵 A_0 初始化为邻接矩阵，$A_0[i][j]$表示从顶点 i 到 j 不经过任何中间点的最短路径矩阵，$A_0[i][j]$=g.arcs[i][j]。

第 1 次处理：得到矩阵 A_1，表示各顶点间路径可以经过前 1 个顶点（0）得到的最短路径矩阵，$A_1[i][j]$表示从顶点 i 到 j 可以经过中间点（0）得到的最短路径。

第 2 次处理：得到矩阵 A_2，表示各顶点间路径可以经过前 2 个顶点（0,1）得到的最短路径矩阵，$A_2[i][j]$表示从顶点 i 到 j 可以经过中间点（0,1）得到的最短路径。

……

第 n 次处理：得到矩阵 A_n，表示各顶点间路径可以经过所有 n 个顶点（$0,1,\cdots,n-1$）得到的最短路径矩阵，$A_n[i][j]$表示从顶点 i 到 j 可以经过所有顶点（$0,1,\cdots,n-1$）得到的最短路径，矩阵 A_n 就是最终的结果。

可以看到，$A_k[i][j]$表示第 k 次处理时，从顶点 i 到顶点 j 的最短路径。

如果已知 $A_k[i][j]$的值，则下一个递推矩阵（加入顶点 k 作为中间点后得到的各点间的最短路径矩阵）的元素 $A_{k+1}[i][j]$由下列公式确定：

$$A_{k+1}[i][j] = \min\{ A_k[i][j], A_k[i][k] + A_k[k][j]\}$$

其中，A_k，A_{k+1} 分别表示第 k 次和第 k+1 次处理时的矩阵 A。

这个公式表明：在第 k+1 次处理时，对于任意一对顶点 i 和 j，i 到 j 的最短路径要么经过顶点 k，要么不经过顶点 k。

① 如果它经过顶点 k，则这条路径必然是由 i 至 k 以及由 k 至 j，且所经过的顶点序号不大于 k−1，其长度分别为 $A_k[i,k]$和 $A_k[k,j]$。

② 如果不经过顶点 k，则其最短路径长度为仍为 $A_k[i][j]$。

选择两条路径中短的那一条作为顶点 i 到顶点 j 的当前最短路径。

上述公式是一个迭代公式，每迭代一次，从顶点 i 到顶点 j 的最短路径上就多考虑一个顶点，因为 G 中不会有序号大于 n 的顶点，所以经过 n 次迭代后，$A_n[i][j]$就是 G 中顶点 i 到顶点 j 的最短路径长度。

2）弗洛伊德算法的执行过程举例

下面以图 6.38 所示的带权有向网图为例，来了解用弗洛伊德算法求图中每对顶点之间最短路径长度时矩阵 A 的变化情况。

初始时，将矩阵 A_0 置为其邻接矩阵，如图 6.39 所示。

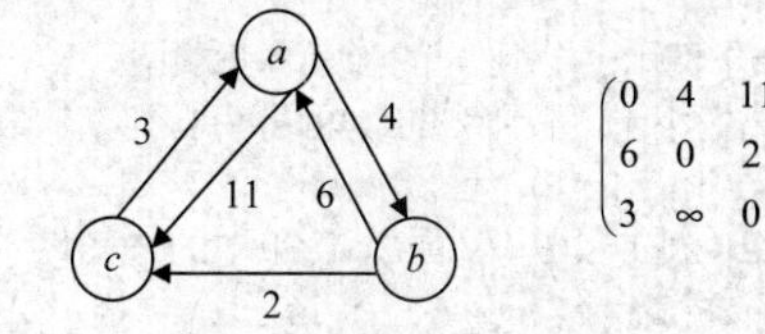

$$\begin{pmatrix} 0 & 4 & 11 \\ 6 & 0 & 2 \\ 3 & \infty & 0 \end{pmatrix}$$

图 6.38 一个有向网图及其邻接矩阵

	a	b	c
a	0	4	11
b	6	0	2
c	3	∞	0

图 6.39 将矩阵 A_0 置为其邻接矩阵

第 1 次处理：将顶点 a 加到任意一对顶点的路径上。将顶点 a 加入顶点 c 到顶点 b 的路径上后，两个顶点间的最短路径长度为 7，小于原来的最短路径长度∞，因此顶点 c 到顶点 b 的最短路径长度变为 7。加入顶点 a 后，其他顶点间的最短路径长度没有变短。由此得到矩阵 A_1，如图 6.40 所示。

第 2 次处理：将顶点 b 加到任意一对顶点的路径上。将顶点 b 加入顶点 a 到顶点 c 的路径上后，两个顶点间的最短路径长度为 6，小于原来的最短路径长度 11，因此顶点 a 到顶点 c 的最短路径长度变为 6。加入顶点 b 后，其他顶点间的最短路径长度没有变短。由此得到矩阵 A_2，如图 6.41 所示。

第 3 次处理：将顶点 c 加到任意一对顶点的路径上。将顶点 c 加入顶点 b 到顶点 a 的路径上后，两个顶点间的最短路径长度为 5，小于原来的最短路径长度 6，因此顶点 b 到顶点 a 的最短路径长度变为 5。加入顶点 c 后，其他顶点间的最短路径长度没有变短。因为图 6.38 所示有向网图只有 3 个顶点，所以经过 3 次迭代后，得到矩阵 A_3，即得到每对顶点间的最短路径长度，如图 6.42 所示。

	a	b	c
a	0	4	11
b	6	0	2
c	3	7	0

图 6.40 第 1 次处理

	a	b	c
a	0	4	6
b	6	0	2
c	3	7	0

图 6.41 第 2 次处理

	a	b	c
a	0	4	6
b	5	0	2
c	3	7	0

图 6.42 第 3 次处理

3）弗洛伊德算法的实现

在弗洛伊德算法中，G.arcs[][]表示有向网图的邻接矩阵，二维数组 a 用于存储矩阵 A_k（k=0,1,2,…,n）的值。

【算法描述】

```
package ch06;
import java.util.Scanner;
public class Floyd {
   public final static int INF=999;//Integer.MAX_VALUE;
   public static void floyd(MGraph G,int[][] a){
      int n=G.vexNum;
      //用邻接矩阵G.arcs[n][n]初始化矩阵a[n][n]，得到初始矩阵A0
      for (int i=0;i<n;i++)
         for (int j=0;j < n;j++)
            a[i][j]=G.arcs[i][j];
      //k=0时生成矩阵A1，k=1时生成矩阵A2，……，k=n-1时生成矩阵An
      for (int k=0;k<n;k++) {
         //生成第k个矩阵A
         for (int i=0;i<n;i++)
            for (int j=0;j<n;j++)
               //矩阵的某个元素a[i][j]表示"i到j的当前最短距离"
               //若"i到j的当前最短距离"小于"i到k的最短距离+k到j的最短距离"
               if (a[i][k]+a[k][j]<a[i][j])
                  a[i][j]=a[i][k]+a[k][j]; //更新i到j的最短距离为后者
      }
   }
   public static void main(String[] args) throws Exception {
      //创建邻接矩阵图
      Object vexs[]={ "a", "b", "c" };
      int[][] arcs={ { 0,       4,      11  },
                     { 6,       0,      2   },
                     { 3,       INF,    0   }};
      MGraph G=new MGraph(GraphKind.DN,3,5,vexs,arcs);
      int n=g.vexNum;
      int[][] dist=new int[n][n];
      floyd(g,dist);
      for (int i=0; i<n; i++)
         for (int j=0; j<n; j++){
            if (i!=j)
               System.out.println("从 "+g.getVex(i)+"到
                  "+g.getVex(j)+"的最短路径: "+dist[i][j]);
         }
   }
}
```

运行结果：

```
从a到b的最短路径：4
从a到c的最短路径：6
从b到a的最短路径：5
从b到c的最短路径：2
从c到a的最短路径：3
从c到b的最短路径：7
```

【算法分析】对于有 n 个顶点的图，弗洛伊德算法的时间复杂度为 $O(n^3)$，等同于对每个顶点分别调用一次迪杰斯特拉算法的时间复杂度。但由于该算法条理清晰、层次分明，因此非常易于掌握和记忆。

图的应用实例

参考程序

6.4.2 任务实施

1. 迪杰斯特拉算法的实例分析

用迪杰斯特拉算法求解有向网（图 6.43）从 A 开始出发到各点的最短路径长度。

步骤 1：列出此图的邻接矩阵。

步骤 2：集合 S 中最初只有 A 点，列出此时数组 dist[]和 s[]的初始状态。

步骤 3：列出向集合 S 中逐个加入 B、C、D、E 各顶点的过程中数组 dist[]和 s[]的变化过程。

2. 弗洛伊德算法的实例分析

用弗洛伊德算法求解有向网（图 6.43）各点之间的最短路径长度。

步骤 1：列出此图的邻接矩阵。

步骤 2：列出矩阵 A_0。

步骤 3：列出逐个加入 A、B、C、D、E 各顶点的过程中递推得到的矩阵 A_1、A_2、A_3、A_4、A_5。

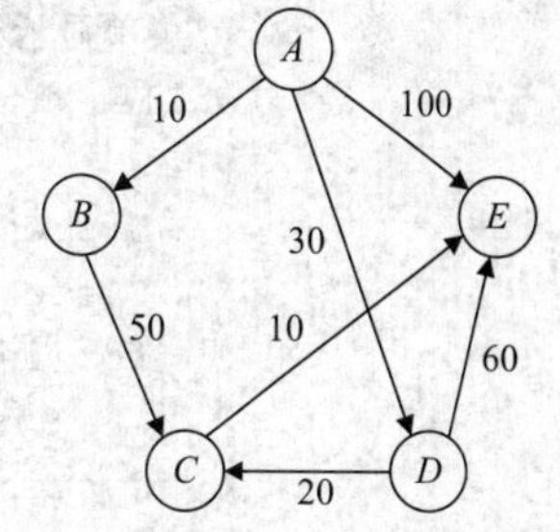

图 6.43 旅游景点交通线路图

3. 查询旅游景点间的最少交通费用

【问题描述】如图 6.43 所示，某城市中的 5 个旅游景点之间有旅游交通线相连，交通花费不尽相同。试设计一个简单的旅游线路查询系统，便于游客查询从某个景点到其他景点之间的最少交通花费。

【问题分析】若将每个景点抽象成一个结点元素，景点间的旅游交通线抽象成结点间的连线，则该问题数据元素间的关系可以同样抽象成一个图结构。可以用一个有向连通网来表示 n 个景点以及其间的交通花费，其中，网的顶点表示景点，弧的权值表示旅游交通费用。这样就是求两个顶点间最短路径的问题。

本任务可以在迪杰斯特拉求最短路径程序的基础上实现。在 Dijkstra 类中，修改主程序 main 方法（其他成员变量和方法都不需要改变）：首先根据景点图的数据创建相应的邻接矩阵图对象 G；再根据用户输入的信息（起点、终点），调用迪杰斯特拉算法求出从某个起点到其他景点之间的最少交通费用，并输出对应的信息。

【算法描述】

```
import java.util.Scanner;
public class Dijkstra {
    public final static int INF=999;
    //求解图 G 从顶点 u 开始到其他顶点的最短路径
    public static int[] dijkstra(MGraph G,int u){…}
```

```
    //主程序
    public static void main(String[] args) throws Exception {
        int[][] path;
        int[] d;                //保存最短路径长度（最少交通费用）的数组
        int i,j;
        String name1,name2,choice="y";
        Scanner sc=new Scanner(System.in);
        //创建景点图
        Object vexs[]={ "磁器口","朝天门","佛图关","歌乐山","华岩湖" };
        int[][] arcs={{ 0,        10,       INF,      30,       100 },
                      { INF,      0,        50,       INF,      INF },
                      { INF,      INF,      0,        INF,      10  },
                      { INF,      INF,      20,       0,        60  },
                      { INF,      INF,      INF,      INF,      0   }};
        MGraph G=new MGraph(GraphKind.DN,5,7,vexs,arcs);

        //菜单显示和命令处理
        while(choice.equals("y")||choice.equals("Y"))
        {
            System.out.println("======欢迎使用旅游线路查询系统======");
            System.out.println("******景点******");
            for(i=0; i<g.vexNum; i++)
                System.out.println(g.getVex(i));
            System.out.println("************************");
            System.out.println("请输入起始景点名称:");
            name1=sc.nextLine();
            System.out.println("请输入终点景点名称:");
            name2=sc.nextLine();
            for(i=0;i<g.vexNum;i++)
                if(g.getVex(i).equals(name1))
                    break;
            for(j=0;j<g.vexNum;j++)
                if(g.getVex(j).equals(name2))
                    break;
            if(i==g.vexNum||j==g.vexNum)
                System.out.println("输入的景点名称有错，请重新输入!");
            else if(i==j)
                System.out.println("起点和终点相同!");
                else{
                    d=dijkstra(g,i);
                    System.out.println("从"+g.getVex(i)+"到"
                            +g.getVex(j)+"的最少交通费用为:"+d[j]);
                }
            System.out.println("需要再次查询吗？(Y/N):");
            choice=sc.nextLine();
        }
    }
}
```

运行结果：

```
======欢迎使用旅游线路查询系统======
******景点******
磁器口
朝天门
佛图关
歌乐山
华岩湖
************************
请输入起始景点名称：
磁器口
请输入终点景点名称：
佛图关
从磁器口到佛图关的最少交通费用为:50
需要再次查询吗？(Y/N):
```

步骤 1： 列出图 6.23 的邻接矩阵。

步骤 2： 定义 Dijkstra.java 类，设计方法如下：

```
//实现用迪杰斯特拉算法求解图 G 从顶点 u 开始到其他顶点的最短路径长度
public static int[] dijkstra(MGraph G,int u){…}
```

步骤 3： 参考上面的代码，在 main 方法中编写程序，实现最短路径查询的功能。

知识拓展：图的邻接表存储、拓扑排序、关键路径

阅读材料

科技创新——大学生成长的助推器

科技创新是一个民族进步的灵魂，是国家兴旺发达的不竭动力。21 世纪是知识经济时代，国际竞争将主要体现为创新人才的竞争。在这样的新的环境下，在党和国家大力强调自主创新的今天，科技创新能力成为高素质人才的核心和灵魂。

在以往传统的教学模式中，比较偏重于知识的阐述和验证，很多理论与技能停留在既有知识的层面，而科技创新活动则要求学生将理论知识与实践操作相结合，自主学习，自主创新，在实践中得到培养、锻炼，不断激发创新意识，提高创新能力和独立工作能力，强化合作精神。科技创新不仅是一个国家国民经济发展的基石，更是大学生成长的助推器。

大学生可以通过以下途径积极培养自己的科技创新能力。

（1）夯实创新基础。知识是创新的基础，只有当知识完成量的积累后，才可能为创新的实现提供必要的智力支持。

（2）培养创新思维。在专业学习与社会实践中应自觉培养创新型思维，勤于思考，善于发现，勇于创新。

（3）投身创新实践。只有当实践与创新的想法有机结合，并不断总结、反思，创新才可能最终得以实现。实践出真知，实践长才干。

> 大学生只有在努力学习的同时，自觉培养自己的创新意识，并积极参与到科技创新活动中，才能使自己成为具有科技创新精神和创新能力的高素质人才。这将成为我国在未来科技竞争中赢得主动的关键。

单元小结

图是一种非常典型的非线性结构，具有广泛的应用背景。本单元介绍了图的基本概念与术语，以及邻接矩阵存储结构，并对图的遍历、最小生成树、最短路径等问题进行了详细的描述，同时给出了相应的算法思想与过程描述。

习　题

一、选择题

1. 无向图中一个顶点的度是（　　）。
   A. 通过该顶点的简单路径数　　B. 与该顶点相邻接的顶点数
   C. 通过该顶点的简单路径顶点数　　D. 与该顶点连通的顶点数
2. 有向图中一个顶点的度是（　　）。
   A. 该顶点的入度　　B. 该顶点的出度
   C. 该顶点入度与出度的和　　D. 该顶点入度与出度的积
3. 在无向图中，若从顶点 a 到顶点 b 存在（　　），则称 a 与 b 之间是连通的。
   A. 一条边　　B. 一条路径
   C. 一条回路　　D. 一条简单路径
4. 在无向图邻接矩阵中，（　　）表示该图的边数。
   A. 非零元素的个数　　B. 非零元素个数的一半
   C. 零元素的个数　　D. 零元素个数的一半
5. 在有向图邻接矩阵中，（　　）表示该图的边数。
   A. 非零元素的个数　　B. 非零元素个数的一半
   C. 零元素的个数　　D. 零元素个数的一半
6. 在无向图邻接矩阵中，（　　）表示该图中第 i 个顶点的度。
   A. 第 i 行零元素的个数　　B. 第 i 列零元素的个数
   C. 第 i 行或第 i 列非零元素的个数　　D. 第 i 行与第 i 列非零元素的个数之和
7. 在有向图邻接矩阵中，（　　）表示该图中第 i 个顶点的入度。
   A. 第 i 行非零元素的个数　　B. 第 i 列非零元素的个数
   C. 第 i 行或第 i 列非零元素的个数　　D. 第 i 行与第 i 列非零元素的个数之和
8. 在有向图邻接矩阵中，（　　）表示该图中第 i 个顶点的出度。
   A. 第 i 行非零元素的个数　　B. 第 i 列非零元素的个数

C. 第 i 行或第 i 列非零元素的个数　　D. 第 i 行与第 i 列非零元素的个数之和

9. 如图 6.44 所示，从顶点 1 出发进行深度优先遍历可得到的序列是（　　）。

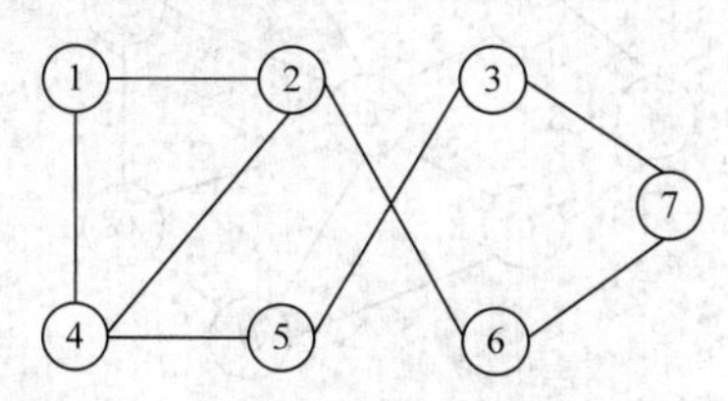

图 6.44　题 9 图

A. 1425637　　B. 1426375

C. 1246753　　D. 1245637

10. 在图 6.44 中，从顶点 1 出发进行广度优先遍历可得到的序列是（　　）。

A. 1425637　　B. 1426375

C. 1246753　　D.1245637

二、填空题

1. 若用 n 表示图中的顶点数，则有______条边的无向图称为完全图。

2. 有 n 个顶点的无向连通图中至少有_______条边，至多有______条边。

3. 图的广度优先遍历算法中用到辅助队列，每个顶点最多进队______次。

三、分析题

1. 已知有如图 6.45 所示的有向图，给出该图每个顶点出度和入度以及该图的邻接矩阵。

2. 已知图的邻接矩阵如图 6.46 所示。试分别画出自顶点 A 出发进行遍历所得的深度优先生成树和广度优先生成树。

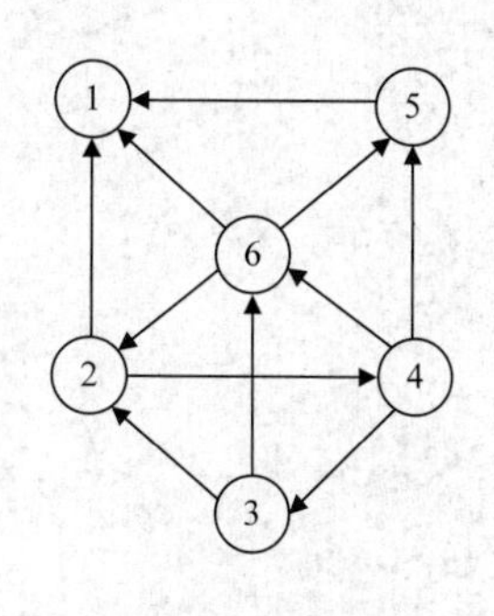

图 6.45　有向图

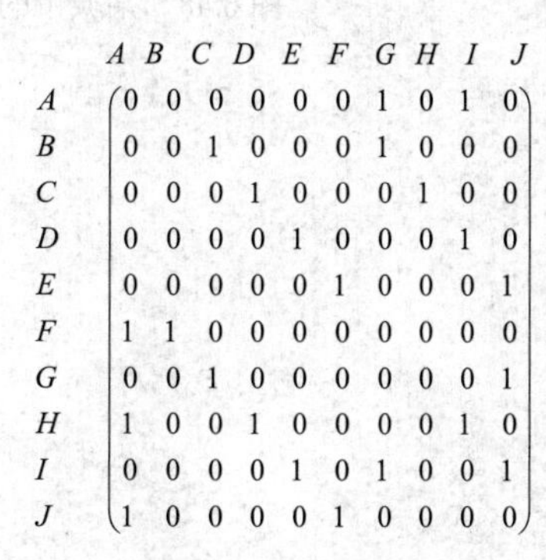

	A	B	C	D	E	F	G	H	I	J
A	0	0	0	0	0	0	1	0	1	0
B	0	0	1	0	0	0	1	0	0	0
C	0	0	0	1	0	0	0	1	0	0
D	0	0	0	0	1	0	0	0	1	0
E	0	0	0	0	0	1	0	0	0	1
F	1	1	0	0	0	0	0	0	0	0
G	0	0	1	0	0	0	0	0	0	1
H	1	0	0	1	0	0	0	0	1	0
I	0	0	0	0	1	0	1	0	0	1
J	1	0	0	0	0	1	0	0	0	0

图 6.46　邻接矩阵

3. 对如图 6.47 所示的无向网：

（1）写出它的邻接矩阵；

（2）列出按克鲁斯卡尔算法求其最小生成树的过程；

（3）列出按普里姆算法求其最小生成树的过程。

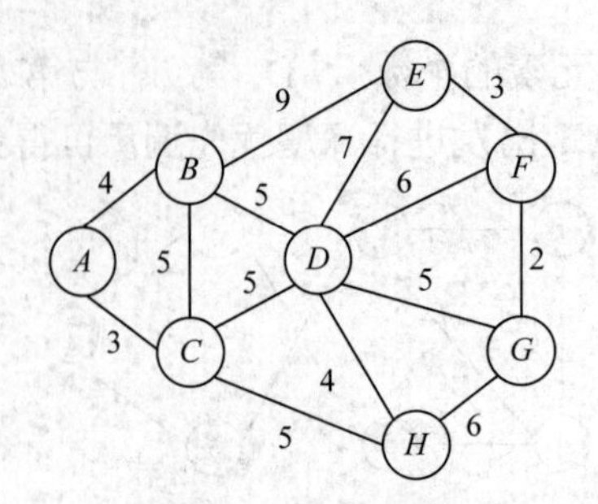

图 6.47　无向网

四、上机实训题

图 6.48 所示为某城市的交通网络干线图，其中的顶点代表该市的交通要点，顶点之间的有向连线代表有方向的交通线路，线上的数字代表两个交通要点的距离。

编程实现：

（1）用邻接矩阵存储图，并显示存储结果。

（2）分别计算 V_4 和 V_6 的入度和出度。

（3）分别用深度优先和广度优先遍历该交通干线图。

（4）给定图中的任一交通要点，用迪杰斯特拉算法求出从该点到其余各顶点的最短路径。

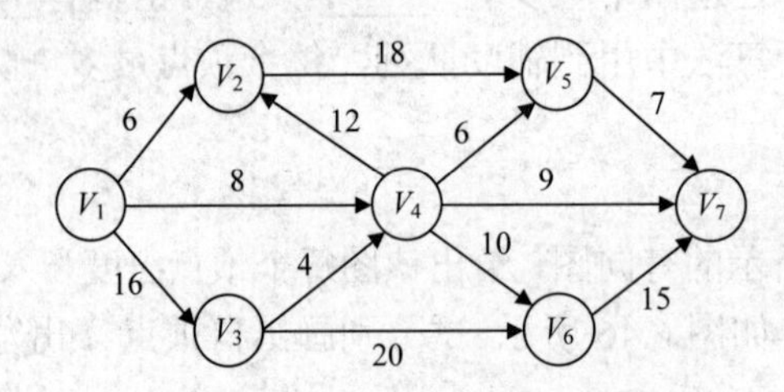

图 6.48　某城市的交通网络干线图

排　序

知识目标

- 了解排序的基本概念。
- 掌握3种基本排序算法——冒泡排序、简单选择排序和直接插入排序的基本思想。
- 掌握3种高级排序算法——希尔排序、堆排序和快速排序的基本思想。

能力目标

- 对各种排序算法，能针对给定的输入实例分析其排序过程。
- 能编程实现各种排序算法，分析各种排序算法的优缺点。
- 能根据问题的特点和要求选择合适的排序算法解决实际问题。

素质目标

- 树立诚实守信、遵守工程伦理和职业道德的意识。
- 培育精益求精、严谨细致的工匠精神。

任务 7.1　基本排序算法

任务描述

了解排序的基本概念，掌握冒泡排序、简单选择排序和直接插入排序的思想，并能编程实现3种基本排序算法。

7.1.1　知识准备

1. 排序的基本概念

排序的基本概念

1）认识排序

排序是计算机程序设计中对数据进行顺序排列的一种重要操作，人们在日常生活中所接触到的绝大多数数据都是经过排序的。例如，按照字母顺序查询字典中的定义，或者按照名字的字母顺序在电话本中查询电话号码等。可见排序在数据处理中是十分基础的过程，值得认真学习研究。

排序是把一个记录（在排序中把数据元素称为记录）集合或序列重新排列成按记录的某个数据项值递增（或递减）的序列。

例如，某书籍销售记录中包括书名、作者、出版社、出版时间、价格、销量等数据项。在排序时，如果按照价格从低到高排序（升序），会得到一个有序序列，如表 7.1 所示；如果按照销量从少到多排序，则会得到另一个有序序列，如表 7.2 所示。

表 7.1 按照价格从低到高排序

书名	作者	出版社	出版时间	价格/元	销量/册
电子产品设计	王成安	中国电力出版社	2014 年	24	410
单片机 C 语言	刘娟	中国电力出版社	2010 年	33	283
PCB 设计制作	赵毓林	西安电子科技大学出版社	2015 年	35	330
C 程序设计	谭浩强	清华大学出版社	2017 年	37	120
单片机技术	刘函	西南大学出版社	2017 年	46	300

表 7.2 按照销量从少到多排序

书名	作者	出版社	出版时间	价格/元	销量/册
C 程序设计	谭浩强	清华大学出版社	2017 年	37	120
电路基础	刘长学	人民邮电出版社	2014 年	48	220
单片机 C 语言	刘娟	中国电力出版社	2010 年	33	283
单片机技术	刘函	西南大学出版社	2017 年	46	300
PCB 设计制作	赵毓林	西安电子科技大学出版社	2015 年	35	330

2）关键字与排序的稳定性

作为排序依据的数据项称为记录的关键字。如果使用某个排序方法对任意的记录序列按照关键字排序后，相同关键字记录的位置关系与排序前一致，则称此排序方法是稳定的；如果不一致，则称此排序方法是不稳定的。

例如，一个记录的关键字序列为（31,2,15,7,91,7*），可以看出，关键字为 7 的记录有两个（第 2 个加“*”号以示区别，以下同）。若采用一种排序方法得到的结果序列为（2,7,7*,15,31,91），则该排序方法是稳定的；若采用另外一种排序方法得到的结果序列为（2,7*,7,15,31,91），则这种排序方法是不稳定的。

3）内部排序与外部排序

由于待排序的记录数量不同，因此排序过程中涉及的存储器也不同，可将排序方法分为内部排序和外部排序两大类。

内部排序是指在整个排序过程中，记录全部存放在计算机的内存中，并且在内存中调整记录之间的相对位置。在此期间没有进行内、外存的数据交换。

外部排序是指在整个排序过程中，记录的主要部分存放在外存中，借助于内存逐步调整记录之间的相对位置。在这个过程中，需要不断地在内、外存之间交换数据。

显然，内部排序适用于记录不多的文件。对于一些较大的文件，由于内存容量的限制，不能一次全部装入内存进行排序，此时采用外部排序较为合适。但外部排序的速度比内部排序要慢得多。内部排序和外部排序各有许多不同的排序方法，本单元只讨论内部排序的各种方法。

4）排序的对象

从操作角度来看，排序是线性结构的一种操作，所以排序问题的数据结构是线性表。任何算法的实现都和算法所处理的数据元素的存储结构有关，线性表的两种典型存储结构是顺序表和链表。由于顺序表具有随机存取的特性，存取任意一个数据元素的时间复杂度为 $O(1)$，而链表不具有随机存取特性，存取任意一个数据元素的时间复杂度为 $O(n)$，因此，排序算法基本上是基于顺序表而设计的。

为了让读者更多地关注各排序算法的原理，本单元在讲解各排序算法时简化了记录的数据类型。假定每个记录中只有一个整型数据，则含有 n 个记录的待排数据表就可以简化为一个整型数组 $r[n]$，若不做特别说明，则记录数据存放在下标为 $0\sim n-1$ 的存储空间中，记录的关键字就是记录本身。也就是说，可以基于整型数组来讨论排序算法的基本思想。在理解了基本的算法原理之后，尝试在实际的顺序表结构上实现基本的排序算法，以便解决实际应用问题。

排序有降序排序和升序排序两种。本单元讨论的所有排序算法都是按关键字升序排序设计的。

5）排序算法的性能指标

排序算法的性能主要包括算法的时间复杂度、空间复杂度和算法的稳定性。其中，排序算法的时间复杂度主要取决于关键字的比较次数和记录的移动次数，空间复杂度主要是指执行算法所需要的辅助存储空间。

6）排序算法的种类

排序算法有很多种，本节主要介绍冒泡排序、简单选择排序和直接插入排序 3 种基本排序算法。这 3 种算法都很容易理解和实现。之所以说是基本排序算法，是因为在数据量大的情况下这些算法都不是最好的算法（时间复杂度不理想）。

后续将学习 3 种高级排序算法：快速排序、堆排序和希尔排序，它们分别是对 3 种基本排序算法的改进。

2. 冒泡排序

1）冒泡排序的基本思想

冒泡排序

冒泡排序是一种典型的排序方法，其基本思想是通过两两比较相邻记录的关键字，使关键字较大的记录如气泡一般逐渐往上“漂浮”。

【例 7.1】 下面以图 7.1 所示元素为例来观察冒泡排序的过程。

第 1 趟冒泡：首先比较 $r[0]$与 $r[1]$，即数组中第一个元素 6 与其相邻元素 3 进行比较，由于 6>3，因此交换 6 和 3；接着 $r[1]$（此时值为 6）与其相邻元素 $r[2]$的值 9 进行比较，由于 6<9，不交换；再接着比较 $r[2]$（值为 9）与 $r[3]$（值为 8），由于 9>8，交换 9 和 8；再比较 $r[3]$（此时值为 9）与 $r[4]$（值为 2），由于 9>2，交换 9 和 2。最后，最大元素 9 被交换到数组的最后一个位置。得到的数组如图 7.2 所示。

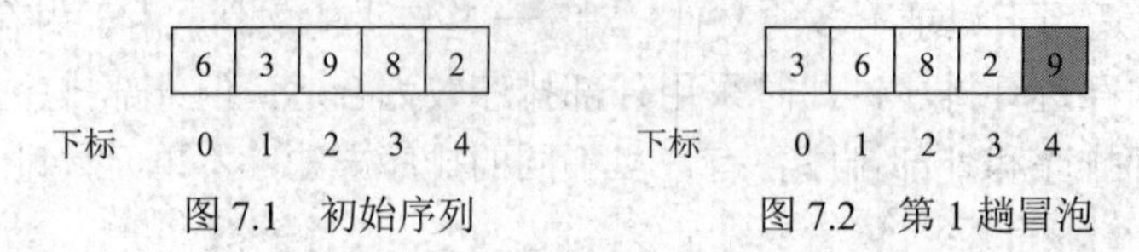

图 7.1　初始序列　　图 7.2　第 1 趟冒泡

第 2 趟冒泡：同理从数组第一个元素开始到最后一个元素，不断进行相邻元素的比较，第二大的元素 8 被交换到位置[3]。得到的数组如图 7.3 所示。

第 3 趟冒泡：同理从数组第一个元素开始到最后一个元素，不断进行相邻元素的比较，第三大的元素 6 被交换到位置[2]。得到的数组如图 7.4 所示。

第 4 趟冒泡：同理从数组第一个元素开始到最后一个元素，不断进行相邻元素的比较，第四大的元素 3 被交换到位置[1]。得到的数组如图 7.5 所示。

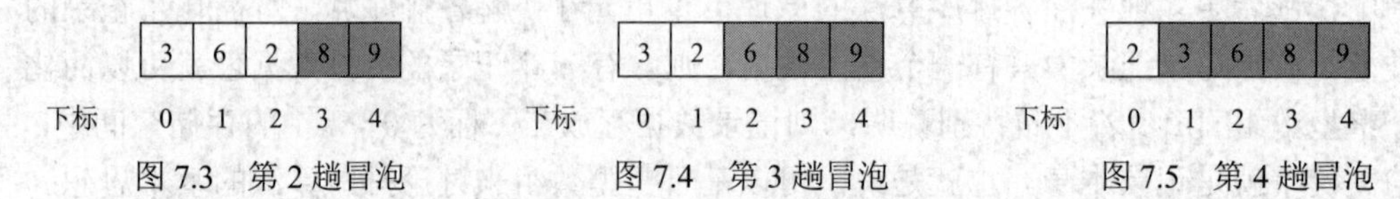

图 7.3　第 2 趟冒泡　　图 7.4　第 3 趟冒泡　　图 7.5　第 4 趟冒泡

此时 5 个元素已经有 4 个排在了正确位置上，剩下那个元素必定在其正确位置上，即元素 2 必定在正确的位置[0]上，排序结束。

2）冒泡排序的算法实现

（1）n 个元素，要经过 $n-1$ 趟冒泡，才能完成排序。

根据上面的分析，很容易写出冒泡排序的算法。冒泡排序包括一个双重 for 循环，外循环用来控制冒泡的趟数，如果有 n 个元素需要排序，则需要执行 $n-1$ 趟冒泡，每执行一趟冒泡，从未排定位置的元素中“冒”出一个相对的最大值冒到右边：

第 1 趟冒泡，将最大的元素冒到 $r[n-1]$。

第 2 趟冒泡，将次大的元素冒到 $r[n-2]$。

……

第 $n-1$ 趟冒泡，将第 $n-1$ 大的元素冒到 $r[1]$。

至此，$n-1$ 趟冒泡确定了 $n-1$ 个元素的位置，排序结束。

这样冒泡排序的框架如下：

```
//循环：冒泡 n-1 趟
for (i=0; i<r.length-1; i++){
    //每趟冒泡：从头到尾，相邻元素两两比较 n-1 次
    //排定 r[n-1-i]位置的元素
}
```

（2）每趟冒泡，要完成 $n-1$ 次相邻元素的比较，排定一个位置的元素。

每一趟冒泡，是一个从最左边的待排序元素两两比较到最右边的循环（内循环），每次两两比较相邻元素，如果右边的元素比其左边相邻的元素小（逆序），则将二者位置交换，如此反复做下去，直到尾部。

下面先写出内循环的一趟冒泡的算法。由于每趟冒泡从 $r[0]$ 到 $r[n-1]$ 需要进行 $n-1$ 次相邻元素的两两比较，其过程如下：

每次比较的　　　　　　　前一个元素　后一个元素

$r[0]$————$r[1]$

$r[1]$————$r[2]$

……

$r[n-2]$———$r[n-1]$

可以令变量 j 为每次相邻比较的前一个元素的下标（j 变化范围为 0～n−2，依次以 1 为增量递增），这样，每次就是相邻元素 $r[j]$与 $r[j+1]$的比较，若 $r[j]>r[j+1]$，则交换两个元素的位置；否则 $j \leftarrow j+1$ 继续下一次比较，直到完成最后两个元素的比较。这样就实现了一趟冒泡。

【算法步骤】令 j 从 0～n−2 依次取值，循环，若 $r[j]>r[j+1]$，则交换 $r[j]$和 $r[j+1]$的值。

【算法描述】假设 r 是整型数组名，temp 是用于元素交换的临时变量，j 是内循环控制变量，为每次相邻比较的前一个元素的下标值，则一趟冒泡的代码如下：

```
//每趟冒泡：从头到尾，循环比较相邻元素(逆序时交换)n-1 次
for (j=0; j<r.length-1; j++){
    if (r[j]>r[j+1]){       //若相邻元素逆序
        temp=r[j];          //则借助临时变量 temp 交换位置
        r[j]=r[j+1];
        r[j+1]=temp;
    }
}
```

（3）循环嵌套：n 个元素，需要 n−1 趟冒泡，每趟进行 n−1 次比较，完成冒泡排序。

若把冒泡这段代码嵌套在（1）的循环体中，循环执行 n−1 次，则可以重复执行 n−1 趟冒泡，从而完成排序。按此思路的冒泡排序算法如下：

```
//冒泡排序
public static void bubbleSort(int[] r){
    int i,j;
    int temp;
    //循环冒泡 n-1 趟
    for (i=0; i<r.length-1; i++){
        //每趟冒泡：从头到尾，相邻元素两两比较 n-1 次
        for (j=0; j<r.length-1; j++){
            if (r[j]>r[j+1]){       //若相邻元素逆序
                temp=r[j];          //则借助临时变量 temp 交换位置
                r[j]=r[j+1];
                r[j+1]=temp;
            }
        }
    }
}
```

（4）优化：减少每趟冒泡过程中不必要的比较。

程序中 i 是外层循环的控制变量，外层循环执行 n−1 次（进行 n−1 趟冒泡），i 从 0～n−2 依次取值。i 初值为 0，说明此时所有的元素处于无序状态，执行一趟冒泡后，i 加 1，说明已将值最大的元素排在了最右边的正确位置，该元素在后续冒泡时不再参与比较；再执行

一趟冒泡，i 再加 1（i=2），说明有 2 个元素已经排在最右边的正确位置上。以此类推，可见，i 可以认为是当前已经排好位置的元素的数量。

从上述分析可知，每趟冒泡，并不需要从头到尾两两比较，已经排好位置的元素不需要再进行比较，这些元素的数量是 i，因此内层循环执行的次数（比较次数）可以在原来的基础上减去 i 次，即修改内层循环条件为 j<r.length−1−i。这样冒泡排序算法可优化为以下形式：

```
//改进的冒泡排序
public static void bubbleSort(int[] r){
    int i,j;
    int temp;
    //循环冒泡 n-1 次
    for (i=0; i<r.length-1; i++){
        //每趟冒泡：从头到尾，循环比较(交换)n-1-i 次
        //已排好的 i 个元素不需要再次比较
        for (j=0; j<r.length-1-i; j++){
            if (r[j]>r[j+1]){        //若相邻元素逆序
                temp=r[j];           //则借助临时变量 temp 交换位置
                r[j]=r[j+1];
                r[j+1]=temp;
            }
        }
    }
}
```

【算法分析】冒泡排序算法的执行时间取决于排序的趟数。不论初始待排序记录如何，每趟排序中总有一个最大的记录被交换到最终位置，故算法执行 n−1 趟，第 i（$1\leqslant i<n$）趟排序执行 n−i 次关键字值的比较和 n−i 次记录的交换（最坏情况下），这样关键字值的比较次数为

$$\sum_{i=1}^{n-1}(n-i)=\frac{1}{2}n(n-1)$$

记录的移动次数为

$$3\sum_{i=1}^{n-1}(n-i)=\frac{3}{2}n(n-1)$$

因此，冒泡排序算法在最坏情况下的时间复杂度为 $O(n^2)$。

冒泡排序从本质上说，是一种基于交换操作的排序方法。冒泡排序算法只需要一个辅助空间用于交换记录，因此，冒泡排序算法是一种稳定的排序方法。

3. 简单选择排序

简单选择排序算法的基本操作是：每次从当前未排序的元素中挑选一个最小（或最大）的，将它放到正确的位置。

选择排序

例如，田径运动会颁奖的时候就是简单选择排序：首先从所有运动员中选择跑得最快的，让他登上冠军的领奖台，再从剩下的运动员中选择跑得最快的，让他登上亚军的领奖台，再从剩下的运动员中选择跑得最快的，让他登上季军的领奖台……

1）简单选择排序的基本思想

简单选择排序的基本思想是：每趟从未排序的元素中选出一个元素，将它交换到顺序正确的位置上。

例如，对于有 n 个元素的数组 $r[n]$，第 1 趟选择是在 n 个元素中选择值最小的元素，并把它交换到数组的起始位置 $r[0]$，第 2 趟选择是在余下的 $n-1$ 个元素中选择值最小的元素，并把它交换到数组中第 2 个位置 $r[1]$……重复这个过程，经过 $n-1$ 趟选择/交换之后，前 $n-1$ 个元素都排到了正确位置上，最后一个元素也必然在正确位置上，排序过程结束。

【例 7.2】 为了理解简单选择排序算法，仍以图 7.1 所示初始序列为例观察简单选择排序的过程。

第 1 趟排序：所有元素中最小的元素是 2，它在数组中的位置是[4]，因此需要将它移动到位置[0]，为了不丢失位置[0]中的元素值，可将位置[0]和位置[4]中的元素进行交换。交换后，数组中最小的元素放在了位置[0]上，符合最终的排序要求。交换后得到的数组如图 7.6 所示。

第 2 趟排序：在余下的元素（即除去已经排好序的[0]号元素以外的其他元素）中选出最小的元素交换到位置[1]。由于剩余元素中最小的元素是 3，它现在的位置是[1]，正是它应该到达的位置，因此无须交换，可以得到如图 7.7 所示数组。

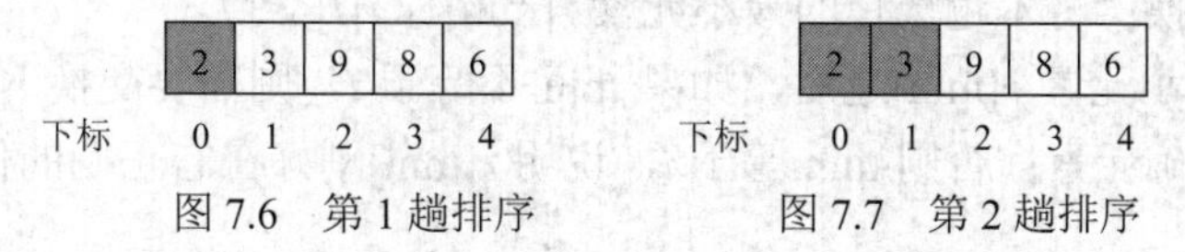

图 7.6 第 1 趟排序　　图 7.7 第 2 趟排序

第 3 趟排序：在余下的元素（即除去已经排好序的[0]号、[1]号元素以外的其他元素）中选出最小的元素交换到位置[2]。由于剩余元素中最小的元素是 6，它现在的位置是[4]，需要将它与当前[2]号位置的元素 9 交换。交换后得到的数组如图 7.8 所示。

第 4 趟排序：在余下的元素（即除去已经排好序的[0]号、[1]号、[2]号元素以外的其他元素）中找到最小的元素交换到位置[3]。由于剩余元素中最小的元素是 8，它现在的位置是[3]，正是它应该到达的位置，因此无须交换，可以得到如图 7.9 所示数组。

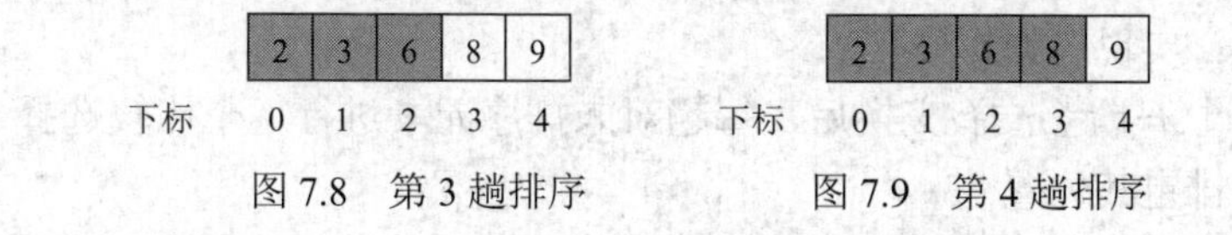

图 7.8 第 3 趟排序　　图 7.9 第 4 趟排序

此时，5 个元素已经有 4 个排在了正确的位置上，剩下的那个元素必定在正确的位置上，即元素 9 必定在正确的位置[4]上，选择排序完毕。

2）简单选择排序的算法实现

（1）n 个元素，要经过 $n-1$ 趟选择/交换，每趟选出一个最小的元素，并交换到正确的位置上。

【算法步骤】令 i 从 0～$n-2$ 依次取值，循环选择 $n-1$ 趟，每趟确定位置 i 的元素 $r[i]$。选择：在 $r[i]$～$r[n-1]$的元素中选择最小元素并将其下标存于 min 中；交换：若 min 不等于 i，则本趟选择的最小元素 $r[\text{min}]$与 $r[i]$交换。

【算法描述】

```
//令 i 从 0～n-2 依次取值，循环选择 n-1 趟
for (i=0; i<r.length-1; i++){
```

```
        //①选择：在 r[i]～r[n-1]的元素中选择最小元素并将其下标存于 min 中
        //②交换：若 min 不等于 i，则 r[min]与 r[i]交换，确定 r[i]
    }
```

（2）第 *i* 趟的选择：从第 *i* 号记录开始的 *n*−*i* 个元素中，选择一个最小的元素 *r*[min]。

第 *i* 趟选择就是通过连续比较，在 *r*[*i*]～*r*[*n*−1]元素中选择最小元素并将其下标存于 min 中。可以先令 *r*[*i*]为临时最小元素，将 *i* 存于 min 中，然后将后续元素 *r*[*j*]（*j* 从 *i*+1～*n*−1 依次取值）依次与 *r*[min]比较，只要遇到 *r*[*j*]<*r*[min]，也就是比临时最小值 *r*[min]还小的，则 *r*[*j*]取代 *r*[min]成为新的临时最小值，将 *j* 保存于 min 即可。

这样把后续元素比较完毕，min 中存放的就是最小元素的下标值，*r*[min]就是本趟选择的最小元素。

【算法描述】

```
    //①选择：在 r[i]～r[n-1]的元素中选择最小元素并将其下标存于 min 中
    min=i;//先令 r[i]为临时最小值，将下标 i 存于 min 中
    for (j=i+1; j<r.length; j++){//令 j 从 i+1～n-1 依次取值
        //将临时最小值 r[min]与位置[i]之后的元素 r[j]比较
        if (r[j]<r[min])        //若 r[j]小于临时最小值 r[min]
            min=j;              //则 r[j]成为新的临时最小值，使 min←j
    }   //循环结束时，r[min]就是 r[i]～r[n-1]所有元素中的最小值
```

（3）第 *i* 趟的交换：将本趟选择的最小元素 *r*[min]与 *r*[*i*]交换。

第 *i* 趟选择出最小元素 *r*[min]之后，如果 min 不等于 *i*，则需要交换 *r*[min]和 *r*[*i*]，就排定了位置 *i* 上的正确元素；否则 min 等于 *i*，说明 *r*[min]刚好在它正确的位置上，不需要交换。

【算法描述】

```
    //②交换：若 min 不等于 i，则将 r[i]～r[n-1]中最小元素 r[min]与当前 r[i]交换，确
    //定位置[i]的正确元素
    if (min!=i){
        temp=r[min];
        r[min]=r[i];
        r[i]=temp;
    }
```

（4）循环嵌套：实现选择排序。

n 个元素，经过 *n*−1 趟选择/交换后，每趟对未排序元素进行逐个比较选择一个最小的元素，并通过交换排定其位置。

将上面（2）中的“选择”和（3）中的“交换”两个步骤嵌套在（1）的外层循环中，就得到选择排序的算法。

【算法描述】

```
    //简单选择排序
    public static void selectSort(int[] r){
        int i,j,min;
        int temp;
        //令 i 从 0～n-2 依次取值，循环 n-1 趟，每趟确定位置[i]的正确元素
        for (i=0; i<r.length-1; i++){
            //①选择：在 r[i]～r[n-1]的元素中选择最小元素并将其下标存于 min 中
            min=i;//先令 r[i]为临时最小值，将下标 i 存于 min 中
            for (j=i+1; j<r.length; j++){ //令 j 从 i+1～n-1 依次取值
```

```
            //将临时最小值 r[min]与位置[i]之后的元素 r[j]比较
            if (r[j]<r[min])              //若 r[j]小于临时最小值 r[min]
               min=j;                     //则 r[j]成为新的临时最小值，使 min←j
        }    //循环结束时，r[min]就是 r[i]～r[n-1]所有元素中的最小值
        //②交换：若 min 不等于 i，则将 r[i]～r[n-1]中最小元素 r[min]与当前 r[i]
        //交换，确定位置[i]的正确元素
        if (min!=i){
            temp=r[min];
            r[min]=r[i];
            r[i]=temp;
        }
    }
}
```

【算法分析】容易看出，在简单选择排序算法中记录的移动次数较少。在待排记录序列为正序时，记录的移动次数最少，为 0 次；在待排序序列为逆序时，记录的移动次数最多，为 $3(n-1)$次。无论记录的初始排列如何，关键字的比较次数都相同，第 i 趟排序需进行 $n-i$ 次关键字的比较，而简单选择排序需进行 $n-1$ 趟排序，则总的比较次数为

$$\sum_{i=1}^{n-1}(n-i)=\frac{1}{2}n(n-1)$$

因此，简单选择排序算法总的时间复杂度为 $O(n^2)$。

简单选择排序算法只需要一个辅助空间用于交换记录，是一种不稳定的排序方法。

4. 直接插入排序

直接插入排序的基本操作是：每次将一个未排序的元素插入有序元素序列的合适位置上，使得序列继续保持有序。

插入排序

例如，在玩扑克牌的时候就是直接插入排序：右手每次从桌上抓起一张牌，直接插入左手拿的扑克牌中合适的位置，使得左手里的所有扑克牌总是保持按序排列。

1）直接插入排序的基本思想

直接插入排序的基本思想是：首先，将待排序序列分为两部分——有序序列（初始为左边第一个元素）+无序序列（初始为除了第 1 个元素以外的右边的其他元素）；然后，逐个处理无序序列中的元素，即每次从无序序列最前面取一个元素与有序序列中的元素（从右到左）依次进行比较，找到一个正确的插入位置，将其插入有序序列中，这称为一趟插入，这使得有序序列长度增 1，无序序列长度减 1。

当整个序列的后 $n-1$ 个元素完成了 $n-1$ 趟插入后，有序序列长度增到 n，无序序列长度减为 0，整个序列都有序了，排序完成。

【例 7.3】 为了理解直接插入排序算法，仍以图 7.1 所示初始序列为例观察直接插入排序的过程。

初始状态：有序序列只有左边一个元素 6（长度为 1），其余元素构成无序序列（长度为 4）。

第 1 趟插入：将第 2 个元素 3 抽出来（可以看作它所在的位置[1]空出），3 与有序序列的元素 6 比较，3 小于 6，因此元素 6 向后移动一个位置（到位置[1]，此时 6 原来的位置[0]

空出）。因为左边已经没有元素了，所以元素 3 最终插入在位置[0]，此时有序序列有元素 3、6（长度为 2），其余元素构成无序序列（长度为 3）。得到的数组如图 7.10 所示。

第 2 趟插入：将第 3 个元素 9 抽出来（它所在的位置[2]空出），由于 9 大于有序序列中的最后一个元素 6，因此 9 仍然插回位置[2]，此时有序序列有元素 3、6、9（长度为 3），其余元素构成无序序列（长度为 2）。得到的数组如图 7.11 所示。

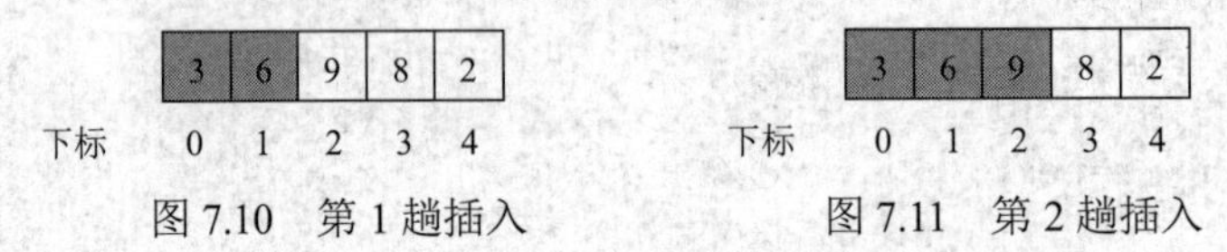

图 7.10　第 1 趟插入　　图 7.11　第 2 趟插入

第 3 趟插入：将第 4 个元素 8 抽出来（它所在的位置[3]空出），8 与有序序列中的最后一个元素 9 比较，8 小于 9，因此元素 9 向后移动到位置[3]（此时位置[2]空出）；接下来元素 8 与前面的元素 6 进行比较，8 大于 6，因此元素 8 最终插入在位置[2]，此时有序序列有元素 3、6、8、9（长度为 4），其余元素构成无序序列（长度为 1）。得到的数组如图 7.12 所示。

第 4 趟插入：将最后一个元素 2 抽出来（它所在的位置[4]空出），2 首先与有序序列中的最后一个元素 9 比较，2 小于 9，因此元素 9 向后移动到位置[4]（此时位置[3]空出）；接下来 2 与 8 比较，2 小于 8，元素 8 向后移动到位置[3]（此时位置[2]空出）；接下来 2 与 6 比较，2 小于 6，元素 6 向后移动到位置[2]（此时位置[1]空出）；接下来 2 与 3 比较，2 小于 3，元素 3 向后移动到位置[1]（此时位置[0]空出）。因为左边已经没有元素了，所以元素 2 最终插入位置[0]，此时有序序列长度为 5，无序序列长度为 0，排序完成，如图 7.13 所示。

图 7.12　第 3 趟插入　　图 7.13　第 4 趟插入

2）直接插入排序的算法实现

初始状态：有序序列 $r[0]$，无序序列 $r[1]$～$r[n-1]$。

（1）n 个元素，要经过 $n-1$ 趟插入，每趟将无序序列最前面的元素插入其左边有序序列的合适位置上，使得有序序列长度+1。

【算法步骤】令 i 从 1～$n-1$ 依次取值，循环插入 $n-1$ 趟，每趟将 $r[i]$插入有序序列的合适位置。

【算法描述】

```
//令 i 从 1～n-1 依次取值，循环插入 n-1 趟
for (i=1; i<r.length; i++){
    //第 i 趟的插入：将 r[i]插入 r[i-1]～r[0]中的合适位置，使得 r[0]～r[i]有序
}
```

（2）第 i 趟的插入：将 $r[i]$插入有序序列的合适位置，使得 $r[0]$～$r[i]$有序。

这个过程分为寻找位置和插入元素两步。

第 1 步：寻找位置。

① 将待插入元素 $r[i]$抽出暂存到 temp 中，此时位置[i]空出，可供插入或移动元素。

② 将 temp 与左边有序序列的元素 $r[j]$（j 从 $i-1$～0 依次取值）依次比较，循环：对于每个元素 $r[j]$，若 $r[j]$>temp，说明插入位置在元素 $r[j]$的左侧，需将 $r[j]$右移到空位[$j+1$]，

然后 temp 继续循环，与左边的下一个元素比较，寻找插入位置；若 *r*[*j*]<temp，说明 *r*[*j*]右边空位[*j*+1]就是插入位置，中止循环，退出。

第 2 步：插入元素。如果循环因 *r*[*j*]<temp 中途退出，说明 *r*[*j*]右边空位[*j*+1]就是插入位置；如果循环正常结束（最后因 *j*==−1 才退出），说明 *r*[0]（即 *r*[*j*+1]）就是插入位置。

综上，无论在哪里退出循环，插入位置都在[*j*+1]，故 *r*[*j*+1]=temp 完成本趟插入。

【算法描述】

```
//①将 r[i]暂存到 temp，位置[i]空出，为插入元素或元素后移做准备
temp=r[i];
//②将待插元素 r[i]（存于 temp），从后往前依次与前面的元素 r[j]比较
//令 j 从 i-1～0 依次取值，循环
for (j=i-1; j>=0; j--){
    //若 temp 小于 r[j]，则 r[j]后移一位，temp 再与前一元素比较
    if (temp<r[j])
        r[j+1]=r[j];
    //否则，找到了插入位置为[j+1]，中止循环，退出
    else break;
}
//temp 插入在位置[j+1]上
r[j+1]=temp;
```

（3）循环嵌套：实现插入排序。

将 *n*−1 趟插入的循环和每趟元素比较/移位的循环嵌套在一起，就得到插入排序算法。寻找插入位置的内层 for 循环通常写成如下更简洁的形式。

【算法描述】

```
//直接插入排序
public static void insertSort(int[] r){
    int i,j;
    int temp;
    //令 i 从 1～n-1 依次取值，循环插入 n-1 趟，每次将 r[i]插入正确位置
    for (i=0; i<r.length; i++){
        //①将 r[i]暂存到 temp，位置[i]空出，为插入元素或元素后移做准备
        temp=r[i];
        //②将待插元素 r[i]（存于 temp），从后往前依次与前面的元素 r[j]比较
        //令 j 从 i-1～0 依次取值，循环
        for (j=i-1; j>=0 && temp<r[j]; j--){
                r[j+1]=r[j];
        }
        //temp 插入在位置[j+1]上
        r[j+1]=temp;
    }
}
```

【算法分析】直接插入排序算法的时间复杂度分为最好、最坏和随机 3 种情况。

（1）最好的情况是顺序表中的记录已全部排好序。这时外层循环的次数为 *n*−1，内层循环的次数为 0。这样，外层循环中每次记录的比较次数为 1，因此直接插入排序算法在最好情况下的时间复杂度为 $O(n)$。

（2）最坏情况是顺序表中的记录是逆序的。这时内层循环的循环次数每次均为 *i*。这样，整个外层循环的比较次数为 *n*−1，因此，直接插入排序算法在最坏情况下的时间复杂度为 $O(n^2)$。

（3）如果顺序表中的记录排列是随机的，则记录的期望比较次数为 $n^2/4$。因此，直接插入排序算法在一般情况下的时间复杂度为 $O(n^2)$。可以证明，顺序表中的记录越接近有序，直接插入排序算法的时间效率越高，其时间复杂度为 $O(n)$～$O(n^2)$。直接插入排序算法的空间复杂度为 $O(1)$。因此，直接插入排序算法是一种稳定的排序算法。

7.1.2 任务实施

参考程序

1. 3 种基本排序的实例分析

步骤 1：对于待排序记录的集合{50,13,55,97,27,38,49,65}，用冒泡排序算法列出每趟排序的结果以及产生交换的元素。

步骤 2：对于待排序记录的集合{50,13,55,97,27,38,49,65}，用简单选择排序算法列出每趟排序的结果、每趟选择的元素，以及是否需要交换，如需交换，交换到哪个位置。

步骤 3：对于待排序记录的集合{50,13,55,97,27,38,49,65}，用直接插入排序算法列出每趟排序的结果、每趟插入的元素以及插入过程产生移动的元素。

2. 基本排序算法的编程实现和测试

步骤 1：打开 Eclipse，创建一个 Java 项目，命名为“数据结构 Unit07”，在其中创建包，命名为“冒泡排序”。在包中创建一个类，命名为 Bubble.java，在其中定义一个静态方法 public static void bubbleSort(int[] r)实现冒泡排序的基本操作。在 main 方法中，输入下面代码，测试冒泡排序算法的正确性。

```
public static void main(String[] args) {
    //1.随机创建包含 10 个元素的数组并显示
    int[] num= new int[10];
    for (int i=0; i<num.length; i++){
        num[i]= new Random().nextInt(100);
        System.out.print(num[i]+" ");
    }
    System.out.println();
    //2.调用冒泡排序算法（静态方法调用）
    bubbleSort(num);
    //3.显示排序后的数组
    for (int i=0; i<num.length; i++)
        System.out.print(num[i]+" ");
    System.out.println();
}
```

步骤 2：对方法 public static void bubbleSort(int[] r)做修改，要求程序运行时能显示每趟排序的中间结果。

步骤 3：在“数据结构 Unit07”项目中创建包，命名为“简单选择排序”。在包中创建一个类，命名为 Select.java，在其中定义一个静态方法 public static void selectSort(int[] r)实现简单选择排序的基本操作。在 main 方法中，参照步骤 1 输入代码，并把第 2 步改为“selectSort(num);”测试简单选择排序算法的正确性。

步骤 4：对方法 public static void selectSort(int[] r)做修改，要求程序运行时能显示每趟

排序的中间结果。

步骤 5： 在“数据结构 Unit07”项目中创建包，命名为“直接插入排序”。在包中创建一个类，命名为 Insert.java，在其中定义一个静态方法 public static void insertSort(int[] r)实现直接插入排序的基本操作。在 main 方法中，参照步骤 1 输入代码，并把第 2 步改为“insertSort(num);”测试直接插入排序算法的正确性。

步骤 6： 对方法 public static void insertSort(int[] r)做修改，要求程序运行时能显示每趟排序的中间结果。

任务 7.2 高级排序算法

任务描述

从 3 种基本排序算法的改进思路，理解希尔排序、堆排序、快速排序算法的基本思想，并编程实现 3 种高级排序算法。

7.2.1 知识准备

1. 希尔排序

前面讲的基本排序算法中的直接插入排序算法，如果序列很长并且顺序很乱，在插入的过程中将伴随大量的比较和移动，效率很低。希尔排序，就是对直接插入排序算法的改进。

希尔排序

1）希尔排序的基本思想

希尔排序是美国计算机科学家唐纳德·希尔（Donald Shell）于 1959 年提出的。希尔排序是对直接插入排序的一种改进，它利用了插入排序的两个性质。

（1）若待排序记录按关键字值基本有序，则直接插入排序效率很高。

（2）若待排序记录个数较少，则直接插入排序效率也较高。

因此，希尔排序先将待排序序列划分为若干小序列，在这些小序列中进行插入排序。然后逐步扩大小序列的长度，减少小序列的个数，继续对整合之后的小序列进行插入排序，这样待排序列长度虽然增长了，但逐渐处于更有序的状态。最后对全体序列进行一次直接插入排序，从而完成排序过程。

2）希尔排序的关键问题

在希尔排序中，要解决以下两个关键问题。

（1）如何划分待排序序列，才能保证整个序列逐步向基本有序发展？

子序列的构成不能是简单的逐段分割，而是要将相距某个“间距”的记录组成一个子序列，这样才能有效地保证在子序列内分别进行直接插入排序后得到的结果是基本有序而不是局部有序。

那么，如何选取间距呢？到目前为止尚未有人得出一个最好的间距序列。希尔最早提出的方法是 $d_1=n/2$（n 为待排序的记录个数），$d_{i+1}=d_i/2$，且没有除 1 之外的公因子，并且最后一个间距必须等于1。开始时间距的取值较大，每个子序列中的记录个数较少，并且提供了记录跳跃移动的可能，排序效率较高；后来间距逐步缩小，每个子序列中的记录个数增加，但已基本有序，效率也较高。

（2）子序列内如何进行直接插入排序？

在每个子序列中，将待插入记录和同一子序列中的前一个记录进行比较。例如，在插入记录 $r[i]$时，自 $r[i-d]$起往前跳跃式（跳跃幅度为 d）查找待插入位置，在查找过程中，记录后移也跳跃 d 个位置。

【例 7.4】 待排序序列为39、80、76、41、13、29、50、78、30、11、100、7、41、86。间距分别取5、3、1，则排序过程如下：

首先取 d=5，将整个待排序记录序列分割为 5 个子序列：{39,29,100}、{80,50,7}、{76,78,41}、{41,30,86}、{13,11}，即

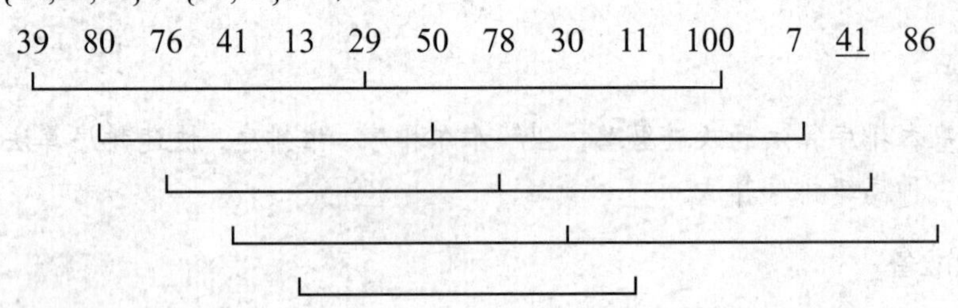

分别对各个子序列进行间距为5的直接插入排序，得到第1趟排序结果，然后缩小间距 d，取 d=3，将整个待排序记录序列分割为 3 个子序列：{29,30,50,13,78}、{7,11,76,100,86}、{41,39,41,80}，即

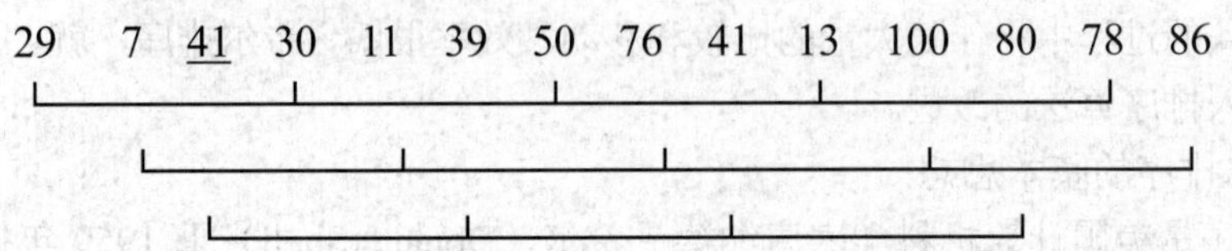

分别对各个子序列进行间距为3的直接插入排序，得到第2趟排序结果：

13 7 39 29 11 41 30 76 41 50 86 80 78 100

此时，序列基本“有序”，最后对其进行间距为1的直接插入排序，得到最终结果：

7 11 13 29 30 39 41 41 50 76 78 80 86 100

3）希尔排序的算法实现

【算法步骤】选择一个间距序列 $d_1,d_2,\cdots,d_k$，其中 $d_1=n/2,d_{i+1}=d_i/2$，$d_k=1$；按间距序列个数 k，对序列进行 k 趟间距为 d 的直接插入排序；每趟排序，根据对应的间距 d_i，将待排序列分割成若干长度为 m 的子序列，分别对各子序列进行直接插入排序。当间距为1时，整个序列作为一个表来处理，表长度即为整个序列的长度。

【算法描述】

```
//希尔排序
public static void shellSort(int[] r){
    int i,j,d,temp;    //d为间距
    int n=r.length;
    //循环：对于每个间距为d的序列，实现一趟希尔插入
    for (d=n/2; d>=1; d=d/2){
        //每趟希尔插入，将d以后的元素插入前面子序列的合适位置
```

```
            for (i=d; i<r.length; i++){
                //将 r[i]暂存到 temp
                temp=r[i];
                //将 r[i]依次与 r[i-d]、r[i-2d]等比较，寻找插入点
                for (j=i-d; j>=0; j=j-d){
                    if (temp<r[j])
                        r[j+d]=r[j];
                    else
                        break;
                }
                //直到找到或者已经比较完该序列最左边的元素，循环结束
                //此时位置[j+d]就是插入点，插入 r[i]，完成一次插入
                r[j+d]=temp;
            }
        }
    }
```

【算法分析】在希尔排序中，开始元素之间间距较大，分组较多，每个分组内的元素个数较少，因此元素的比较和移动次数也都较少。随着元素之间的间距越来越小，分组也越来越少，每个分组的元素个数越来越多，但同时元素更加有序。通过每次对分组进行处理使待排序的元素更加有序，因此元素的比较与移动次数也较少。因此，与直接插入排序相比，希尔排序有更好的性能。

希尔排序的时效很难分析，关键字的比较次数与记录移动次数依赖于间距序列的选取，特定情况下可以准确估算出关键字的比较次数和记录的移动次数。目前还没有人给出选取最好间距序列的方法。间距序列可以有各种取法，有取奇数的，也有取质数的，但需要注意：间距中除 1 外没有公因子，且最后一个间距必须为 1。

已经证明，希尔排序的时间复杂度在 $O(n\log n)$和 $O(n^2)$之间，大致为 $O(n^{1.3})$。希尔排序方法是一种不稳定的排序方法。

2. 堆排序

前面的简单选择排序，排序过程中没有把前一趟的比较结果保留下来，在后一趟选择时，把前一趟已做过的比较又重复了一遍，因此记录的比较次数较多。算法效率较低。

堆排序

堆排序是由弗洛伊德和威廉姆斯于 1964 年提出的。它是简单选择排序的一种改进，改进的着眼点在于如何减少关键字的比较次数。堆排序利用每趟比较后的结果，也就是在找出关键字值最小记录的同时，也找出关键字值较小的记录，减少了在后面选择中的比较次数，从而提高了排序效率。

1）堆的定义

堆是具有下列性质的完全二叉树：每个结点的值都小于或等于其左、右孩子结点的值（小顶堆），或者每个结点的值都大于或等于其左、右孩子结点的值（大顶堆）。

如果将堆按层从上到下、每层从左到右对每个结点从 0 开始进行编号，则结点之间的值 k 满足

$$\begin{cases} k_i \geqslant k_{2i+1} \\ k_i \geqslant k_{2i+2} \end{cases}\text{（大顶堆）或}\begin{cases} k_i \leqslant k_{2i+1} \\ k_i \leqslant k_{2i+2} \end{cases}\text{（小顶堆）}，\ i=0,1,2,\cdots,\lfloor n/2 \rfloor$$

图 7.14 所示为大顶堆和小顶堆及各自对应序列的示例。

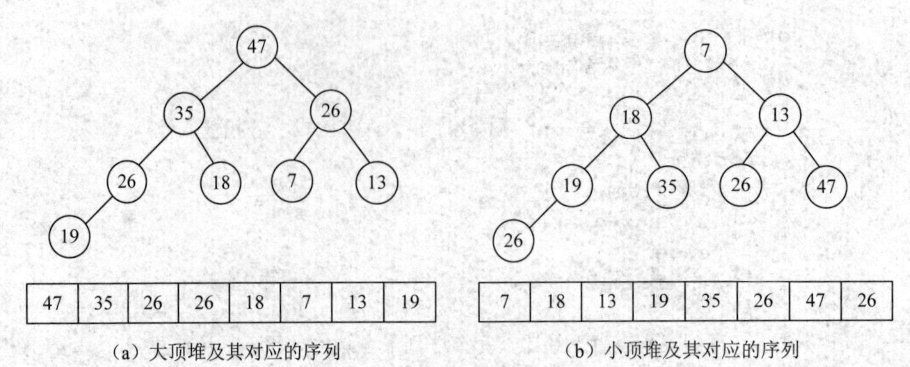

（a）大顶堆及其对应的序列　　（b）小顶堆及其对应的序列

图 7.14　堆的示例

从图 7.14 中可以看出，一棵完全二叉树如果是堆，则根结点（称为堆顶）一定是当前堆中所有结点的最大者（大顶堆）或最小者（小顶堆）。以结点的编号作为下标，将堆用顺序存储结构（即数组）来存储，则堆对应于一组序列。

2）堆排序的基本思想

堆排序是利用堆（假设大顶堆）的特性进行排序的方法，其基本思想是：首先用待排序的记录序列构造一个堆，选出堆中所有记录的最大者作为堆顶记录；然后将堆顶的最大记录与堆中最后一个记录进行交换，确定最大记录的位置，并将剩余的记录再调整成堆，使次大的记录位于堆顶；再将堆顶的次大记录与堆中倒数第二个记录交换，确定次大记录的位置，并将剩余的记录再调整成堆，使得第三大的记录位于堆顶。依此类推，直到堆中只有一个记录为止。该记录一定是最小者，堆排序完成。

3）堆排序的关键问题

在堆排序过程中，需解决以下两个关键问题。

① 如何将一个无序序列构造成一个堆（即如何初始建堆）？

② 当堆顶记录移走后，如何调整剩余记录，使之成为一个新的堆（即如何进行堆调整）？

下面从堆调整问题和初始建堆两个方面展开介绍。

（1）堆调整问题。由于初始建堆可以通过多次进行堆调整来解决，这里首先讨论堆调整问题。在一棵完全二叉树中，根结点的左、右子树都是堆，如何调整根结点，使整棵完全二叉树成为一个堆？

图 7.15（a）所示为一棵完全二叉树，且根结点 28 的左、右子树都是堆。

为了将整棵二叉树调整为堆，首先将根结点 28 与其左、右子树的根结点进行比较，根据堆的定义，应将 28 与 35 交换，如图 7.15（a）所示。经过这一次交换，破坏了原来左子树的堆结构，需要对左子树进行调整，将 28 与 32 交换，如图 7.15（b）所示，调整后的堆如图 7.15（c）所示。

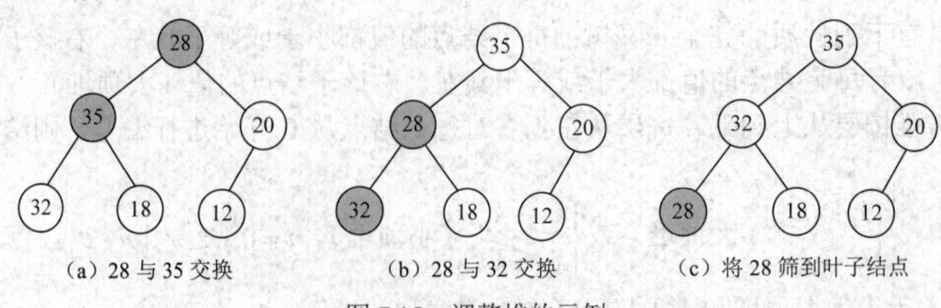

（a）28 与 35 交换　　（b）28 与 32 交换　　（c）将 28 筛到叶子结点

图 7.15　调整堆的示例

从图 7.15 中可以看出，在堆调整的过程中，总是将根结点（即被调整结点）与左、右子树的根结点进行比较，若不满足堆的条件，则将根结点与左、右子树根结点的较大者进行交换，这个调整过程一直进行到所有子树均为堆或将被调整的结点（即原来的根结点）交换到叶子结点为止。这个自堆顶至叶子结点的调整过程称为“筛选”。

假设 n 个记录存放在数组 $r[0]$～$r[n-1]$中，当前要筛选结点的编号为 k，堆中最后一个结点的编号为 m，并且结点 k 的左、右子树均是堆（即 $r[k+1]$～$r[m]$满足堆的条件），则筛选算法如下。

【算法步骤】置初值，父结点序号 $i=k$，左孩子结点序号 $j=2k+1$。当 $j\leqslant m$（堆中还存在未筛选的结点）时，循环：若 $j<m$，比较结点 i 的左、右孩子值，j 为较大孩子结点编号；若父结点值 $r[i]$大于较大孩子结点值 $r[j]$，则已经是堆，筛选结束，退出循环，否则将父结点值 $r[i]$和较大孩子结点值 $r[j]$交换（借助 temp 变量），下次调整的父结点序号 $i=j$，其左孩子结点序号为 $j=2i+1$，准备继续循环。

【算法描述】

```
public static void  sift(int r[ ], int k, int m)
{
    int i,j,temp;
    i=k;                          //i 为要筛的结点（父结点）
    j=2*k+1 ;                     //j 为 i 的左孩子（子结点）
    while (j<=m)                  //当堆中还存在未筛选的结点时，循环
    {
        if(j<m&&r[j]<r[j+1])      //比较结点 i 的左、右孩子值，j 为较大孩子结点编号
            j++;
        if (r[i]>r[j])            //若父结点值已经大于较大孩子结点值
            break;                //则已经是堆，筛选结束，退出循环
        else {                    //否则（父结点值已经大于较大孩子结点值）
            temp=r[i];            //将父结点值与较大孩子结点值交换
            r[i]=r[j];
            r[j]=temp;
            i=j;                  //以当前孩子结点为下一次筛选的父结点
            j=2*i+1;              //同时计算得到其左孩子结点编号
                                  //准备进行下一层的筛选
        }
    }
}
```

（2）初始建堆。下面讨论由一个无序序列建堆的过程。

由一个无序序列建堆的过程就是一个反复筛选的过程。因为该序列就是一棵完全二叉树的顺序存储，其所有的叶子结点都已经是堆，所以只需要从最后一个分支结点（编号为 $n/2-1$）开始，从右到左，自下而上，对每个分支结点执行上述筛选过程，直到根结点。

【例 7.5】 堆排序——初始建堆。

初始化，将待排序数组 $r[8]$看作完全二叉树的顺序存储，如图 7.16（a）所示。

从最后一个分支结点 $r[n/2-1]$（$r[3]=40$）开始，进行筛选：因 $r[3]$（40）<左孩子结点

r[7]（50），两者交换，第 1 次调整完毕，如图 7.16（b）所示。

从上一个分支结点即 *r*[2]=18 开始，进行筛选：因 *r*[2]（18）<左孩子结点 *r*[5]（45），两者交换，第 2 次调整完毕，如图 7.16（c）所示。

从上一个分支结点即 *r*[1]=30 开始，进行筛选：因 *r*[1]（30）<左孩子结点 *r*[3]（50），两者交换，如图 7.16（d）所示；因 *r*[3]（30）<左孩子结点 *r*[7]（40），两者交换，第 3 次调整完毕，如图 7.16（e）所示。

从上一个分支结点即 *r*[0]=36 开始，进行筛选：因 *r*[0]（36）<左孩子结点 *r*[1]（50），两者交换，如图 7.16（f）所示；因 *r*[1]（36）<左孩子结点 *r*[3]（40），两者交换，如图 7.16（g）所示；因 *r*[3]（36）>左孩子结点 *r*[7]（30），不需交换，第 4 次调整完毕，如图 7.16（h）所示。至此，所有分支结点为根的二叉树都已调整为堆，初始建堆完成。

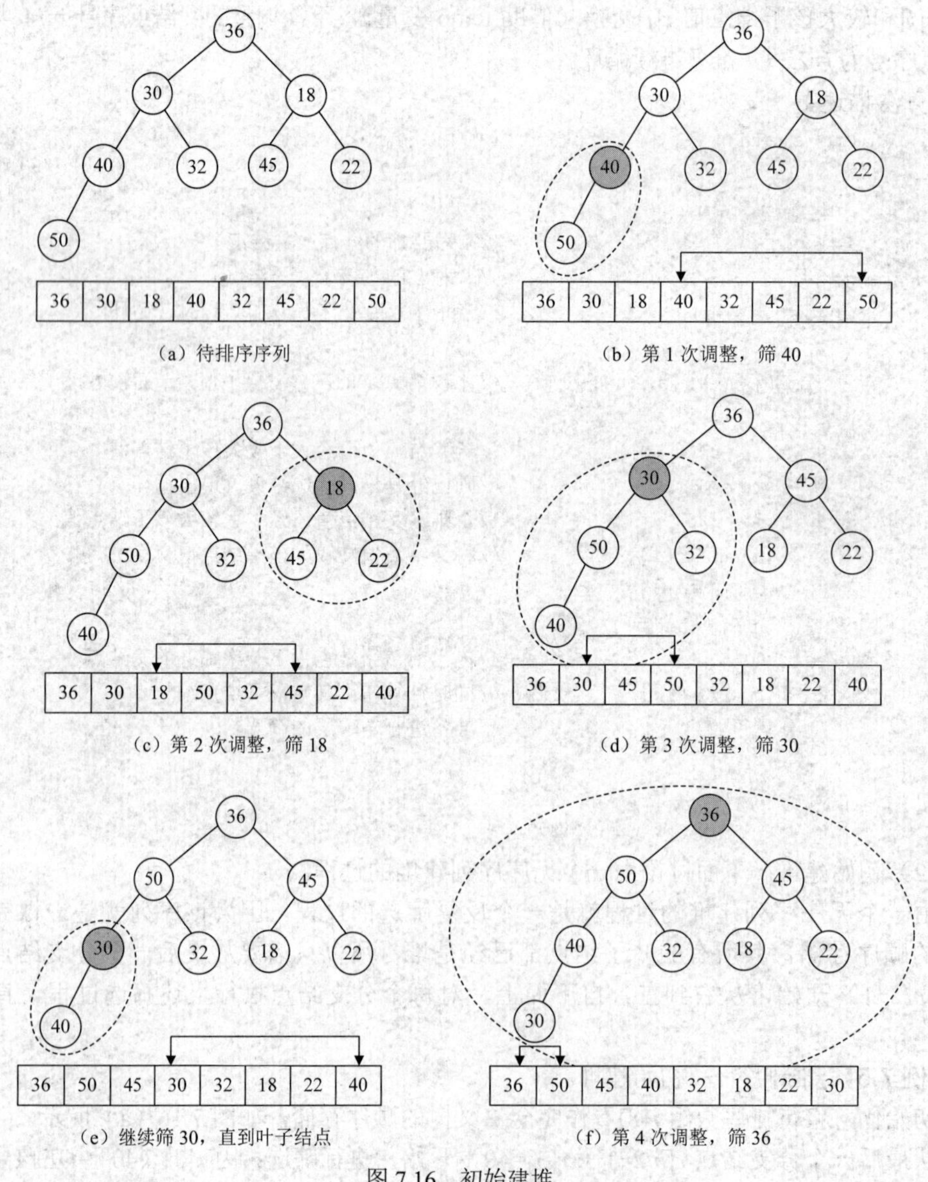

（a）待排序序列　（b）第 1 次调整，筛 40

（c）第 2 次调整，筛 18　（d）第 3 次调整，筛 30

（e）继续筛 30，直到叶子结点　（f）第 4 次调整，筛 36

图 7.16　初始建堆

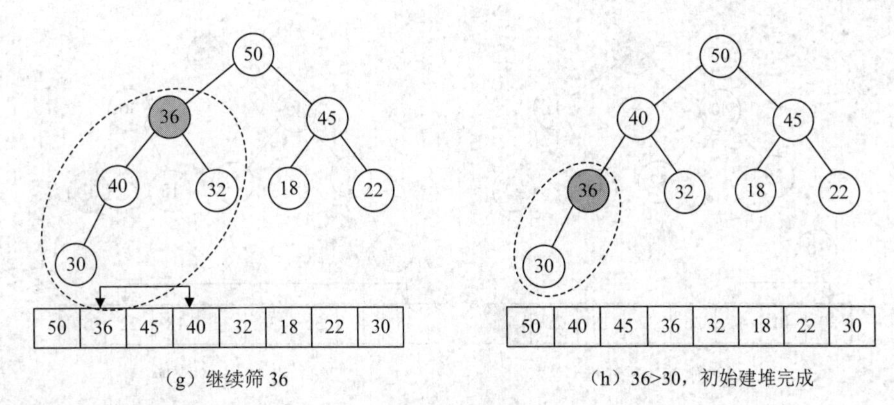

（g）继续筛 36　　（h）36>30，初始建堆完成

图 7.16（续）

初始建堆算法描述如下：

```
//从最后一个非叶子结点开始，从右到左，自下而上到根结点，循环
for (i=n/2-1; i>=0; i--)        //r[n/2-1]是最后一个非叶子结点
    sift(r,i,n-1);              //将当前结点筛到合适位置
```

4）堆排序算法的实现

初始建堆完成后，将堆顶与堆中最后一个记录 $r[0]$交换。一般情况下，第 i 趟堆排序中堆中有 $n-i+1$ 个记录，堆中最后一个记录是 $r[n-i]$，将 $r[0]$与 $r[n-i]$进行交换。接下来，就是调整剩余记录，使之成为一个新堆。这一过程只需筛选根结点即可重新建堆。

图 7.17 是一个堆排序的例子，图中只给出了前两趟的排序结果，其余部分请读者自行给出。

【例 7.6】 堆排序——堆顶输出和堆调整（堆顶筛选）n=8。

经过初始建堆，使最大值（50）到达堆顶 $r[0]$，如图 7.17（a）所示。第 1 趟堆排序开始，将堆顶 $r[0]$与最后一个堆元素 $r[n-1]$（30）交换，如图 7.17（b）所示。这样使最大值（50）排定在位置$[n-1]$，同时，堆元素数量-1，堆最后一个元素为 $r[n-2]$（22）。对堆顶 $r[0]$（30）执行堆调整，如图 7.17（c）所示，调整后，次大值 45 到达堆顶 $r[0]$。第 2 趟堆排序开始，将堆顶 $r[0]$与最后一个堆元素 $r[n-2]$（22）交换，如图 7.17（d）所示。这样，就将次大值（45）排定在位置$[n-2]$，同时，堆元素数量-1，堆最后一个元素为 $r[n-3]$（18）。对堆顶 $r[0]$（22）执行堆调整，如图 7.17（e）所示，调整后，第三大值（40）到达堆顶 $r[0]$。继续开始第 3 趟堆排序，如图 7.17（f）所示，依此类推，直至排完全部元素。

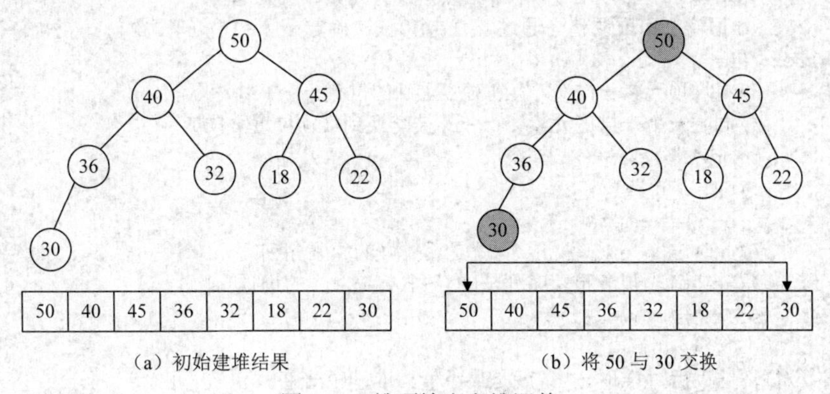

（a）初始建堆结果　　（b）将 50 与 30 交换

图 7.17 堆顶输出和堆调整

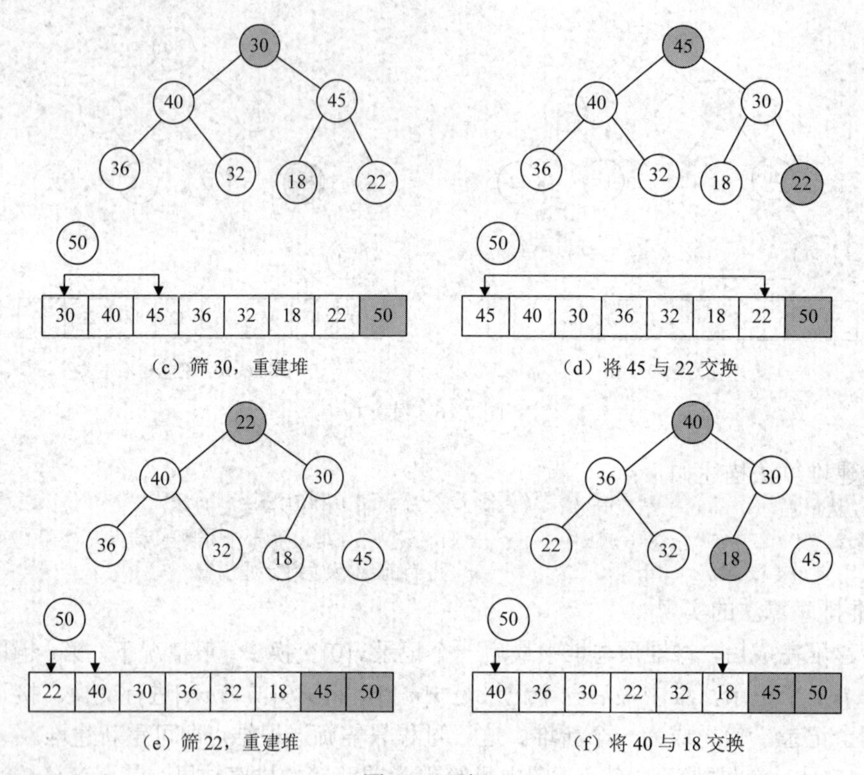

（c）筛 30，重建堆　（d）将 45 与 22 交换

（e）筛 22，重建堆　（f）将 40 与 18 交换

图 7.17（续）

假设待排序记录存放在 $r[0]\sim r[n-1]$中，则堆排序算法如下。

【算法描述】

```
//堆排序
public static void heapSort(int[] r){
    int i,temp;
    int n=r.length;
    //1.初始堆的建立
    //从最后一个非叶子结点开始，依次往上直到到根结点，循环
    for (i=n/2-1; i>=0; i--)
        //调整堆，将当前结点筛到合适位置
        sift(r,i,n-1);
    //初始堆建立之后，堆顶 r[0]必然是最大元素
    //2.堆顶输出和堆调整（通过 n-1 趟，依次确定 r[n-1],r[n-2],…,r[1]）
    for (i=1; i<n; i++){
        //将堆顶元素 r[0]交换到对应正确的位置 r[n-i]
        //同时一个未排序元素 r[n-i]被交换到堆顶位置 r[0]
        temp=r[0];
        r[0]=r[n-i];
        r[n-i]=temp;
        //此时 r[n-i]～r[n-1]就是已排好的元素序列
        //继续筛选剩余元素序列 r[0]～r[n-i-1]的堆顶 r[0]
        sift(r,0,n-i-1);
    }
    //循环结束后，堆顶 r[0]就是最小值，堆排序结束
}
```

【算法分析】堆排序的运行时间主要消耗在初始建堆和重建堆时进行的反复筛选上。初始建堆需要用 $O(n)$时间，第 i 趟取堆顶记录重建堆需要用 $O(\log_2 n)$时间，共需 $n-1$ 趟，因此总的时间复杂度为 $O(n\log_2 n)$，这是堆排序最好、最坏和平均的时间代价。堆排序对原始记录的排序状态并不敏感，相对于快速排序，这是堆排序的最大优点。

在堆排序算法中，只需要一个用来交换的暂存单元。堆排序是一种不稳定的排序方法。

3. 快速排序

在冒泡排序中，记录的比较和移动是在相邻单元中进行的，记录每次交换只能上移或下移一个单元，因此总的比较次数和移动次数较多。能不能通过增大记录的比较和移动距离来减少总的比较次数和移动次数，也就是让较大记录从前面直接移动到后面，让较小记录从后面直接移动到前面呢？

快速排序

1962 年，英国计算机科学家托尼·霍尔（Tony Hoare）发明了快速排序算法。实际上快速排序名副其实，它几乎是最快的排序算法，被评为 20 世纪十大算法之一。

1）快速排序的基本思想

快速排序的基本思想：从待排序记录序列中选取一个记录（通常选取第一个记录）为枢轴，并将其关键字值设为 k，将关键字值小于 k 的记录移到前面，将关键字值大于 k 的记录移到后面，由此将待排序记录序列分成两个子序列，然后将关键字值为 k 的记录插到分界线处，这个过程称为划分。经过此划分后，关键字值为 k 的记录位置就被确定了。

对划分后的子序列继续按上述原则进行划分，每一次划分确定一个记录的位置（即枢轴位置），直到所有子序列的序列长度不超过 1 为止，此时待排序记录序列就变成了一个有序序列。

2）快速排序的关键问题

显然，快速排序是一个递归过程，需解决以下 4 个关键问题。

（1）如何选择基准（枢轴值）？因为基准决定两个子序列的长度，所以如果基准选得恰当，则子序列的长度能尽可能相等。基准的选择有多种方法，如选择序列第一个记录的关键字为枢轴值。

（2）在待排序列中如何进行一次划分？划分的过程如下：

① 设两个变量 i、j 分别指示将要划分的最左、最右记录的位置，取第一个记录的关键字值 $r[i]$作为基准，将它暂存于临时变量 temp（此时位置$[i]$可看作一个“空位”）中。

② 从右边开始，将 $r[j]$与基准值进行比较，如果 $r[j]$大，则 j 前移一个位置（j--），重复此过程，直到找到一个 $r[j]$小于基准值；若 $i<j$，则将 $r[j]$移到左边的“空位” $r[i]$（此时位置$[j]$又可视为“空位”），同时 i 后移 1 位（i++）。

③ 从左边开始，将 $r[i]$与基准值进行比较，如果 $r[i]$小，则 i 后移一个位置（i++），重复此过程，直到找到一个 $r[i]$大于基准值；若 $i<j$，则将 $r[i]$移到右边的“空位” $r[j]$（此时位置$[i]$又可视为“空位”），同时 j 前移 1 位（j--）。

④ 重复步骤②和③，直到 $i=j$，即得到划分点位置，将 temp 基准值存入 $r[i]$即可。

【例 7.7】 快速排序——1 次划分。

下面以图 7.18 所示序列为例来了解快速排序的划分过程（阴影位置看作可用来存取元素的“空位”）。初始时，$i=0$，$j=7$，基准元素为 46，将其暂存于临时变量 temp 中，$r[i]$看作空位。

第 1 步，位置[j]的元素 15 与基准元素比较，因为 15<46，所以将 15 存放于位置[i]，再将 i 向右移动到位置[1]，如图 7.19 所示。

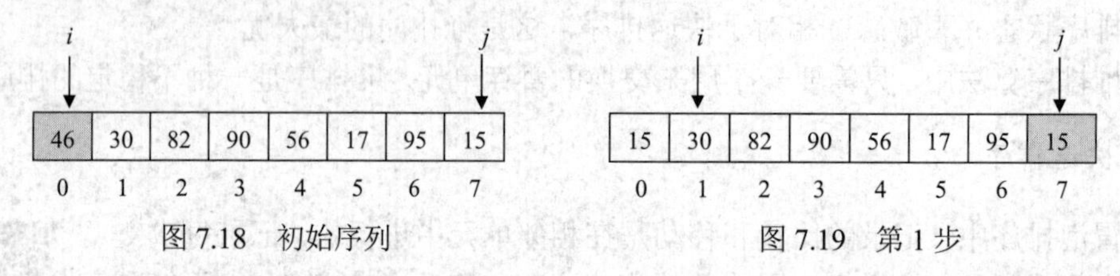

图 7.18　初始序列　　　图 7.19　第 1 步

第 2 步，位置[i]的元素 30 与基准元素比较，30<46，不用交换；i 继续向右移动到位置[2]，元素 82 与基准元素比较，因为 46<82，将元素 82 存放到位置[j]，然后 j 向左移动一个位置，如图 7.20 所示。

第 3 步，元素 95 与基准元素比较，95>46，不用交换；j 继续往左移动到位置[5]，元素 17 与基准元素进行比较，17<46，将元素 17 存放到位置[i]，i 向右移动一个位置，如图 7.21 所示。

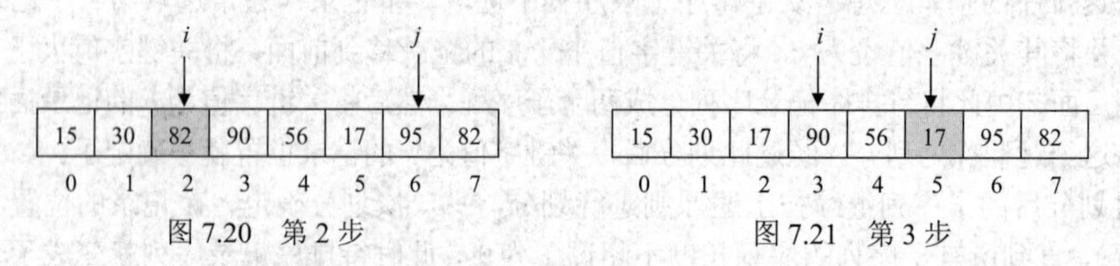

图 7.20　第 2 步　　　图 7.21　第 3 步

第 4 步，元素 90 与基准元素比较，因为 90>46，所以将元素 90 换到 j 所指示的位置，j 向左移动到位置[4]，如图 7.22 所示。

第 5 步，基准元素与元素 56 进行比较，因为 56>46，所以元素 56 不动，j 继续向左移动到位置[3]，此时 i 和 j 相遇，1 次划分结束，基准元素 46 最终存于位置[3]。基准值左边的元素都小于基准值，右边的元素都大于基准值，如图 7.23 所示。

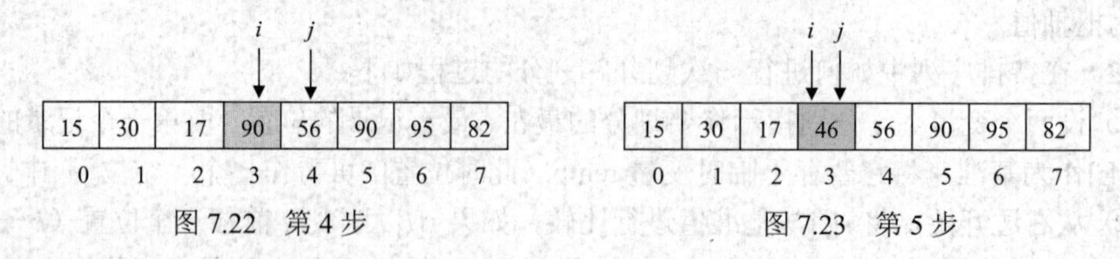

图 7.22　第 4 步　　　图 7.23　第 5 步

快速排序的 1 次划分算法如下。

【算法描述】

```
//划分
//将数组 r 的 i～j 号元素进行 1 次划分（第 i 号元素作为基准值）
//将它移动到合适位置，使其左边的数都小于其右边的数，返回划分点位置
public static int partition(int[] r,int i,int j){
    //第一个数 r[i]作为基准值，暂存于 temp 中，此时 r[i]为空位
    int temp=r[i];
    //当 i<j（本次划分的序列还有元素未与基准值比较），则循环
    while (i<j)
```

```
    {
        //从位置[j]开始，向左依次比较，找到一个小于基准值的数 r[j]
        while (i<j&&r[j]>=temp)  j--;
        //若 i<j，将 r[j]存到左边空位 r[i]，i 右移，此时 r[j]为空位
        if (i<j)  r[i++]=r[j];
        //从位置[i]开始，向右依次比较，找到一个大于基准值的数 r[i]
        while (i<j&&r[i]<=temp)  i++;
        //若 i<j，将 r[i]存到右边空位 r[j]，j 左移，此时 r[i]为空位
        if (i<j)  r[j--]=r[i];
    }
    //当 i 等于 j 时，循环结束，此时[i]为划分位置（空位），将基准值存入
    r[i]=temp;
    //返回划分的位置[i]
    return i;
}
```

（3）如何处理分割得到的两个待排序子序列？对分割得到的两个子序列采用递归方式执行快速排序。

（4）如何判别快速排序的结束？若待排序列只有一个记录，则递归结束；否则进行1次划分后，再分别对划分得到的两个子序列进行快速排序（递归调用）。

3）快速排序的算法实现

【算法描述】

```
//快速排序（递归算法）
public static void quickSort(int[] r,int i,int j){
    //若序列长度大于等于 2，则
    if (i<j){
        //将表一分为二，划分得到基准元素（轴）的最终位置，排定基准元素
        int pivot=partition(r,i,j);
        //对枢轴前半部分快速排序
        quickSort(r,i,pivot);
        //对枢轴后半部分快速排序
        quickSort(r,pivot+1,j);
    }
}
```

下面仍以例7.7中的初始序列为例来了解快速排序的过程（阴影元素表示基准元素）。

例7.8 快速排序——递归算法。

初始时，i=0，j=7，基准元素为46，如图7.24所示。

当1次划分结束，基准元素46最终存于位置[3]。基准值左边的元素都不大于基准值，右边的元素都不小于基准值，如图7.25所示。

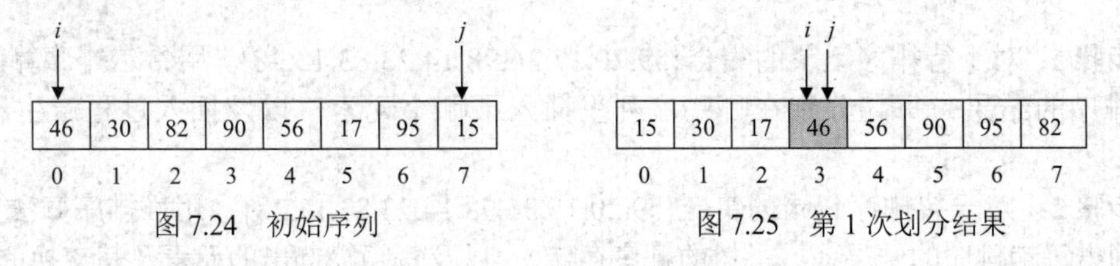

图7.24 初始序列　　图7.25 第1次划分结果

在1次划分之后，对左、右子序列分别进行快速排序。首先对子序列（15,30,17）进行

快速排序，基准元素 15 被放于最终位置[0]，如图 7.26 所示。

对子序列（30,17）进行快速排序后，结果如图 7.27 所示。

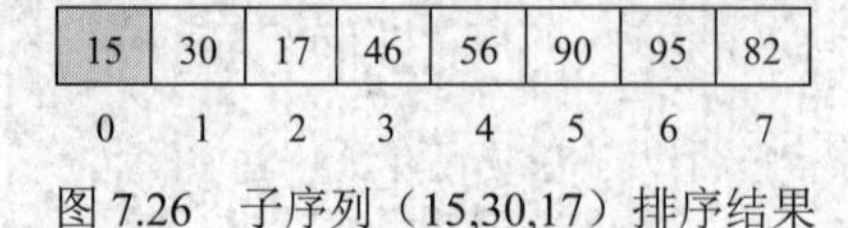

图 7.26 子序列（15,30,17）排序结果

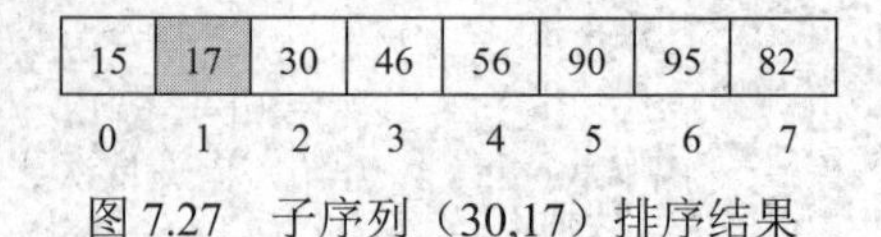

图 7.27 子序列（30,17）排序结果

对子序列（56,90,95,82）进行快速排序后，结果如图 7.28 所示。

对子序列（90,95,82）进行快速排序后，结果如图 7.29 所示。

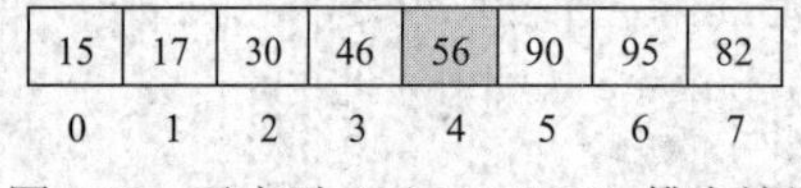

图 7.28 子序列（56,90,95,82）排序结果

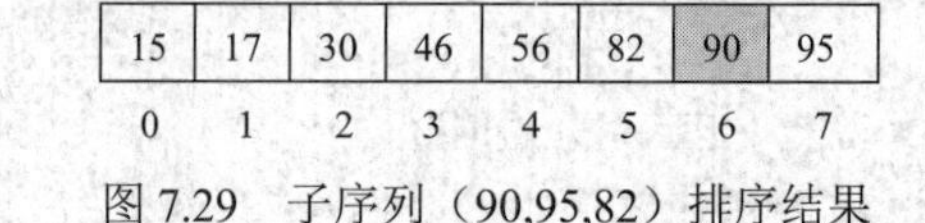

图 7.29 子序列（90,95,82）排序结果

此时递归返回，排序结束。

【算法分析】显然，初始调用为 quickSort(r,0,n−1)。快速排序的趟数取决于递归的深度。

在最好的情况下，每次划分对一个记录定位后，该记录的左侧子序列与右侧子序列的长度相同。在具有 n 个记录的序列中，对一个记录定位需要对整个待划分序列扫描一遍，所需时间为 $O(n)$。

设 $T(n)$是对 n 个记录的序列进行排序的时间，每次划分后正好把待划分区间划分为长度相等的两个子序列，则有

$$
\begin{aligned}
T(n) &\leqslant n+2T(n/2) \\
&\leqslant n+2(n/2+2T(n/4)) \\
&\leqslant 2n+4T(n/4) \\
&\leqslant n\log_2 n+nT(1)=O(n\log_2 n)
\end{aligned}
$$

因此，时间复杂度为 $O(n\log_2 n)$。

在最坏的情况下，每次划分只得到一个子序列，时间复杂度为 $O(n^2)$。快速排序通常被认为是在同数量级（$O(n\log_2 n)$）的排序方法中平均性能最好的算法。但若初始序列按关键字有序或基本有序时，快速排序反而变为冒泡排序。为改进该算法，通常以“三者取中法”来选取基准记录，即将排序区间的两个端点与中点 3 个记录关键字进行排序，取中间值作为基准记录。快速排序是一个不稳定的排序方法。

7.2.2 任务实施

参考程序

1. 3 种高级排序的实例分析

步骤 1： 对于待排序记录的集合{59,20,17,36,98,14,23,83,13,28}，用希尔排序算法列出每趟排序的结果，每趟分别在哪些序列里插入了哪个元素，以及插入过程产生移动的元素。

步骤 2： 对于待排序记录的集合{59,20,17,36,98,14,23,83,13,28}，用堆排序算法（大顶堆）列出每趟排序的结果（二叉树的顺序存储），以及每趟筛选出的元素及其交换的位置。

步骤 3： 对于待排序记录的集合{59,20,17,36,98,14,23,83,13,28}，用快速排序算法列出

第1趟（1次划分）和第2趟（2次划分）排序的过程（比较的过程以及 i 和 j 的变化）和结果。

2. 高级排序算法的编程实现和测试

步骤1：打开Eclipse，进入“数据结构Unit07”项目创建包，命名为“希尔排序”。在包中创建一个类，命名为Shell.java，在其中定义一个静态方法public static void shellSort(int[] r)实现希尔排序的基本操作。在main方法中，输入下面代码，测试希尔排序算法的正确性。

```
public static void main(String[] args) {
    //1.随机创建10个元素的数组并显示
    int[] num=new int[10];
    for (int i=0; i<num.length; i++){
        num[i]=new Random().nextInt(100);
        System.out.print(num[i]+" ");
    }
    System.out.println();
    //2.调用希尔排序算法（静态方法调用）
    shellSort(num);
    //3.显示排序后的数组
    for (int i=0; i<num.length; i++)
        System.out.print(num[i]+" ");
    System.out.println();
}
```

步骤2：对方法public static void shellSort(int[] r)做修改，要求程序运行时能显示每趟排序的中间结果。

步骤3：在“数据结构Unit07”项目中创建包，命名为“堆排序”。在包中创建一个类，命名为Heap.java，在其中定义一个静态方法public static void sift(int r[],int k,int m)实现堆筛选功能；再定义一个静态方法public static void heapSort(int[] r)实现堆排序操作（包括初始化建堆、循环进行堆筛选、堆顶元素交换输出）。在main方法中，参照步骤1输入代码，并把第2步改为“heapSort(num);”测试堆排序算法的正确性。

步骤4：对方法public static void heapSort(int[] r)做修改，要求程序运行时能显示每趟排序的中间结果。

步骤5：在“数据结构Unit07”项目中创建包，命名为“快速排序”。在包中创建一个类，命名为Quick.java，在其中定义一个静态方法public static int partition(int[] r,int i,int j)实现 $r[i]$～$r[j]$ 元素的1次划分；再定义一个静态方法public static void quickSort(int[] r,int i, int j)实现快速排序（递归算法）。在main方法中，参照步骤1输入代码，并把第2步改为“quickSort(num,0,num.length-1);”测试快速排序算法的正确性。

步骤6：对方法public static void quickSort(int[] r,int i,int j)做修改，要求程序运行时能显示每趟排序的中间结果。

任务 7.3 在线性表中实现排序算法

7.3.1 知识准备

1. 各种排序算法在线性表中的实现

前文讲解排序算法时，为了让读者清晰理解算法思路，对排序记录做了简化，认为排序记录就是一个整数(记录中唯一的数据，也是关键字)，这样记录关键字的比较时可以用>、<、==等比较运算符来完成。

在实际的线性表中，待排序记录序列通常是一个对象数组，每个记录是某个 Java 类的实例（对象），该对象可能包含多个成员变量，而记录排序时需要比较，由于不是基本类型而是引用类型，因此记录的比较就不能用比较运算符来完成。

为了使对象能进行比较，可以令记录的类型实现 Comparable 接口，该接口只有一个抽象方法 int compareTo(Object o)，只要记录类实现了该接口，记录对象就可以通过 compareTo 方法进行比较了——自定义 compareTo 方法的比较规则，通过该方法返回大于 0、等于 0 或小于 0 的整数来表示记录之间的大小关系。

2. 线性表排序的应用

【问题描述】在网络书城购物时，最常用的一项功能就是排序，如在搜索书籍时，网站提供按销量排序、按价格排序等选项供用户进行比较和挑选。试设计并编写程序对图书销售记录进行排序。

线性表的排序

【问题分析】排序是数据处理中经常使用的一种重要操作，如本问题中，通过排序可以了解图书的排名情况，用户可以在网站上了解哪本书销量最大，以及图书的销售价格等。通过排序还可以提高查找性能。

前面已经学习了几种排序算法，现在需要将排序算法应用于线性表，实现记录的比较。这里可以利用 Comparable 接口，通过自定义类的 compareTo 方法实现记录的比较，具体设计如下。

（1）定义图书销售记录类 class SalesRecord 并实现 Comparable 接口，在该类中定义 4 个成员变量（书号、书名、销量、单价）对应于每条记录的 4 个数据项，定义 2 个构造方法，实现 compareTo 接口方法，以及自定义比较规则——销量的比较。

（2）定义图书销售表类 public class SalesList，在其中定义排序算法 public static void sort(SalesRecord[] r)，这里采用冒泡排序，与 bubbleSort 方法的区别在于：临时变量 temp 的类型必须是记录类型 SalesRecord，相邻元素的比较不是通过比较运算符而是通过调用 SalesRecord 类的 compareTo 方法来完成。

（3）在 main 方法中编写主程序，创建销售记录表数组，调用 sort 完成排序并以表格形式显示排序结果。

【编程实现】

```
package 商品销售表排序;
//图书销售记录类
class SalesRecord implements Comparable{
    //定义 4 个成员变量
    int id;                         //书号
    String name;                    //书名
    int num;                        //销量
    int price;                      //单价
    //定义 2 个构造方法
    public SalesRecord(){}
    public SalesRecord(int id,String name,int num,int price){
        this.id=id;
        this.name=name;
        this.num=num;
        this.price=price;
    }
    //实现 Comparable 接口的抽象方法，完成对象之间的比较
    @Override
    public int compareTo(Object o) {
        SalesRecord s=(SalesRecord) o;
        return (this.num-s.num);        //自定义比较规则——销量的比较
    }

}
//图书销售表类
public class SalesList {
    //图书销售表的排序（冒泡排序算法）
    public static void sort(SalesRecord[] r){
        int i,j;
        int n=r.length;
        for (i=0; i<n-1; i++){
            for (j=0; j<n-1-i; j++){
                //通过 compareTo 方法实现对象之间的比较
                if (r[j].compareTo(r[j+1])>0){
                    SalesRecord temp=r[j];
                    r[j]=r[j+1];
                    r[j+1]=temp;
                }
            }
        }
    }
    //图书销售表格显示
    public static void display(SalesRecord[] r){
        System.out.println("书号\t 书名\t 销量\t 单价");
        System.out.println("————————————————————————————————");
        for (int i=0; i<r.length; i++){
            System.out.println(r[i].id+"\t"+r[i].name+"\t"
                                +r[i].num+"\t"+r[i].price);
        }
```

```
    }
    public static void main(String[] args) {
        //1.创建图书销售记录表，初始化 8 条销售记录
        SalesRecord[] sales=new SalesRecord[8];
        sales[0]=new SalesRecord(101,"C 语言编程",112,33);
        sales[1]=new SalesRecord(103,"微机原理",156,46);
        sales[2]=new SalesRecord(102,"高等数学",287,36);
        sales[3]=new SalesRecord(105,"Java 编程",343,40);
        sales[4]=new SalesRecord(108,"数据结构",331,25);
        sales[5]=new SalesRecord(104,"机械制图",289,42);
        sales[6]=new SalesRecord(107,"电子商务",223,30);
        sales[7]=new SalesRecord(106,"专业英语",118,37);
        //2.显示排序前的表格
        System.out.println("排序前：");
        display(sales);
        //3.排序
        sort(sales);
        //4.显示排序后的表格
        System.out.println("按销量排序后：");
        display(sales);
    }
}
```

运行结果：

```
排序前：
书号  书名        销量     单价
————————————————————————————————————
101  C 语言编程   112     33
103  微机原理     156     46
102  高等数学     287     36
105  Java 编程    343     40
108  数据结构     331     25
104  机械制图     289     42
107  电子商务     223     30
106  专业英语     118     37
按销量排序后：
书号  书名        销量     单价
————————————————————————————————————
101  C 语言编程   112     33
106  专业英语     118     37
103  微机原理     156     46
107  电子商务     223     30
102  高等数学     287     36
104  机械制图     289     42
108  数据结构     331     25
105  Java 编程    343     40
```

3. 各种排序算法的比较

迄今为止，已有的排序算法远不止本单元讨论的几种。人们之所以热衷于研究排序算法，一方面是由于排序在计算机操作中所处的重要地位；另一方面是由于这些算法各有优

缺点，难以得出哪个最好和哪个最坏的结论。因此，排序算法的选用应该根据具体情况而定，一般应该从以下 7 个方面综合考虑：时间复杂度、空间复杂度、稳定性、算法简单性、待排序记录个数 n 的大小、记录本身信息量的大小及关键字的分布情况。下面分别进行比较和分析，然后再给出综合结论。

1）时间复杂度

本单元所述各种排序算法的时间复杂度和空间复杂度的比较结果如表 7.3 所示。

表 7.3 各种排序算法性能的比较

排序算法	时间复杂度			空间复杂度
	平均情况	最好情况	最坏情况	
冒泡排序	$O(n^2)$	$O(n)$	$O(n^2)$	$O(1)$
简单选择排序	$O(n^2)$	$O(n^2)$	$O(n^2)$	$O(1)$
直接插入排序	$O(n^2)$	$O(n)$	$O(n^2)$	$O(1)$
希尔排序	$O(n\log_2 n)\sim O(n^2)$	$O(n^{1.3})$	$O(n^2)$	$O(1)$
堆排序	$O(n\log_2 n)$	$O(n\log_2 n)$	$O(n\log_2 n)$	$O(1)$
快速排序	$O(n\log_2 n)$	$O(n\log_2 n)$	$O(n^2)$	$O(\log_2 n)\sim O(n)$
归并排序	$O(n\log_2 n)$	$O(n\log_2 n)$	$O(n\log_2 n)$	$O(n)$

（1）从时间复杂度的平均情况来看，有以下 3 种分类方法。

① 冒泡排序、简单选择排序和直接插入排序属于第 1 类，其时间复杂度为 $O(n^2)$，其中以直接插入排序方法最常用，特别是对于已按关键字基本有序的记录序列。

② 堆排序、快速排序和归并排序（参见本单元“知识拓展”）属于第 2 类，时间复杂度为 $O(n\log_2 n)$，其中快速排序目前被认为是最快的一种排序方法。在待排序记录个数较多的情况下，归并排序比堆排序快。

③ 希尔排序的时间复杂度介于 $O(n^2)$和 $O(n\log_2 n)$之间，属于第 3 类。

（2）从最好情况来看，冒泡排序和直接插入排序的时间复杂度最好，为 $O(n)$；其他排序算法的最好情况与平均情况相同。

（3）从最坏情况来看，快速排序的时间复杂度为 $O(n^2)$。直接插入排序和冒泡排序虽然与平均情况相同，但系数大约增加一倍，所以运行速度将降低一半。最坏情况对简单选择排序、堆排序和归并排序影响不大。

由此可知，在最好情况下，直接插入排序和冒泡排序最快；在平均情况下，快速排序最快；在最坏情况下，堆排序和归并排序最快。

2）空间复杂度

从空间复杂度来看，所有的排序算法可分为 3 类：归并排序单独属于一类，其空间复杂度为 $O(n)$；快速排序单独属于一类，其空间复杂度为 $O(\log_2 n)\sim O(n)$；其他排序算法归为一类，其空间复杂度为 $O(1)$。

3）稳定性

从稳定性来看，所有排序算法可分为两类，一类是稳定的，包括冒泡排序、直接插入排序、归并排序和基数排序（参见本单元“知识拓展”）；另一类是不稳定的，包括简单选择排序、希尔排序、堆排序和快速排序。

4）算法简单性

从算法简单性来看，排序算法可分为两类，一类是简单算法，包括冒泡排序、简单选择排序和直接插入排序；另一类是改进算法，包括希尔排序、堆排序、快速排序和归并排序，这些算法都比较复杂。

5）待排序记录个数 n 的大小

从待排序记录个数 n 的大小来看，n 越小，采用简单的排序算法越合适；n 越大，采用改进的排序算法越合适。因为 n 越小，$O(n^2)$与 $O(n\log_2 n)$的差距越小。

6）记录本身信息量的大小

从记录本身信息量的大小来看，记录本身信息量越大，表明占用的存储空间就越多，移动记录所花费的时间就越多，因此对记录的移动次数较多的算法不利。

7）关键字的分布情况

当待排序记录序列为正序时，直接插入排序和冒泡排序能达到 $O(n)$的时间复杂度。对于快速排序而言，这是最坏的情况，此时的时间复杂度为 $O(n^2)$。简单选择排序、堆排序和归并排序的时间复杂度不随记录序列中关键字的分布而改变。

综合考虑以上 7 个方面，可以得出下面的大致结论，供读者参考。

（1）当待排序记录个数 n 较大，关键字分布较随机，且对稳定性不做要求时，采用快速排序为宜。

（2）当待排序记录个数 n 较大，内存空间允许，且要求排序稳定时，采用归并排序为宜。

（3）当待排序记录个数 n 较大，而只要找出最小的前几个记录时，采用堆排序或简单选择排序为宜。

（4）当待排序记录个数 n 较小（如小于 100），记录已基本有序，且要求稳定时，采用直接插入排序。例如，在一个已排序序列上略做修改，若改动不大，最好用直接插入排序将其恢复为有序序列。

（5）当待排序记录个数 n 较小，记录所含数据项较多，所占存储空间较大时，采用简单选择排序为宜。

（6）快速排序和归并排序在待排序记录个数 n 值较小时的性能不如直接插入排序，因此在实际应用时，可以将它们和直接插入排序混合使用。例如，在快速排序中划分的子序列的长度小于某个值时，转而调用直接插入排序，或者对待排序记录序列先逐段进行直接插入排序，然后再利用“归并”操作进行两两归并，直至整个序列有序。

7.3.2 任务实施

参考程序

解决图书销售表排序的编程问题步骤如下。

步骤 1：打开 Eclipse，在“数据结构 Unit07”项目中创建包，命名为“商品销售表排序”。在包中定义图书销售记录类 class SalesRecord 并实现 Comparable 接口，在该类中定义 4 个成员变量（书号、书名、销量、单价）对应于每条记录的 4 个数据项，定义 2 个构造方法，实现 compareTo 接口方法，以及自定义比较规则——销量的比较。

步骤 2：定义图书销售表类 public class SalesList，在其中定义 1 个静态方法 public static void sort(SalesRecord[] r)实现冒泡排序。

步骤 3：在 main 方法中编写主程序，创建销售记录表数组，调用 sort 完成排序并以表格形式显示排序结果。

知识拓展：归并排序、基数排序 

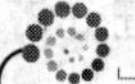

阅读材料

软件工程师的职业道德

职业道德对社会各个方面都有一定的影响，是社会道德体系的重要组成部分，它一方面具有社会道德的一般作用，另一方面又具有自身的特殊作用，具体表现在以下几个方面。

（1）调节职业交往中从业人员内部以及从业人员与服务对象之间的关系。

（2）有助于维护和提高本行业的信誉。

（3）促进本行业的发展。

（4）有助于提高全社会的道德水平。

每个行业，都有自己的行业规则，也都有自己的职业道德。例如，作为软件开发人员，不利用网络或软件的漏洞来牟利，就是遵守职业道德的一种良好体现。软件工程师需要具有的职业道德至少应包括以下几个方面。

（1）具有良好的敬业精神。

（2）严守秘密。

（3）不利用技术做一些违反法律法规和公众利益的事情。

一天坚守职业道德并不难，难的是一辈子在充满诱惑，甚至在受到不公正待遇的情况下仍然坚守职业道德。无论如何，软件工程师的行为都应该从规范自身做起，从而延伸到行业，乃至社会和未来。这样的工程师，这样的职业从业者，才能成为一个对代码构建世界有伟大贡献、对社会进步有卓越奉献的人。

单元小结

本单元主要介绍了常用的排序算法，包括 3 种基本的排序算法以及对它们进行改进后的 3 种高级排序算法。除此之外，还有归并排序和基数排序算法（参见“知识拓展”），它们都是常用的排序算法。

在实际应用中，可以根据应用场景的数据规模，对存储结构、时间性能、存储空间的要求以及对排序稳定性的要求来选择最合适的排序算法。

习　题

一、选择题

1. 排序是将数据元素的任意序列重新排列成一个按关键字（　　）的序列的过程。

A. 递增　　B. 递减　　C. 递增或递减　　D. 无序

2. 如果经过某种排序算法后不改变关键字相同记录的相对位置，则认为该排序算法是（　　）。

A. 高效的　　B. 低效的　　C. 稳定的　　D. 不稳定的

3. 整个排序过程都在内存中进行的排序算法，称为（　　）算法；需要对外存进行访问的排序算法，称为（　　）算法。

A. 内排序　　B. 外排序　　C. 稳定　　D. 不稳定

4. 影响排序效率的两个因素是对关键字进行（　　）。

A. 比较和访问记录　　B. 比较和移动记录

C. 查找和访问记录　　D. 查找和移动记录

5. 当 n 条记录已按关键字正序时，用直接插入排序算法进行排序时需要比较的次数为（　　）。

A. 0　　B. $n-1$　　C. $(n+2)(n-1)/2$　　D. $(n+4)(n-1)/2$

6. 直接插入排序是（　　）的排序算法。

A. 稳定　　B. 不稳定　　C. 时而稳定时而不稳定　　D. 前 3 个选项都不对

7. 希尔排序最后一趟排序的间距必须是（　　）。

A. 1　　B. 比前 1 趟的间距小即可

C. 比前 1 趟的间距大即可　　D. 任意

8. 希尔排序是（　　）的排序算法。

A. 稳定　　B. 不稳定

C. 时而稳定时而不稳定　　D. 前 3 个选项都不对

9. n 条记录分别用直接插入排序和冒泡排序进行排序，需要进行的趟数分别为（　　）。

A. 均为 n 趟　　B. $n-1$ 趟和 n 趟

C. n 趟和 $n-1$ 趟　　D. 均为 $n-1$ 趟

10. 对关键字序列（6,1,4,3,7,2,8,5）进行快速排序时，以第 1 个元素为基准的 1 次划分的结果为（　　）。

A. (5,1,4,3,6,2,8,7)　　B. (5,1,4,3,2,6,7,8)

C. (5,1,4,3,2,6,8,7)　　D. (8,7,6,5,4,3,2,1)

11. 当 n 条记录已按关键字正序时，用简单选择排序算法进行排序，需要交换记录的次数为（　　）。

A. 0　　B. $n-1$　　C. $(n-1)/2$　　D. 不确定

二、填空题

1. 执行排序操作时，根据使用的存储器可将排序算法分为________和________。

2. 在对一组记录序列{50,40,95,20,15,70,60,45,80}进行直接插入排序时，当把第 7 个记录 60 插入有序序列中时，为寻找插入位置需比较________次。

3. 在对一组记录序列{50,40,95,20,15,70,60,45,80}进行简单选择排序时，第 4 次交换和选择后，未排序记录为____________________。

三、简答题

设待排序的关键字序列为{12,2,16,30,28,10,16*,20,6,18}，试分别写出使用以下排序算法，每趟排序结束后关键字序列的状态。

（1）直接插入排序：

（2）冒泡排序：

（3）简单选择排序：

四、上机实训题

编写程序，要求随机生成 10000 个数，并比较冒泡排序、直接插入排序、简单选择排序、希尔排序、堆排序和快速排序的排序性能。

单元8 查　找

知识目标
- 了解查找的基本概念及相关术语。
- 掌握线性表（顺序表）的3种查找算法：顺序查找、二分查找和分块查找。
- 了解树表结构及其查找原理。
- 了解哈希（Hash）表结构及其查找原理。

能力目标
- 能够理解各种查找算法的性能特点及其适用场合。
- 能够编程实现顺序查找、哈希查找。
- 能够恰当选择查找算法解决实际问题。

素质目标
- 培养爱岗敬业、诚实守信的工作态度。
- 培养大局意识、团队协作精神和服务精神。
- 培养勇于创新和严谨细致的工作作风。

任务 8.1　线性表查找

任务描述

了解查找的基本概念，理解线性表查找的3种算法——顺序查找、二分查找和分块查找的基本原理，掌握顺序查找和二分查找的算法实现，并能灵活运用算法解决相关的编程问题。

8.1.1　知识准备

查找的基本概念

1. 查找的基本概念

1）认识查找

在电商网站上查找自己需要的商品，在图书馆查找需要的书籍，在人群中寻找自己的同伴，快递员送货要按客户的地址确定位置……查找在人们的生活中无处不在。可以说，查找是为了得到某个特定信息而进行的行为。

要从计算机中查找特定的信息，就需要在计算机中存储包含该特定信息的表。例如，要从计算机中查找英文单词的中文解释，就需要存储类似英汉字典这样的信息表，以及对该表进行的查找操作。本单元要讨论的问题就是“信息的存储和查找”。

查找是许多程序中最消耗时间的部分。因此，一个好的查找算法会大大提高程序的运行速度。

2）关键字

我们已经了解线性表的概念，比如表 8.1 所示的学生成绩表。

表 8.1　学生成绩表

学号	姓名	语文	数学	英语
1	张三	87	76	92
2	李四	90	82	90
3	王五	91	83	91
4	赵六	80	65	74
5	陈七	93	78	93

当在这个表中进行信息存储和处理时，一个很重要的功能就是对表中的记录进行查找，如查找学号为“2”的记录，查找姓名为“李四”的记录，查找数学成绩为 80 分的记录等。

在查找时通常会提出查找条件，与查找条件紧密相关的概念是“关键字”。关键字是数据元素（记录）中某个项或组合项的值，用它可以标识一个数据元素。能唯一确定一个数据元素的关键字，称为主关键字；不能唯一确定一个数据元素的关键字，称为次关键字。表 8.1 中“学号”即可看成主关键字，因为学号的值是不可能有重复的，最多只有 1 个具有指定学号的记录；而“姓名”则应视为次关键字，因为可能有同名同姓的多个学生记录。在提出查找条件时，总是希望查找对象的某些关键字满足特定的要求。

3）查找的定义

在计算机信息系统中，查找是指按给定的某个值 x，在表中查找关键字为给定值 x 的数据元素。

当查找的关键字是主关键字时，由于主关键字唯一，因此查找结果也是唯一的记录，一旦找到，则查找成功，可立即结束查找过程，并给出找到的数据元素的信息，或指示该数据元素的位置。如果整个表查找完毕，还没有找到，则查找失败，此时，查找结果应给出一个标识查找失败的返回值。

关键字是次关键字时，需要查遍表中所有数据元素，或在可以肯定查找失败时，才能结束查找过程。

4）查找表

查找表是一种以同一类型的记录构成的集合为逻辑结构、以查找为核心运算的数据结构。由于集合中的记录之间是没有“关系”的，并且在实现查找表时不受“关系”的约束，而是根据实际应用，按照查找的具体要求组织查找表，从而方便实现高效率的查找。因此，查找表是一种灵活的数据结构。

查找表中常做的操作有建表、查找、读表元、对表做修改（如元素的插入和删除）等操作。其中，查找操作是指确定满足某种条件的记录是否在查找表中；读表元操作是指读取满足某种条件的记录的各种属性。查找表分为静态查找表和动态查找表两种。若对查找表的操作不包括对表的修改操作，则称此类查找表为静态查找表；若在查找的同时插入了表中不存在的记录，或从查找表中删除了已存在的记录，则称此类查找表为动态查找表。简单地说，静态查找表仅对查找表进行查找或读表元操作，而不能改变查找表；动态查找表除了对查找表进行查找或读表元操作外，还可以进行向表中插入记录或删除记录等操作。

5）平均查找长度

由于查找的主要操作是关键字的比较，因此通常把查找过程中给定值与关键字值的比较次数的期望值作为衡量一个查找算法效率优劣的标准，这个标准也称为平均查找长度（average search length，ASL）。

对一个含 n 条记录的查找表，查找成功时的平均查找长度定义为

$$\mathrm{ASL}=\sum_{i=0}^{n-1}P_iC_i$$

其中，n 为结点个数；P_i 为查找第 i 个结点的概率，且 $\sum_{i=0}^{n-1}P_i=1$，在每一个记录的查找概率相同的情况下，$P_i=1/n$；C_i 为查找第 i 条记录时关键字值与给定值比较的次数。

线性表可以作为静态查找表。本任务只讨论顺序表查找的实现方法，即顺序表的 3 种查找算法——顺序查找、二分查找和分块查找。

2. 顺序查找

顺序查找

1）顺序查找的基本思想

顺序查找又称为线性查找，它是一种最简单、最基本的查找算法。顺序查找的基本思想是：从顺序表的一端开始，依次将每个数据元素的关键字值与给定值 key 进行比较，若某个数据元素的关键字值等于给定值 key，则返回元素的位置号，表明查找成功；若直到所有数据元素都比较完毕，仍找不到关键字值为 key 的数据元素，则返回-1，表明查找失败。

本任务讨论的查找算法均采用顺序存储结构。为了让读者更直观地理解各查找算法的原理，这里对记录的数据类型做了简化，假定每个记录中只有一个整型数据（看作关键字 key），因此含有 n 条记录的查找表就可以看成是一个整型一维数组 r[]。

2）基本的顺序查找

基本的顺序查找是指依次循环访问数组中的各个元素（令下标变量 i 从 0～n-1 依次取值），若当前元素 $r[i]$等于查找关键字 key，表明查找成功，退出循环并返回位置[i]；若循环正常退出，表明查找失败，返回-1。

例如，在 n=10 的数组 r[10]中查找 key=6，如图 8.1 所示。

又如，在 n=10 的数组 r[10]中查找 key=76，如图 8.2 所示。

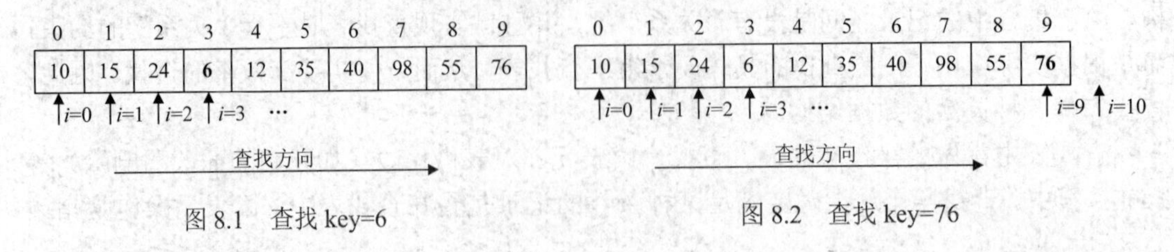

图 8.1　查找 key=6　　　　图 8.2　查找 key=76

【算法描述 1】

```
public static int sqSearch(int[] r,int key){
    //循环遍历数组的每个元素
    for (int i=0; i<r.length; i++){
        //若当前元素等于关键字
        if (r[i]==key)
            return i;    //则表明查找成功，返回元素下标 i
    }
    //循环结束，查找失败，返回-1
    return -1;
}
```

3）改进的顺序查找

上述基本的顺序查找算法每次循环需要比较两次：查找位置 i 是否出界？$r[i]$是否等于 key？

为了减少比较次数，下面对顺序查找算法进行改进。改进的基本思想就是设置“哨兵”。哨兵就是待查值，将其放在查找方向的尽头处，避免在查找过程中每一次比较后都要判断查找位置是否越界，从而提高查找速度。具体来说就是为了提高算法效率，不用最后的数组单元 r[r.length−1]保存数据，而是用它来设置监视哨（其值为 key），这样每次循环就不需要做数组下标是否出界的比较了。在循环退出后，可以根据 i 的值来判断是否查找成功。若 i 不等于 r.length−1，说明查找成功，返回 i；否则，说明在最后的监视哨处结束，查找失败，返回−1。

例如，在 n=10 的数组 r[10]中查找 key=6，查找成功，结束时 i=3，只能用 n−1 个单元保存数据，最后的单元保存哨兵，如图 8.3 所示。

又如，在 n=10 的数组 r[10]中查找 key=87，查找失败，结束时 i=n−1（9），如图 8.4 所示。

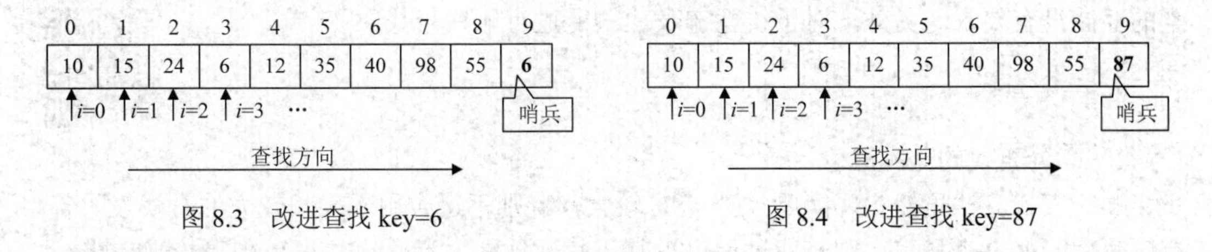

图 8.3 改进查找 key=6

图 8.4 改进查找 key=87

【算法描述 2】

```
public static int sqSearch(int[] r,int key){
    int i;
    r[r.length-1]=key;//在最后一个单元设置监视哨（哨兵）
    //循环遍历数组的每个元素，与 key 比较，若相等就中止循环
    for (i=0; r[i]!=key ; i++);
    //循环结束后，根据 i 的值判断是否查找成功
    if (i!=r.length-1) return i;
    else return -1;
}
```

【算法分析】分析查找算法的效率，通常用 ASL 来衡量。在查找成功时，ASL 是指为确定数据元素在表中的位置所进行的关键字比较次数的期望值。

对于一个含有 n 个数据元素的表，查找成功时有

$$\mathrm{ASL}=\sum_{i=1}^{n}P_iC_i$$

其中，P_i 为表中第 i 个数据元素的查找概率，且 $\sum_{i=1}^{n}P_i=1$；C_i 为表中第 i 个数据元素的关键字与给定值 key 相等时，按算法定位时关键字的比较次数（不同的查找算法，C_i 可以不同）。

就上述算法而言，对于含有 n 个数据元素的表，给定值 key 与表中第 i 个元素关键字相等，即定位第 i 个记录时，需进行 $n-i+1$ 次关键字比较，即 $C_i=n-i+1$。查找成功时，顺序查找的 ASL 为

$$\mathrm{ASL}=\sum_{i=1}^{n}P_i(n-i+1)$$

设每个数据元素的查找概率相等，即 $P_i=1/n$，则等概率情况下有

$$\mathrm{ASL}=\sum_{i=1}^{n}\frac{1}{n}(n-i+1)=\frac{n+1}{2}$$

查找不成功时，关键字的比较次数总是 $n+1$ 次。

算法中的基本工作就是关键字的比较，因此，查找长度的量级就是查找算法的时间复杂度，其为 $O(n)$。

许多情况下，查找表中数据元素的查找概率是不相等的。为了提高查找效率，查找表需要依据查找概率越高比较次数越少、查找概率越低比较次数就较多的原则来存储数据元素。

顺序查找的缺点是当 n 很大时，平均查找长度较大，效率较低；优点是对表中数据元素的存储没有要求。另外，对于线性链表，只能进行顺序查找。

3. 二分查找

二分查找

1）二分查找的基本思想

顺序查找算法虽然实现简单，但 ASL 较大，特别不适合用于表长较大的查找表。若用有序表表示静态查找表，则查找过程可以基于每次比较之后将查找表范围“折半”进行。因此，二分查找又称为折半查找。

作为二分查找对象的数据必须是顺序存储的有序表，它的基本思想是：首先取整个有序表的中间记录的关键字值与给定值相比较，若相等，则查找成功；否则以位于中间位置的数据元素为分界点，将查找表分成左、右两个子表，并判断待查找的关键字值 key 在左子表还是在右子表，再在左或右子表中重复上述步骤，直到找到关键字值为 key 的记录或子表长度为 0（子表查找范围不存在）。

假设二分查找的基本要求是：在有序表 $r[0],r[1],\cdots,r[n-1]$ 中查找关键字值为 key 的记录，若查找成功，则返回其下标；否则，返回-1。为实现二分查找算法，需要引进 low（下

界）、high（上界）和 mid（中位）变量，分别用于表示待查找区域的第一条记录、最后一条记录和中间记录的数组下标。

下面算法假设对 n 个元素的整数数组 r[]进行查找，并假设 r[]是已经按升序排序的数组，二分查找的算法步骤可描述如下。

【算法步骤】

① low=0；high=r.length−1；　　　　//设置初始查找边界（下界，上界）；

② 当 low≤high 时，执行循环体：　//当查找范围存在时（表非空），则循环；

mid=(low+high)/2;　　　　　　　　//取本次查找范围的中点位置（中位）。

//将查找对象与中位元素比较，有以下 3 种情况：

a. 若 key=r[mid]，返回 mid。　　//查找成功，返回查找对象在表中的位置；

b. 若 key>r[mid]，low=mid+1；　//下次查找准备在右子表进行，修改下界、上界不变；

c. 若 key<r[mid]，high=mid−1；　//下次查找准备在左子表进行，修改上界、下界不变。

③ 循环正常退出，说明 low＞high（查找范围不存在，子表长度为 0）查找失败，返回−1。

【例 8.1】 有序表按关键字排列如下：

7　14　18　21　23　29　31　35　38　42　46　49　52

在表中查找关键字为 14 和 22 的数据元素。

（1）查找关键字 14 的过程如图 8.5 所示。

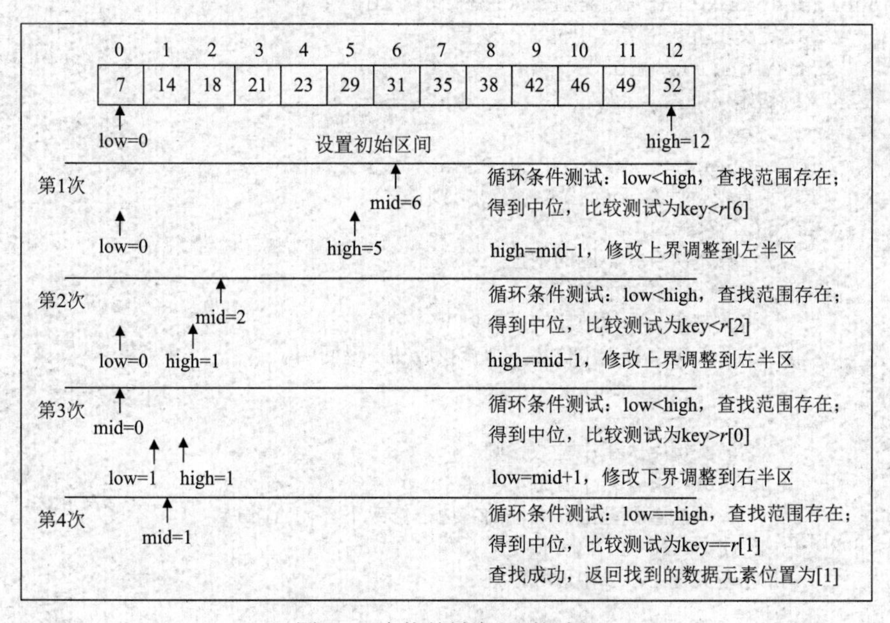

图 8.5　查找关键字 14 的过程

（2）查找关键字 22 的过程如图 8.6 所示。

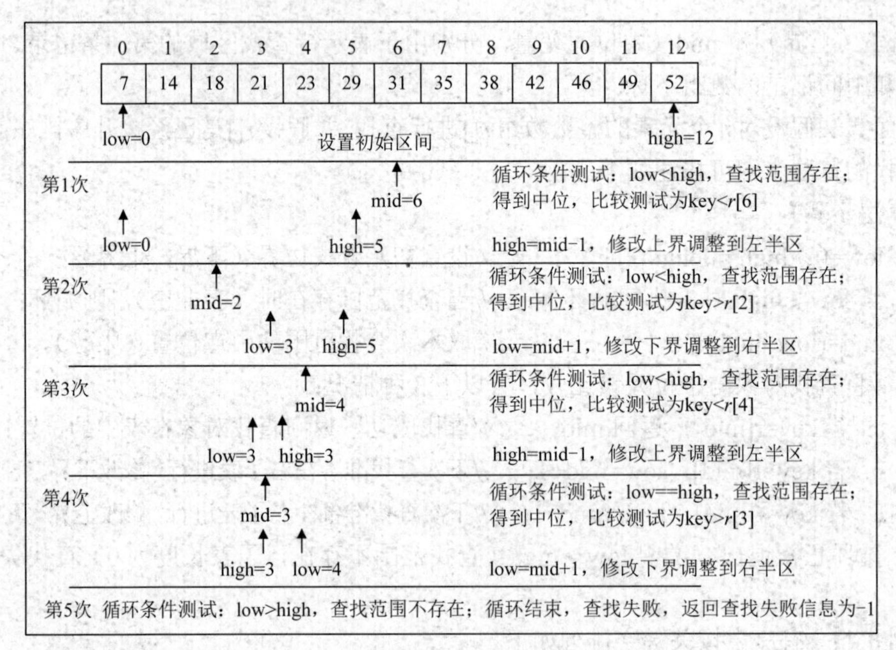

图 8.6 查找关键字 22 的过程

2）二分查找的算法实现

【算法描述】

```
public static int biSearch(int[] a,int key){
    //1.定义上界、下界、中位 3 个变量
    int high,low,mid;
    //2.初始化下界、上界
    low=0;
    high=a.length-1;
    //3.当查找范围存在(下界≤上界)，则循环
    while(low<=high){
        //计算本次查找范围的中位
        mid=(low+high)/2;
        //将关键字与中位数比较，有以下 3 种情况:
        //①若关键字等于中位数，则查找成功，返回中位
        if (key==a[mid])
            return mid;
        //②若关键字大于中位数，则
        else if (key>a[mid])
            //下次查找范围在中位的右边，修改下界为 mid+1，上界不变
            low=mid+1;
        //③若关键字小于中位数，则
        else
            //下次查找范围在中位的左边，修改上界为 mid-1，下界不变
            high=mid-1;
    }
    //4.循环正常退出，说明没找到关键字，返回-1
    return -1;
}
```

【算法分析】从二分查找过程来看，以表的中位为比较对象，并以中位将表分割为两个子表，对定位到的子表继续这种操作。因此，对表中每个数据元素的查找过程，可用二叉树来描述，称这个描述查找过程的二叉树为判定树，如图 8.7 所示。

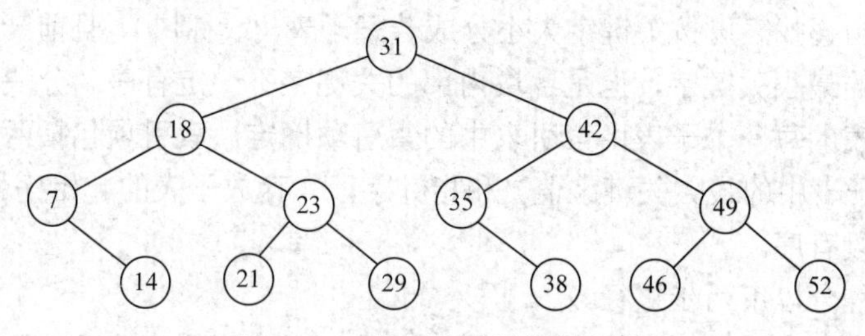

图 8.7 二分查找过程的判定树

可以看到，查找表中任一元素的过程，就是判定树中从根结点到该元素结点的路径上各结点关键字的比较次数，也即该元素结点在树中的层数。对于含有 n 个结点的判定树，树高为 k，则有 $2^{k-1}-1<n\leqslant 2^k-1$，即 $k-1<\log_2(n+1)\leqslant k$，所以 $k=\lceil\log_2(n+1)\rceil$。因此，二分查找在查找成功时，所进行的关键字比较次数至多为 $\lceil\log_2(n+1)\rceil$。

接下来讨论二分查找的平均查找长度。为便于讨论，以树高为 k 的满二叉树（$n=2^k-1$）为例。假设表中每个元素的查找都是等概率的，即 $P_i=1/n$，则树的第 i 层有 2^{i-1} 个结点，因此，二分查找的平均查找长度为

$$\begin{aligned}\mathrm{ASL}&=\sum_{i=1}^{n}P_iC_i\\&=\frac{1}{n}[1\times 2^0+2\times 2^1+\cdots+k\times 2^{k-1}]\\&=\frac{n+1}{n}\log_2(n+1)-1\approx\log_2(n+1)-1\end{aligned}$$

也即二分查找的时间复杂度为 $O(\log_2 n)$。

从上述例子也可以看出，二分查找每经过一次比较就将待查找区域缩小一半，因此比较次数是 $\log_2 n$ 量级。假设 $n=2^k-1$，则线性表至多被平分 k 次即可完成查找，即在最坏情况下，算法查找 $k=\log_2(n+1)$ 次即可结束。

不管查找是否成功，二分查找比顺序查找要快得多。但是，它要求线性表必须按关键字进行排序，排序的最佳时间复杂度为 $O(n\log_2 n)$。此外，线性表的二分查找仅适用于顺序存储结构，对于动态查找表，顺序存储的插入、删除等运算都很不方便。因此，二分查找一般适用于一经建立就很少需要进行改动而又经常需要查找的静态查找表。

4. 分块查找

分块查找

1）分块查找的基本思想

对于拥有大量数据的数据表，采用顺序查找的效率很难适应实际需求，即使采用二分查找，时间复杂度仍然达到 $O(\log_2 n)$，而且还要求数据表有序。因此提高数据表的查找效率是当下一个重要的研究内容。

想一想人们是如何在厚重的英语或汉语词典中查找一个单词的。通常是根据待查单词的首字母，利用词典切口的索引（26 个英文字母）快速定位到单词所在的区间，然后在这

个较小的区间中再逐步查找。

这种利用索引查找单词的方法可以运用于数据表的查找，称为分块查找（或称为分块索引查找）。该方法适用于对关键字分块有序的查找表进行查找操作。

分块有序是指查找表可按关键字大小分成若干子表（或称块），且前一块中的最大关键字小于后一块中的最小关键字，但是各块内部的关键字不一定有序。分块查找需对子表建立索引表，查找表的每一个子表由索引表中的索引项确定。索引项包括两个字段：关键字字段（存放对应子表中的最大关键字值）和指针字段（存放子表的起始序号），并且要求索引项按关键字字段有序。

分块查找过程分以下两步进行。

（1）确定要查找的记录所在的子表。用给定值 key 在索引表中查找索引项，以确定要查找的记录位于哪个子表中（由于索引项按关键字字段有序，可用顺序查找或二分查找）。

（2）确定要查找的记录的情况。对第（1）步确定的子表进行顺序查找，以确定要查找的记录的情况。

【例 8.2】 关键字集合为

88　43　14　31　78　8　62　49　35　71　22　83　18　52

按关键字值 31、62、88 分为 3 块建立的查找表及其索引表如图 8.8 所示。

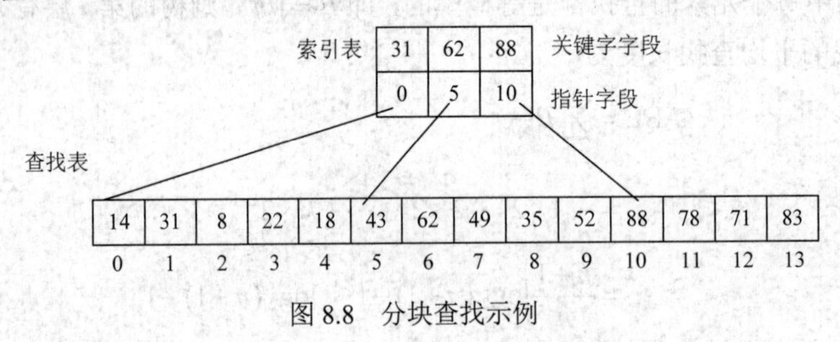

图 8.8　分块查找示例

在如图 8.8 所示的存储结构中查找 key=49 的结点，过程如下：首先采用顺序查找算法或二分查找算法将 49 依次与索引表中各个最大关键字值进行比较，由于 31<49<62，因此可以确定关键字为 49 的结点只可能出现在第 2 块中；其次，从线性表 $L[5..9]$中采用顺序查找算法查找待查找的结点，直到遇到 $L[7]=49$ 为止。

分块查找会出现两种结果，一种是查找成功，返回待查找的结点在表中的位序号；另一种是查找失败，即查询完整的块后仍未找到待查找的结点，这时表明在整个表中都不存在这个结点，返回查找失败标记。

2）分块查找的性能分析

由于分块查找是顺序查找和二分查找的结合，因此，分块查找的平均查找长度为

$$\mathrm{ASL} = L_{\mathrm{b}} + L_{\mathrm{s}}$$

其中，L_{b} 为查找索引表确定记录所在块的平均查找长度；L_{s} 为在某一块中查找记录的平均查找长度。

一般地，为进行分块查找，可以将长度为 n 的线性表均匀地分为 b 块，每块中含有 s 个记录，则 $b = [n/s]$；又假定表中每个记录的查找概率相等，则每块查找的概率为 $1/b$，块中每个记录的查找概率为 $1/s$。

若用顺序查找确定所在块，则分块查找的平均查找长度为

$$\mathrm{ASL}=L_{\mathrm{b}}+L_{\mathrm{s}}=\frac{1}{b}\sum_{i=1}^{b}i+\frac{1}{s}\sum_{i=1}^{s}i=\frac{b+1}{2}+\frac{s+1}{2}=\frac{1}{2}\left(\frac{n}{s}+s\right)+1$$

若用二分查找确定所在块，则分块查找的平均查找长度为

$$\mathrm{ASL}\approx\log_2\left(\frac{n}{s}+1\right)+\frac{s}{2}$$

参考程序

8.1.2 任务实施

顺序查找算法的实现与测试步骤如下。

步骤1：打开 Eclipse，创建一个 Java 项目，命名为“数据结构 Unit08”，在其中创建包，命名为“顺序查找”，在其中定义一个类 SqSearch.java，在类中定义方法 public static int sqSearch(int[] r,int key)实现顺序查找算法。

步骤2：在该类的 main 方法中，按照下面代码建立测试程序：

```
public static void main(String[] args) {
    //1.定义并创建数组，用随机数初始化
    int[] num=new int[10];
    for (int i=0; i<num.length; i++){
        num[i]=new Random().nextInt(100);
        System.out.print(num[i]+" ");
    }
    //2.提示用户输入查找的关键字
    System.out.println("\n请输入查找的关键字：");
    int key=new Scanner(System.in).nextInt();
    //3.调用顺序查找算法，显示结果
    int result=sqSearch(num,key);
    if (result==-1)
        System.out.println("没找到！");
    else
        System.out.println("找到了，关键字所在的位置："+result);
}
```

步骤3：运行测试程序，验证算法的正确性。

步骤4：在“数据结构 Unit08”项目中创建包，命名为“二分查找”，在其中定义一个类 BiSearch.java，在类中定义方法 public static int biSearch(int[] r,int key)实现二分查找算法。

步骤5：在该类的 main 方法中，按照下面代码建立测试程序：

```
public static void main(String[] args) {
    //1.创建并初始化数组
    int[] num={12,15,23,30,38,45,47,67,78,90};
    for (int i=0; i<num.length; i++){
        System.out.print(num[i]+" ");
    }
    //2.提示用户输入查找的关键字
    System.out.println("\n请输入查找的关键字：");
    int key=new Scanner(System.in).nextInt();
    //3.调用二分查找算法，并显示结果
```

```
        int result=biSearch(num,key);
        if (result==-1)
            System.out.println("没找到！");
        else
            System.out.println("找到了，关键字所在的位置："+result);
    }
```

步骤 6： 运行测试程序，验证算法的正确性。

任务 8.2 哈希表查找

任务描述

理解哈希表的基本概念，了解常用的哈希函数和处理冲突的一般方法，掌握哈希表的编程实现，并能灵活运用哈希表解决实际编程问题。

8.2.1 知识准备

1. 认识哈希表

任务 8.1 讨论了查找算法，由于记录的存储位置与关键字之间不存在确定的关系，因此查找时需要对关键字进行一系列比较，即查找算法是建立在比较基础上的，查找效率由比较一次缩小的查找范围决定。这些算法是否在任何情况下都适用呢？下面来看一个实际应用：登录 QQ 时的密码验证。

目前 QQ 号达到 10 位数字，这意味着 QQ 用户数量可达数十亿。在用户登录进行密码验证时，需要以用户当前输入的密码为待查找关键字在 QQ 系统存储的海量用户信息中进行查找运算。显然，这个问题不适合使用顺序查找；若采用二分查找，则查找 30 次即可解决 2^{30}（$\approx 10^9$）个用户问题，但二分查找的前提条件是有序存储，这样当新生成一个 QQ 号插入时，代价是不能接受的；若采用二叉排序树的方法，除了存储每个 QQ 用户的有关信息外，还需要为每个 QQ 用户结点附加两个指针信息，也很不经济。因此希望有一种算法，没有过多的约束条件，但在海量数据中查找信息时，能表现出较好的性能。

可以联想一下查英文字典的过程，英文字典的排列显然是有序的，但人们在查字典时并不会使用二分查找的方式。例如，查找单词 young 时，一般不会从字典中间开始二分查找，而是直接到字典偏后的部分进行查找。这是因为，人们根据字母顺序已经估算过单词首字母 y 的大致位置。也就是说，如果有一种映射方法，能根据要查找的关键字直接计算出它的大致位置，则将大大减少查找时需要依次比较的时间。

基于这样的思想，下面介绍通过映射关系快速查找关键字的方法。

最理想的情况是：可以依据关键字直接得到其对应的数据元素位置，即要求关键字与数据元素之间存在一一对应的关系，这个关系可以由某个函数来实现，从而能够很快地通过将关键字代入函数计算得出对应的数据元素位置。

【例 8.3】 11 个元素的关键字分别为 18、27、1、20、22、6、10、13、41、15、25。

选取关键字与元素位置之间的函数为

$$f(\text{key})=\text{key} \quad \text{mod} \quad 11$$

（1）通过这个函数对 11 个元素建立查找表，如图 8.9 所示。

0	1	2	3	4	5	6	7	8	9	10
22	1	13	25	15	27	6	18	41	20	10

图 8.9 建立查找表

例如，要插入 22 时，通过 22%11 计算得到其地址为 0，故 22 应该存放到[0]地址单元。

（2）查找时，依然通过这个函数计算出给定值 key 的地址，再将 key 与该地址单元中元素的关键字进行比较，若相等，则查找成功。

例如，要查找 13 时，通过 13%11 计算得到其地址为 2，故应该到[2]地址单元中取数。

在例 8.3 中，存储记录的查找表称为哈希表（也称为 Hash 表或散列表），函数 $f(\text{key})$ 称为哈希函数。根据哈希函数计算出的存储位置称为哈希地址，基于哈希表的查找称为哈希查找。

对于包含 n 个记录的集合，总能找到关键字与存放地址之间的对应函数。例如，关键字类型为整型时，若最大关键字为 m，则可以分配 m 个记录存放单元，选取函数 $f(\text{key})=\text{key}$ 即可，但这样会造成存储空间的很大浪费，甚至不可能分配这么大的存储空间。通常，关键字的集合比哈希地址集合大得多，因此经过哈希函数变换后，可能会将不同的关键字映射到同一个哈希地址上，这种现象称为冲突。映射到同一哈希地址上的关键字称为同义词。可以说，冲突不可能避免，只能尽可能减少。因此，哈希方法需要解决以下两个问题。

（1）构造好的哈希函数。

① 所选函数尽可能简单，以便提高计算地址的速度。

② 所选函数对关键字计算出的地址应在哈希地址集合中大致均匀分布，以尽量减少冲突。

（2）制定解决冲突的方案。产生冲突主要与以下 3 个因素有关。

① 哈希函数。若哈希函数选择得当，则可以使哈希地址尽可能均匀地分布在哈希地址空间上，从而减少冲突的发生；若哈希函数选择不当，则可能使哈希地址集中于某些区域，从而加大冲突的发生。

② 处理冲突的方法。选择适当的哈希函数可以减少冲突，但不能避免冲突，因此当冲突发生时，必须有较好的处理冲突的方法。

③ 哈希表的装填因子。哈希表的装填因子定义为：α=填入表中的元素个数/ 哈希表的长度，它是哈希表装满程度的标志。由于表长是定值，因此 α 与“填入表中的记录个数”成正比：α 越大，填入表中的记录越多，产生冲突的可能性就越大；α 越小，填入表中的元素个数越少，产生冲突的可能性就越小。通常使最终的 α 控制在 0.6～0.9 的范围内。

综上，哈希表是根据设定的哈希函数处理冲突的方法为一组记录所建立的一种存储结构。

2. 常用的哈希函数

1）直接定址法

直接定址法是取关键字的某个线性函数值为哈希地址。直接定址法的哈希函数为

$$\text{hash}(\text{key})=a\times\text{key}+b\text{（}a\text{、}b\text{ 为常数）}$$

这种方法的优点是：哈希函数计算简单，并且不可能有冲突发生。当关键字的集合不大且分布基本连续时，可用直接定址法的哈希函数。其缺点是：若关键字分布不连续则会造成内存单元的大量浪费。

【例 8.4】 关键字集合为{100,300,500,700,800,900}，选取哈希函数为 hash(key)=key/100，则关键字的存放如图 8.10 所示。

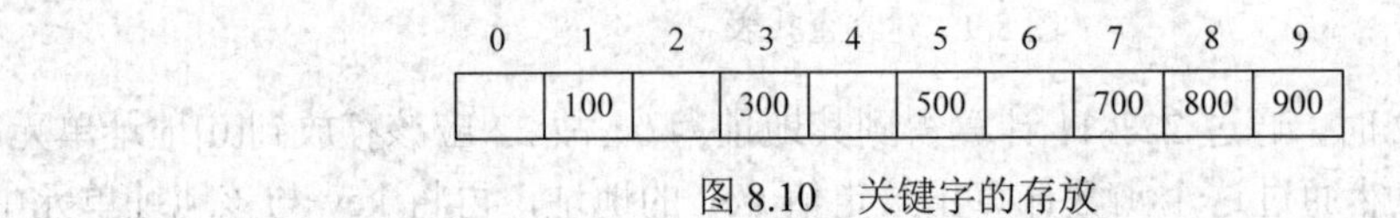

图 8.10 关键字的存放

2）除留余数法

除留余数法，也叫取模法，是指用关键字 key 除以一个整数 p 后，把所得余数作为哈希地址，即 hash(key)=key%p。

这种方法的优点是：计算比较简单，适用范围较广。该方法是经常使用的一种哈希函数。这种方法的关键是选择适当的 p，若 p 选得不好，则容易产生冲突。例如，若 p 取偶数时，偶数的关键字将映射到哈希表的偶数地址，奇数的关键字将映射到哈希表的奇数地址，从而增加了冲突发生的可能；若 p 含有质因子（即 $p=mn$），则所有含有 m 或 n 因子的关键字的哈希地址均为 m 或 n 的倍数，这也会增加冲突的发生。

一般情况下，若哈希表的长度为 m，则通常 p 取小于等于 m 的最大素数。

3）平方取中法

平方取中法是指对关键字平方后，根据哈希表的大小，取中间的若干位作为哈希地址。例如，若哈希表的长度为 1000，则可取关键字平方值的中间 3 位，如表 8.2 所示。平方取中法通常用在不知道关键字分布且关键字的位数不多的情况下。

表 8.2 平方取中法哈希函数

关键字	关键字的平方	哈希地址
1234	1522756	227
2143	4592449	924
4132	17073424	734
3214	10329796	297

4）折叠法

折叠法是将关键字自左到右或自右到左分成位数相同的几部分（最后一部分位数可以不同），然后将这几部分叠加求和，并根据哈希表的表长取最后几位作为哈希地址。常用的叠加方法有以下两种。

（1）移位叠加法——将分割后的各部分最低位对齐，然后相加。

（2）间界叠加法——从一端向另一端沿分割界来回折叠后，然后对齐最后一位相加。

【例 8.5】 关键字为 key=05587463253，设哈希表长为 3 位数，则可对关键字每 3 位为一部分进行分割。

关键字分割为如下 4 组：253、463、587、05。用折叠法计算哈希地址，过程如图 8.11 所示。

253　　　253
463　　　364
587　　　587
+ 05　　　+ 50
1308　　　1254
Hash(key)=308　　　Hash(key)=254
移位叠加法　　　间界叠加法

图 8.11　用折叠法计算哈希地址

对于位数很多的关键字，且每一位上符号分布均匀时，可采用此方法求得哈希地址。

5）随机数法

选择一个随机数，取关键字的随机数函数值作为它的哈希地址，即 h(key)=random(key)，其中，random 为随机函数。通常，当关键字长度不相等时，采用此方法构造哈希函数较好。

实际工作中需要根据不同的情况采用不同的哈希函数。通常应考虑的因素包括计算哈希函数所需时间、关键字的长度、哈希表的大小、关键字的分布情况、记录的查找频率等。

3. 处理冲突的方法

选择适当的哈希函数可以减少冲突，但不能避免冲突，因此当冲突发生时，必须有较好的处理冲突的方法。处理冲突就是在冲突发生时，为关键字为 key 的记录安排另一个空的存储位置。常用的处理冲突的方法有链地址法和开放定址法。

1）链地址法

链地址法的基本思想：将所有哈希地址相同的记录存储到一个单链表中。在哈希表中存储指向各单链表的头指针。

例如，某记录的关键字集合为{13,41,15,44,06,68,25,12,38,64,19,49}，哈希函数为 hash(key)=key%13，用链地址法解决冲突构造的哈希表如图 8.12 所示。

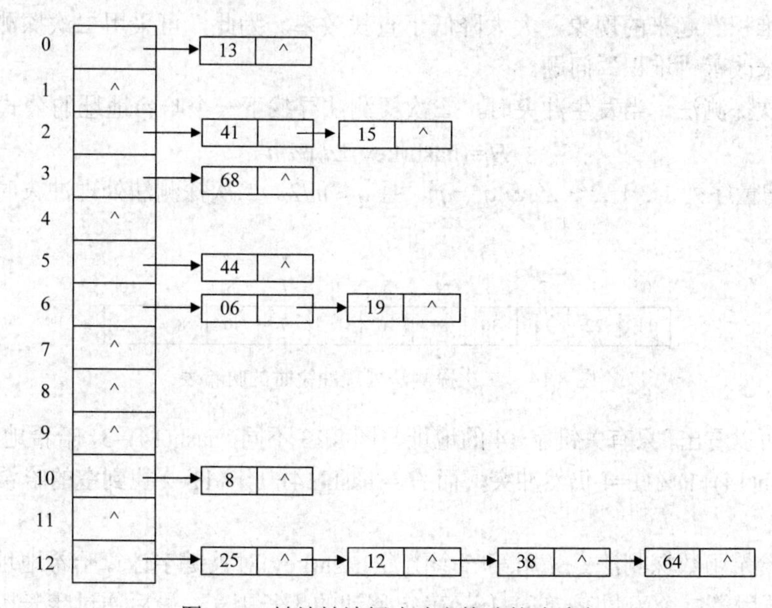

图 8.12　链地址法解决冲突构造的哈希表

2）开放定址法

开放定址法是指由关键字 key 得到的哈希地址一旦产生了冲突，就去寻找一个空的哈希地址，只要哈希表足够大，空的哈希地址总能找到，并将记录存入其中。

寻找空的哈希地址的方法有很多，下面介绍 3 种。

（1）线性探测法。当发生冲突时，从冲突发生位置的下一个位置起，依次寻找空的哈希地址，即

$$H_i=(\text{hash(key)}+d_i)\%m，1\leqslant i<m$$

其中，hash(key)为哈希函数；m 为哈希表长度；d 为增量序列 $1,2,\cdots,m-1$，且 $d_i=i$。

【例 8.6】 为关键字序列{36,7,40,11,16,81,22,8,14}建立哈希表，哈希表的表长为 11，hash(key)= key%11，用线性探测法处理冲突。

根据题目建立的哈希表如图 8.13 所示。

0	1	2	3	4	5	6	7	8	9	10
11	22		36	81	16	14	7	40	8	

图 8.13 线性探测法处理冲突时的哈希表

从图中可以看出，36、7、11、16、81 均是由哈希函数得到的没有冲突的哈希地址而直接存入的。hash(40)=7，哈希地址冲突，需寻找下一个空的哈希地址。

由于 H_1=(hash(40)+1)%11=8，同时哈希地址 8 为空，因此将 40 存入。此外，22 和 8 同样在哈希地址上有冲突，也用相同的方法找到空的哈希地址存入。

hash(14)=3，哈希地址冲突，由于 H_1=(hash(14)+1)%11=4 仍然冲突、H_2=(hash(14)+2)%11=5 仍然冲突，而 H_3=(hash(14)+3)%11=6 找到空的哈希地址，将 14 存入。

线性探测法可能使第 i 个哈希地址的同义词存入第 i+1 个哈希地址，这样本应存入第 i+1 个哈希地址的元素变成了第 i+2 个哈希地址的同义词，因此可能出现很多元素在相邻的哈希地址上“堆积”起来的现象，大大降低了查找效率。为此，可采用二次探测法或双哈希函数探测法来改善“堆积”问题。

（2）二次探测法。当发生冲突时，二次探测法寻找下一个哈希地址的公式为

$$H_i=(\text{hash(key)}\pm d_i)\%m$$

其中，d_i 为增量序列 $1^2,-1^2,2^2,-2^2,\cdots,q^2,-q^2$，且 $q\leqslant m/2$。二次探测法处理冲突时的哈希表如图 8.14 所示。

0	1	2	3	4	5	6	7	8	9	10
11	22	14	36	81	16		7	40	8	

图 8.14 二次探测法处理冲突时的哈希表

从图中可以看出，只有关键字 14 的地址与图 8.13 不同。hash(14)=3，哈希地址上有冲突，由于 H_1=(hash(14)+1)%11=4 仍然冲突，而 H_2=(hash(14)−1^2)%11=2 找到空的哈希地址，将 14 存入。

（3）双哈希函数探测法。先用第一个函数 hash(key)对关键字计算哈希地址，一旦产生地址冲突，再用第二个函数 ReHash(key)确定移动的步长因子，最后通过步长因子序列由探测函数寻找空的哈希地址，即

$$H_i=(\text{hash}(\text{key})+i\times \text{ReHash}(\text{key}))\%m,\quad i=1,2,\cdots,m-1$$

其中，hash(key)和 ReHash(key)为两个哈希函数；m 为哈希表长度。

例如，Hash(key)=a 时产生地址冲突，就计算 ReHash(key)=b，则探测的地址序列为 $H_1=(a+b)\%m, H_2=(a+2b)\%m,\cdots, H_{m-1}=(a+(m-1)b)\%m$。

哈希表查找

4. 哈希表查找

在哈希表上查找给定值 k 的过程基本上和建立哈希表的过程相同。首先根据哈希函数求出给定值 k 的哈希地址，然后用哈希表中位于该地址的记录关键字值与 k 值进行比较，如果相等，则说明查找成功；否则，按处理冲突的方法，去“下一个地址”进行查找，直到哈希表中某个位置为空（查找不成功）或表中某个位置的记录关键字值与 k 值相等（查找成功）为止。

5. 哈希表的实现

哈希表的实现

1）哈希表类

哈希表类 HashTable 定义如下（其中，哈希函数 hash()采用除留余数法，冲突解决采用链地址法，在哈希表上的操作有查找、插入和删除等，单链表采用单元 2 中定义的 LinkList 类）：

```
package 哈希查找;
/**
 * 哈希表的实现
 * 1.哈希函数——除留余数法
 * 2.解决冲突——链地址法
 * @author HP
 *
 */
public class HashTable {
    //属性 1 个——链表数组
    private LinkList[] table;
    //构造方法 1 个——创建指定长度的哈希表（链表数组），并初始化每个链表为空
    public HashTable(int size){
        table=new LinkList[size];//该数组每个元素可以保存一个单链表的头指针
        for (int i=0; i<table.length; i++)
            table[i]=new LinkList();//初始化每个单链表为空表
    }
    //成员方法 6 个
    //哈希函数——根据关键字计算哈希地址（除留余数法）
    public int hash(int key) {
        //对表长取余，得到哈希地址
        return key%table.length;
    }
    //插入——向哈希表中插入一个元素
    public void insert(Object elem) throws Exception {
        //1.获得元素的关键字
        int key=elem.hashCode();
```

```
        //2.计算哈希地址
        int i=hash(key);
        //3.插入到对应的单链表中
        table[i].insert(0,elem);
    }
    //输出——输出哈希表中的全部元素
    public void display() {
        //输出哈希表链表数组中所有元素
        for (int i=0; i<table.length; i++){
            //遍历链表数组的循环
            //1.先输出表头提示
            System.out.print("table["+i+"]:");
            //2.输出链表中的所有元素
            table[i].display();
        }
        System.out.println();
    }
    //查找——在哈希表中查找指定元素
    public Object search(Object elem) throws Exception {
        //1.获取元素的关键字
        int key=elem.hashCode();
        //2.根据关键字，调用哈希函数，计算哈希地址
        int i=hash(key);
        //3.根据哈希地址，到对应的单链表中查找 elem 元素
        int index=table[i].indexOf(elem);
        if (index==-1)
            return null;                     //没找到
        else
            return table[i].get(index);      //找到了
    }
    //包含——判断哈希表是否包含指定元素
    public boolean isContain(Object elem) throws Exception {
        //哈希表中是否包含元素 elem
        return search(elem)!=null;
    }
    //删除——删除哈希表中的指定元素
    public boolean remove(Object elem) throws Exception {
        //1.获取关键字
        int key=elem.hashCode();
        //2.计算哈希地址
        int i=hash(key);
        //3.查找，若存在 elem，则删除并返回 true；否则返回 false
        int index=table[i].indexOf(elem);
        if (index!=-1){
            table[i].remove(index);
            return true;
        }
        else
            return false;
```

```
        }
    }
```

【例 8.7】 哈希表类的测试：对人员名单表{"Wang","Li","Zhang","Liu","Chen","Yang","Huang","Zhao","Wu","Zhou","Du"}使用上述定义的哈希表类 HashTable 实现查找、插入（存储）和删除等操作。

【编程实现】

```
package 哈希查找;
public class TestHashTable {
    public static void main(String[] args) throws Exception {
        String[] name={"Wang","Li","Zhang","Liu","Chen","Yang","Huang",
                      "Zhao","Wu","Zhou","Du"};        //数据元素
        HashTable ht=new HashTable(7);
        String elem1,elem2;
        System.out.print("插入元素： ");
        for (int i=0; i<name.length; i++) {
            ht.insert(name[i]);                        //在哈希表中插入对象
            System.out.print(name[i]+" ");
        }
        System.out.println("\n原哈希表：");
        ht.display();
        elem1=name[2];
        System.out.println("查找 " + elem1 + ", " + (ht.isContain(elem1) ? "" :
                          "不") + "成功");
        elem2="san";
        System.out.println("查找 " + elem2 + ", " + (ht.isContain(elem2) ? "" :
                          "不") + "成功");
        System.out.println("删除 " + elem1 + ", " + (ht.remove(elem1) ? "" :
                          "不") + "成功");
        System.out.println("删除 " + elem2 + ", " + (ht.remove(elem2) ? "" :
                          "不") + "成功");
        System.out.println("新哈希表：");
        ht.display();
    }
}
```

运行结果：

```
插入元素： Wang Li Zhang Liu Chen Yang Huang Zhao Wu Zhou Du
原哈希表：
table[0]:Wu Huang
table[1]:Zhou Chen Zhang Wang
table[2]:Zhao
table[3]:Liu
table[4]:Li
table[5]:
table[6]:Du Yang

查找 Zhang, 成功
查找 san, 不成功
删除 Zhang, 成功
删除 san, 不成功
```

```
新哈希表：
table[0]:Wu Huang
table[1]:Zhou Chen Wang
table[2]:Zhao
table[3]:Liu
table[4]:Li
table[5]:
table[6]:Du Yang
```

2）哈希表查找的性能分析

哈希表的查找过程基本上与构造的过程相同。一些关键字可通过哈希函数转换的地址直接找到，另一些关键字在哈希函数得到的地址上产生了冲突，需要按处理冲突的方法进行查找。在介绍的处理冲突的方法中，产生冲突后的查找仍然是给定值与关键字进行比较的过程。因此，对哈希表查找效率的量度，仍然采用平均查找长度来衡量。

查找过程中，关键字的比较次数取决于产生冲突的多少：产生的冲突少，查找效率就高；产生的冲突多，查找效率就低。因此，影响产生冲突多少的因素，也就是影响查找效率的因素。影响产生冲突多少的因素有 3 个：哈希函数是否均匀、处理冲突的方法、哈希表的装填因子。

分析这 3 个因素，尽管哈希函数的“好坏”直接影响冲突产生的频度，但一般情况下都会认为所选的哈希函数是“均匀的”，因此，可不考虑哈希函数对平均查找长度的影响。从线性探测法和链地址法处理冲突的例子来看，即使具有相同的关键字集合和相同的哈希函数，但在数据元素查找等概率的情况下，它们查找成功时的平均查找长度却不同。

从本小节“认识哈希表”的介绍中可知，哈希表的装填因子 α=填入表中的元素个数/哈希表的长度，且 α 与填入表中的元素个数成正比，α 越大，填入表中的元素越多，产生冲突的可能性就越大；α 越小，填入表中的元素越少，产生冲突的可能性就越小。实际上，哈希表的平均查找长度是装填因子 α 的函数，只是不同处理冲突的方法有不同的函数。表 8.3 给出的是几种不同处理冲突方法的平均查找长度。

表 8.3　不同处理冲突方法的平均查找长度

处理冲突的方法	平均查找长度	
	查找成功	查找不成功
线性探测法	$S_{nl} \approx \frac{1}{2}\left(1+\frac{1}{1-\alpha}\right)$	$U_{nl} \approx \frac{1}{2}\left[1+\frac{1}{(1-\alpha)^2}\right]$
二次探测法、再哈希法	$S_{nr} \approx -\frac{1}{\alpha}\ln(1-\alpha)$	$U_{nr} \approx \frac{1}{1-\alpha}$
链地址法	$S_{nc} \approx 1+\frac{\alpha}{2}$	$U_{nc} \approx \alpha+e^{-\alpha}$

哈希方法存取速度快，也较节省空间，静态查找、动态查找均适用，但由于存取是随机的，因此，不便于顺序查找。

8.2.2　任务实施

查找的应用实例　　参考程序

人员信息查询的编程问题如下。

【问题描述】在户籍系统管理中，需要对海量的人员信息进行管理，现要求实现一个简单的人名查询系统，根据用户输入的姓名进行快速查询。要求如下。

（1）假设人员信息的最简形式是每个人的姓名。

（2）提供查询功能：根据姓名尽可能实现快速查询。

（3）提供其他维护功能：插入、删除等。

【问题分析】为了实现对海量的人员信息快速查询，可以将姓名信息用哈希表保存，以便应用哈希查找，这样查找和维护都能获得较高的时间性能。

对于哈希表类，其中哈希函数 hash()采用除留余数法，冲突解决采用链地址法，在哈希表上的操作有查找、插入和删除等，单链表采用单元 2 中定义的 LinkList 类。

步骤 1：在“数据结构 Unit08”项目中创建包，命名为“哈希查找”。在其中定义一个类 HashTable.java，并导入单元 2 的 LinkList.java 类（或者复制“数据结构 Unit08”中“单链表”包中的文件到本包）。

步骤 2：在类 HashTable.java 中定义 1 个成员变量——链表数组，作为哈希表的数据存储结构，1 个构造方法——用于创建指定大小的链表数组，以及 6 个成员方法，包括哈希函数 int hash(int key)、插入 void insert(Object elem)、删除 boolean remove(Object elem)、哈希表输出 void display()、哈希表查找 Object search(Object elem)、判断元素是否在表中 isContain(Object elem)。

步骤 3：在“哈希查找”包中定义一个人员名单管理类 TestHashTable.java，在其 main 方法中，创建并初始化哈希表，即可以完成哈希表的插入、删除、查找等操作。

知识拓展：二叉排序树、平衡二叉树

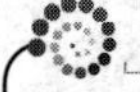

阅读材料

程序员的工匠精神

什么是工匠精神？一方面，指的是工匠们对自己的产品精雕细琢、精益求精的精神；另一方面，指的是整个社会对能工巧匠由衷的敬意，给予较高的社会地位。工匠精神包含着敬业、精益、专注、创新等方面的内容，它是从业者的一种职业价值取向和行为表现。2017 年的《政府工作报告》提出，要大力弘扬工匠精神，厚植工匠文化，恪尽职业操守，崇尚精益求精，完善激励机制，培育众多“中国工匠”。

在一名优秀的程序员身上是可以看到“工匠之光”的，程序员的“工匠精神”应该体现在以下方面：

- 对代码的精简、优化，提高程序的响应速度；
- 对用户体验不断改善，使产品更具竞争力；
- 对软件系统的不断改进、完善和创新；
- 对市场需求变化的响应速度的提高。

党的二十大报告指出：“加快建设国家战略人才力量，努力培养造就更多大师、战略科学家、一流科技领军人才和创新团队、青年科技人才、卓越工程师、大国工匠、高技能人才。”我国未来高科技软件产业的发展，需要众多具有工匠精神的优秀程序员的共同努力。

单元小结

查找是数据处理中经常使用的一种操作，查找算法的选择取决于查找表的结构，查找表分为静态查找表和动态查找表。关于静态查找表的典型——线性表的查找，本单元主要介绍了顺序查找、二分查找和分块查找 3 种算法。关于动态查找表，可参考本单元“知识拓展”部分的内容。

上述算法都是基于关键字比较的查找，而哈希查找则是直接计算出数据元素在内存空间中的存储地址。本单元介绍了哈希表的概念、哈希地址和处理冲突的方法，以及基于典型哈希函数和冲突解决方法的哈希表实现。

通过学习本单元内容，希望读者能够熟练掌握静态查找表的构造方法及查找过程，熟练掌握构造哈希表的方法及其查找过程，学会根据实际问题的需求，选取合适的查找算法及其所需的存储结构。

习　题

一、选择题

1. 下面关于顺序查找的叙述正确的是（　　）。
   A. 查找顺序只能从前向后查找
   B. 查找顺序只能从后向前查找
   C. 查找顺序可以从中间向两边查找
   D. 查找顺序既可以从前向后查找，也可以从后向前查找
2. 下面关于二分查找的叙述正确的是（　　）。
   A. 表必须有序，表可以顺序存储，也可以链式存储
   B. 表必须有序且表中数据必须是整型、实型或字符型
   C. 表必须有序，而且只能从小到大排列
   D. 表必须有序，且表只能以顺序方式存储
3. 下面关于二分查找的叙述错误的是（　　）。
   A. 每次将介于待查区间中间记录的关键字与给定的关键字进行比较
   B. 每比较一次待查区间被缩小一半
   C. 当给定关键字大于中间记录的关键字时，通过将中间点减 1 作为新的区间右端点来缩小查找范围
   D. 当待查区间为空时表示查找失败
4. 对有序表进行二分查找成功时，记录比较的次数（　　）。
   A. 仅与表中元素的值有关　　　B. 仅与表的长度和被查元素的位置有关
   C. 仅与被查元素的值有关　　　D. 仅与表中元素按升序或降序排列有关
5. 有一个有序表为{2,7,9,12,32,40,43,64,69,78,80,96,120}，当用二分查找算法查找值为 80 的结点时，（　　）次比较后查找成功。

A. 1　　B. 2　　C. 4　　D. 8

6. 分块查找算法将表分为多块，并要求（　　）。

A. 块内有序　　B. 块间有序　　C. 各块等长　　D. 链式存储

7. 哈希表的地址区间为 0～16，哈希函数为 $H(K)=K \bmod 17$。采用线性探查法处理冲突，并将关键字序列{26,25,72,38,8,18,59}依次存储到哈希表中，元素 59 存放在哈希表中的地址是（　　）。

A. 9　　B. 11　　C. 12　　D. 14

二、填空题

1. 动态查找表和静态查找表的主要区别在于________________________________。

2. 对线性表进行二分查找时，要求线性表必须______________________________。

3. 分块查找分为两个阶段，_____________________和_______________________。

4. 哈希法存储中，冲突指的是____。

三、简答题

1. 假定对有序表{3,4,5,7,24,30,42,54,63,72,87,95}进行二分查找，试回答下列问题：

（1）若查找元素 54，需依次与哪些元素比较？

（2）若查找元素 90，需依次与哪些元素比较？

2. 设哈希表的地址范围为 0～17，哈希函数为 $H(\text{key})=\text{key}\%16$。用线性探测法处理冲突，输入关键字序列{10,24,32,17,31,30,46,47,40,63,49}构造哈希表，试回答下列问题：

（1）画出哈希表的示意图。

（2）若查找关键字 63，需要依次与哪些关键字进行比较？

（3）若查找关键字 60，需要依次与哪些关键字进行比较？

四、上机实训题

设计一个简单的学生信息管理系统。每个学生的信息包括学号、姓名、性别、班级和电话等。采用二叉排序树的结构实现以下功能：

（1）创建学生的信息表。

（2）按照学号查找学生信息。

参 考 文 献

雷军环，吴名星，2015．数据结构（Java 语言版）[M]．北京：清华大学出版社．

李春葆，李筱驰，2020．数据结构教程（Java 语言描述）[M]．北京：清华大学出版社．

李冬梅，曲锦涛，2021．数据结构[M]．北京：人民邮电出版社．

李学刚，2018．数据结构（C 语言描述）[M]．2 版．北京：高等教育出版社．

刘小晶，杜选，2015．数据结构——Java 语言描述[M]．2 版．北京：清华大学出版社．

王红梅，党源源，刘冰，2019．数据结构——从概念到 Java 实现[M]．3 版．北京：清华大学出版社．

严蔚敏，李冬梅，2019．数据结构[M]．2 版．北京：人民邮电出版社．

严蔚敏，吴伟民，1997．数据结构[M]．北京：清华大学出版社．

于泠，陈波，2016．数据结构案例教程（C/C++版）[M]．北京：机械工业出版社．

曾海，尚鲜连，2019．数据结构[M]．4 版．北京：高等教育出版社．

张静，2021．数据结构（Java 语言描述）[M]．北京：高等教育出版社．